高等职业教育计算机类课程**新形态一体化**教材

Python程序设计案例教程

主　编　杨智勇　赵　杰

智慧职教学习平台／授课计划／微课视频／电子教案／教学课件PPT／案例源代码／习题答案

"互联网+"教材
"用微课学"系列

高等教育出版社·北京

内容提要

本书是“新专标+新课程”计算机类课程“双高计划”建设成果系列教材之一，也是高等职业教育计算机类课程新形态一体化教材。

本书遵循由浅入深、循序渐进的原则，项目之间相互衔接合理安排各个单元，采用“任务驱动”的方式设计整个教学过程，以程序员的真实工作场景、典型工作任务为载体组织教学单元，内容选取突出 Python 的通用性、实用性和操作性，适合高职学生的特点。全书分为基础篇和项目实战篇。基础篇（单元 1～单元 9）主要内容包括认识 Python、变量和简单数据类型、流程控制、字符串与正则表达式、组合数据类型、Python 函数与模块、Python 面向对象、异常与异常处理、Python 文件操作等；项目实战篇（单元 10～单元 12）以企业融资案例为载体，主要内容包括数据采集与清洗、数据分析、数据可视化。

本书配有微课视频、授课用 PPT 课件、源程序、案例文档、教学设计等丰富的数字化学习资源，与本书配套的数字课程“Python 程序设计”在“智慧职教”平台（www.icve.com.cn）上线，学习者可以登录平台进行在线学习及资源下载，授课教师可以调用本课程构建符合自身教学特色的 SPOC 课程，详见“智慧职教”服务指南。

本书可作为高等职业院校计算机类专业的程序设计类课程教材和参考书，也可供高等职业院校其他专业和广大计算机爱好者学习使用。

图书在版编目（CIP）数据

Python 程序设计案例教程 / 杨智勇，赵杰主编. -- 北京：高等教育出版社，2022.11
ISBN 978-7-04-058905-4

Ⅰ. ①P… Ⅱ. ①杨… ②赵… Ⅲ. ①软件工具-程序设计-高等职业教育-教材 Ⅳ. ①TP311.561

中国版本图书馆 CIP 数据核字（2022）第 116361 号

Python Chengxu Sheji Anli Jiaocheng

策划编辑 傅 波　　责任编辑 许兴瑜　　封面设计 张 志　　版式设计 杜微言
责任绘图 邓 超　　责任校对 商红彦 吕红颖　　责任印制 赵 振

出版发行 高等教育出版社
社　　址 北京市西城区德外大街 4 号
邮政编码 100120
印　　刷 高教社（天津）印务有限公司
开　　本 787 mm × 1092 mm 1/16
印　　张 18.75
字　　数 440 千字
购书热线 010-58581118
咨询电话 400-810-0598

网　　址 http://www.hep.edu.cn
　　　　 http://www.hep.com.cn
网上订购 http://www.hepmall.com.cn
　　　　 http://www.hepmall.com
　　　　 http://www.hepmall.cn

版　　次 2022 年 11 月第 1 版
印　　次 2022 年 11 月第 1 次印刷
定　　价 49.50 元

物 料 号 58905-00

“智慧职教”服务指南

“智慧职教”（www.icve.com.cn）是由高等教育出版社建设和运营的职业教育数字教学资源共建共享平台和在线课程教学服务平台，与教材配套课程相关的部分包括资源库平台、职教云平台和App等。用户通过平台注册，登录即可使用该平台。

- 资源库平台：为学习者提供本教材配套课程及资源的浏览服务。

登录“智慧职教”平台，在首页搜索框中搜索“Python程序设计”，找到对应作者主持的课程，加入课程参加学习，即可浏览课程资源。

- 职教云平台：帮助任课教师对本教材配套课程进行引用、修改，再发布为个性化课程（SPOC）。

1. 登录职教云平台，在首页单击“新增课程”按钮，根据提示设置要构建的个性化课程的基本信息。

2. 进入课程编辑页面设置教学班级后，在“教学管理”的“教学设计”中“导入”教材配套课程，可根据教学需要进行修改，再发布为个性化课程。

- App：帮助任课教师和学生基于新构建的个性化课程开展线上线下混合式、智能化教与学。

1. 在应用市场搜索“智慧职教icve”App，下载安装。

2. 登录App，任课教师指导学生加入个性化课程，并利用App提供的各类功能，开展课前、课中、课后的教学互动，构建智慧课堂。

“智慧职教”使用帮助及常见问题解答请访问help.icve.com.cn。

前　言

Python是一种跨平台、面向对象的计算机程序设计语言，具有简单、易学、易扩展、免费、开源等优点，其已经成为最受欢迎的程序设计语言之一，根据全球知名TIOBE社区发布编程语言排行榜，Python自2021年10月登顶后继续占据榜一的位置，如腾讯、百度、网易、新浪等企业都在广泛应用。

本书是一本Python程序设计入门教材，主要面向高等职业院校和应用型本科院校学生，以及Python程序设计初学者。本书以培养零编程经验的读者从学习程序设计基本概念到编写代码实现项目功能为目标，采用“任务驱动”的方式设计整个教学过程，教学过程依据项目开发流程构建学习情境，以程序员的真实工作场景、典型工作任务为载体组织教学单元。本书提供立体化教学资源，包含完整代码、微课、课件、案例库等数字化教学资源，学习者可以再现教材中所有实例。同时，本书在中国大学MOOC和智慧职教开设有线上课程，并且已经被认定为重庆市精品在线开放课程。

全书从实际应用出发提炼了12个学习单元，主要内容为认识Python、变量和简单数据类型、流程控制、字符串与正则表达式、组合数据类型、Python函数与模块、Python面向对象、异常与异常处理、Python文件操作、企业融资案例（数据采集与清洗、数据分析、数据可视化）。本书理实结合，以“任务引导—学习目标—准备知识—任务实现—任务实训—任务反思”为主线进行编写，注重动手能力的培养。全书由浅入深，循序渐进，并且覆盖了全国计算机等级考试二级Python语言程序设计考试大纲的基本内容。

本书由重庆工程职业技术学院杨智勇、赵杰主编并执笔，重庆工程职业技术学院廖丹、北京华晟经世信息技术有限公司陈建桥和重庆工程职业技术学院刘宇任副主编。其中，单元1、2、5由杨智勇编写，单元3、4、12由廖丹编写，单元8由刘宇编写，单元9～10由陈建桥编写，单元6、7、11由赵杰编写。北京华晟经世信息技术有限公司提供了项目案例，工程师陈建桥全程担任技术指导并进行代码测试。

在本书的编写过程中，得到了重庆市信息通信咨询设计院有限公司副总工程师、网络与信息安全研究分院院长、高级工程师张晓琴的技术支持和指导。另外，感谢重庆工程职业技术学院领导和多位老师给予的支持和协助。在本书的编辑出版工作中得到了高等教育出版社高职事业部计算机分社侯昀佳分社长以及多位编辑的大力支持和帮助，在此一并表示感谢。

由于编写时间紧迫，编者水平有限，书中错误和不妥之处在所难免，恳请广大读者不吝指正。编者电子邮箱：zyy@cqvie.edu.cn。

编　者

2022年8月

目　录

基 础 篇

项目实战篇

基　础　篇

单元 1 认识 Python

任务引导

Python 简单易学、功能强大的特性使之成为初学者的首选。那么，如何学习 Python 语言并运用其编写程序呢？工欲善其事，必先利其器。好的开发环境等于成功的一半。学习 Python 编程，首先需要搭建好开发环境，学会怎样创建、编译及运行最基本的应用程序。本任务将按以下 4 个步骤开启 Python 学习之旅行。

第 1 步：学习计算机程序及程序设计语言。

第 2 步：学习 Python 语言及特性。

第 3 步：学习搭建 Python 程序开发环境，并运行 Python 程序。

第 4 步：学习安装 PyCharm 集成开发环境，熟悉 PyCharm 结构。

学习目标

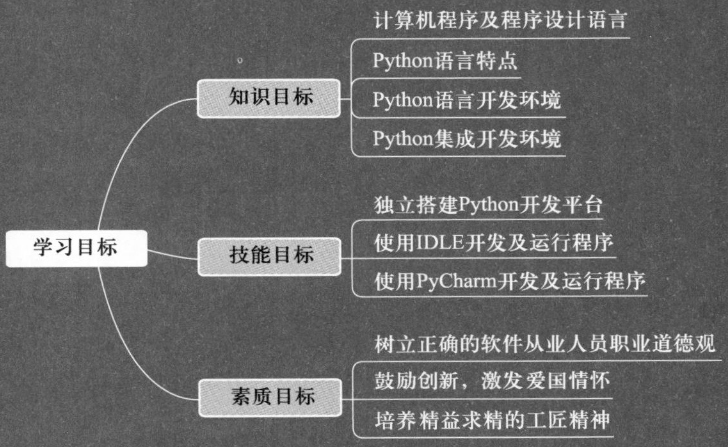

- 学习目标
  - 知识目标
    - 计算机程序及程序设计语言
    - Python语言特点
    - Python语言开发环境
    - Python集成开发环境
  - 技能目标
    - 独立搭建Python开发平台
    - 使用IDLE开发及运行程序
    - 使用PyCharm开发及运行程序
  - 素质目标
    - 树立正确的软件从业人员职业道德观
    - 鼓励创新，激发爱国情怀
    - 培养精益求精的工匠精神

笔记

1.1 程序与程序设计语言

1.1.1 计算机程序

个人计算机、手机等具有智能功能的电子设备内部都有一个叫作中央处理器（CPU）的“大脑”，它内部包含一套完整的指令集。指令集相当于一本手册，作用是指导外部传递正确的指令给中央处理器，得到想要的结果，如果向 CPU 发送了一个指令集之外的错误指令，CPU 有可能无法工作。人们把给 CPU 发出的一系列指令的集合体叫作“程序”。

计算机程序（Computer Program），简称程序（Program），是指为了得到某种结果而可以由计算机等具有信息处理能力的装置执行的代码化指令序列，或者可以被自动转换成代码化指令序列的符号化指令序列或者符号化语句序列，通常用某种程序设计语言编写，运行于某种目标计算机体系结构上。

程序可按其设计目的的不同，分为两类：一类是系统程序，它是为了使用方便和充分发挥计算机系统效能而设计的程序，通常由计算机制造厂商或专业软件公司设计，如操作系统、编译程序等；另一类是应用程序，它是为解决用户特定问题而设计的程序，通常由专业软件公司或用户自己设计，如账务处理程序、文字处理程序等。

1.1.2 程序设计语言

程序设计语言，也叫编程语言，是计算机能够理解和识别操作的一种交互体系。现在，全世界差不多有 600 多种编程语言，但流行的编程语言也就 20 来种。程序设计语言主要有机器语言、汇编语言和高级语言 3 种类型。

机器语言指 CPU 能够认识的语言，由二进制代码“0”和“1”组成的若干数字串。用机器语言编写的程序称为机器语言程序，它能够被计算机直接识别并执行。但是，程序员直接编写或维护机器语言程序是非常困难的。

例：2+3 运算 => 1101001000111011

汇编语言是面向机器的程序设计语言，它是在机器语言上增加了人类可读的助记符，即第二代计算机语言，用一些容易理解和记忆的字母、单词来代替一个特定的指令。通过这种方法，人们很容易去阅读已经完成的程序或者理解程序正在执行的功能。但计算机的硬件不认识字母符号，这时候就需要一个专门的程序把这些字符变成计算机能够识别的二进制数。在不同的设备中，汇编语言对应着不同的机器语言指令集，通过汇编过程转换成机器指令。特定的汇编语言和特定的机器语言指令集是一一对应的，不同平台之间不可直接移植。

例：2+3 运算 => add 2, 3, result

提示 add 代表数字逻辑运算上的加法指令；result 用于存放 2+3 的结果。

高级语言是编程语言中最接近自然语言的语言，它采用人能理解的方式来描述程序，是一种独立于机器，面向过程或对象的语言。用高级语言编写的程序不依赖于计算机硬件，能够在不同机器上运行。但是用高级语言编写的程序需要经过翻译，翻译成机器所能识别的二进制数才能由计算机去执行。“翻译”的方式有两种，分别是解释和编译。

- 解释是将源程序逐句解释执行，即解释一句执行一句，因此在解释方式中不产生目标文件，如图 1-1-1 所示。

图 1-1-1
解释程序

- 编译是将整个用高级语言编写的源程序先翻译成机器语言程序，然后再生成可在操作系统下直接运行的执行程序。编译通常会产生目标程序，如图 1-1-2 所示。

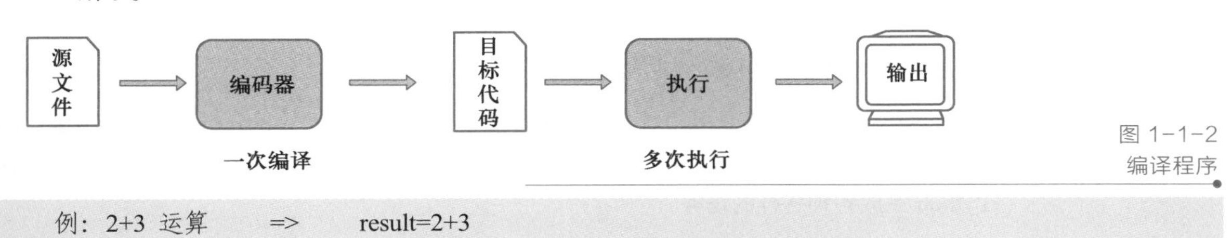

图 1-1-2
编译程序

例：2+3 运算 => result=2+3

想一想

计算机程序与程序设计语言的关系：程序设计语言是用于书写计算机程序的语言，计算机程序通常是用高级程序语言编写的源程序，程序包含数据结构、算法、存储方式、编译等，经过语言翻译程序（解释程序和编译程序）转换成机器接受的指令。

1.2 Python 语言

1.2.1 Python 语言概述

微课 1.1
Python 语言概述

Python 是一种面向对象的解释型计算机程序设计语言，由荷兰人吉多·范罗苏姆（Guido Van Rossum）于 1989 年发明，被广泛应用于处理系统管理任务和科学计算。

与其他语言相比，Python 功能强大、通用性强、语法简洁、可读性强，对于初学者来说，其更容易上手。Python 提供了丰富而强大的库，用户需要的功能模块很有可能已经有人写好了，只需要调用，不需要重新开发。

Python 源代码遵循 GPL（GNU General Public License）协议。这是一个开源的协议，即可以免费使用和传播它，而不用担心版权问题。

1.2.2 Python 语言的特点

- 免费和开源：Python 是 FLOSS（自由/开源软件）之一。
- 简单：Python 是一种解释型的编程语言，遵循“优雅”“明确”“简单”的设计哲学，语法简单，易学、易读、易维护。

笔 记

- 高级：Python 属于高级语言，无须考虑底层细节（如内存分配和释放等）。Python 还包括内置的高级数据结构（如 list 和 dict）。
- 解释性：可以直接从源代码运行。在计算机内部，Python 解释器把源代码转换为字节码的中间形式，然后再把它翻译成计算机使用的机器语言。
- 具有丰富且强大的库：Python 语言提供了功能丰富的标准库，包括正则表达式、文档生成、测试、数据库、GUI 等。除此以外，还有许多高质量的库，如十分经典的科学计算扩展库 NumPy、SciPy 和 matplotlib。
- 可扩展性：Python 提供了丰富的 API 和工具，部分程序可以使用其他语言编写，如 C/C++等。
- 可移植性：基于其开源本质，Python 已经被移植到许多平台上，包括 Linux/UNIX、Windows、Macintosh、Solaris 等。用户编写的 Python 程序，如果未使用依赖于系统的特性，无须修改就可以在任何支持 Python 的平台上运行。
- 可嵌入性：可以把 Python 嵌入到 C/C++程序中，从而提供脚本功能。

1.2.3 Python 语言的应用范围

Python 可应用于众多领域，如人工智能、机器学习、大数据分析、云计算开发、网络爬虫、自动化运维、自动化测试、Web 开发等。腾讯、豆瓣、知乎等知名企业都在使用 Python 完成各种各样的任务。

1.2.4 Python 语言版本

1991 年，Python 的第一个解释器诞生。它是由 C 语言实现的，其有很多语法来自 C，又受到了很多 ABC 语言的影响。

2000 年，Python 2.0 正式发布，标志着 Python 语言正式进入了广泛应用的时代。2020 年 1 月 1 日起 Python 2 不再得到支持。

2008 年，Python 3.0 版本发布，该版本在语法层面和解释器内部做了大量的修改。不过，Python 3 不能完全兼容 Python 2。使用 Python 3，一般不能直接调用 Python 2 开发的库，而必须使用相应的 Python 3 版本的库。

```
print('hello world!')          #Python 3 正确，Python 2 错误
print 'hello world!'           #Python 3 错误，Python 2 正确
```

提示 print 用于向控制台输出信息，Python 2 中使用 print 关键字，Python 3 中使用 print()函数。

小经验

跟随技术的发展和前进的潮流，Python 3 是发展趋势，Python 2 不再维护，作为初学者可以选择新版本 Python 3 作为学习的对象，在学习 Python 3 的同时，读者可以去了解已经弃用的 Python 2 语法。

1.2.5 Python 解释器

Python 作为一种解释型的高级计算机程序语言不能直接被计算机理解并执行，需要借助专门的程序进行翻译，这就是 Python 解释器。常用的 Python 解释器如下。

① Cpython：用 C 语言开发的 Python 解释器，从 Python 官方网站下载并安装的就是 Cpython。

② Jython：Jython 是运行在 Java 平台上的 Python 解释器，可以直接把 Python 代码编译成 Java 字节码执行。

③ IronPython：IronPython 是运行在微软.Net 平台上的 Python 解释器，可以直接把 Python 代码编译成.NET 的字节码。

笔 记

1.3 Python 语言开发环境

1.3.1 下载和安装 Python

Python 支持多平台，不同平台的安装和配置大致相同。本书基于 Windows 10 和 Python 3.9.6 构建开发平台。

任务 **1.3.1** 下载 **Python** 安装程序

① 进入 Python 官方网站（https://www.python.org/downloads/windows/）下载安装包，本书以最新稳定版 Python 3.9.6 为例。每个版本对应多个下载选项，下载页面如图 1-3-1 所示。

- Windows installer 是可执行的安装文件，下载后直接双击开始安装。
- embeddable package 是安装文件压缩包，下载后需解压缩后再进行安装。
- Windows help file 是帮助文档。
- 32-bit 表示 32 位计算机。
- 64-bit 表示 64 位计算机。

Stable Releases

- Python 3.9.6 - June 28, 2021
  Note that Python 3.9.6 *cannot* be used on Windows 7 or earlier.
  - Download Windows embeddable package (32-bit)
  - Download Windows embeddable package (64-bit)
  - Download Windows help file
  - Download Windows installer (32-bit)
  - Download Windows installer (64-bit)

图 1-3-1 下载页面

② 单击“Windows installer(64-bit)”超链接下载可执行安装文件。

任务 **1.3.2** 安装 **Python**

① 双击下载的可执行安装文件，并根据提示执行相应操作。为了深入了解 Python，这里选择自定义安装（Customize installation）选项，安装时需要选中最下方的“Add Python 3.9 to PATH”复选框，将可执行文件、库文件等路径添加到环境变量中，如图 1-3-2 所示。

微课 1.2
Python 开发环境安装

图 1-3-2
开始安装

② Optional Features 配置，如果没有特殊需求则全选，单击“Next”按钮，如图 1-3-3 所示。

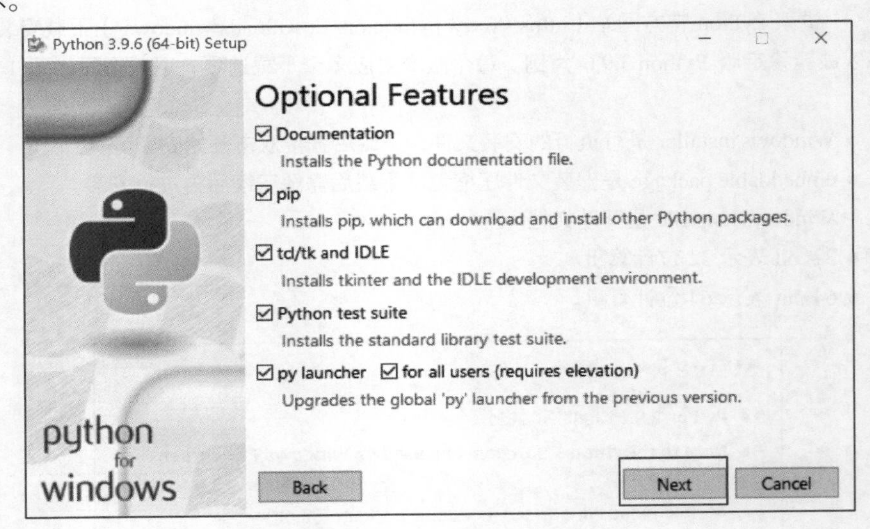

图 1-3-3
Optional Features 配置

注 意

① Documentation：安装 Python 文档文件。

② pip：安装 pip 三方库插件，用于下载和安装其他的 Python 包。

③ td/tk and IDLE：安装 tkinter 开发工具和 IDLE。IDLE 是 Python 自带的学习、开发环境。

④ Python test suite：安装标准库测试套件。

⑤ py launcher 和 for all users：运用 Python global 全局变量能更容易地启动 Python。

③ Advanced Options 配置，选中“Install for all users”复选框表示针对所有用户安装；Customize install location 项为修改安装路径，这里修改为 D:\Program Files\Python39，如图 1-3-4 所示；然后单击“Install”按钮开始安装，出现如图 1-3-5 所示的安装进度提示。

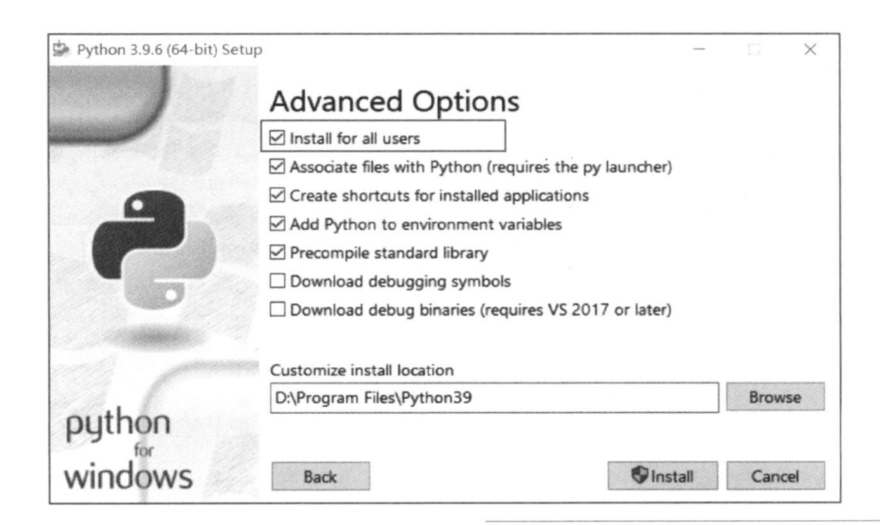

图 1-3-4
Advanced Options 配置

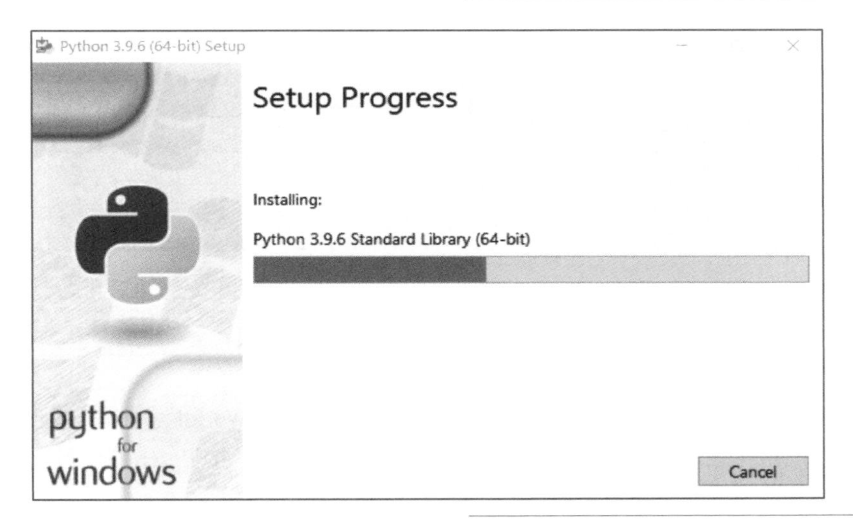

图 1-3-5
安装进度

注 意

① Install for all users：所有用户都可使用。
② Associate files with Python：关联 Python 相关的文件。
③ Create shortcuts for installed applications：创建桌面快捷方式。
④ Add Python to environment variables：添加系统变量。
⑤ Precompile standard library：安装预编译标准库。
⑥ Download debugging symbols：下载安装调试模块。
⑦ Download debug binaries：下载安装用于 VS 的调试符号，适用于.NET 开发。

④ 安装完成，如图 1-3-6 所示。

⑤ 安装完成后，使用命令提示符进行验证。首先按键盘的 Win+R 键，在弹出的对话框中输入 cmd 调出命令提示符，然后输入 python 命令，按 Enter 键，屏幕输出如图 1-3-7 所示，则说明 Python 3.9.6 安装成功。

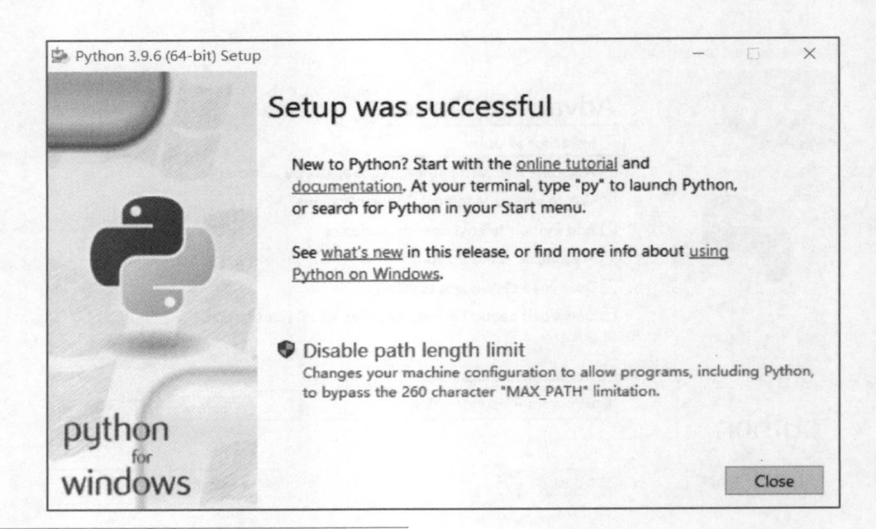

图 1-3-6
安装完成

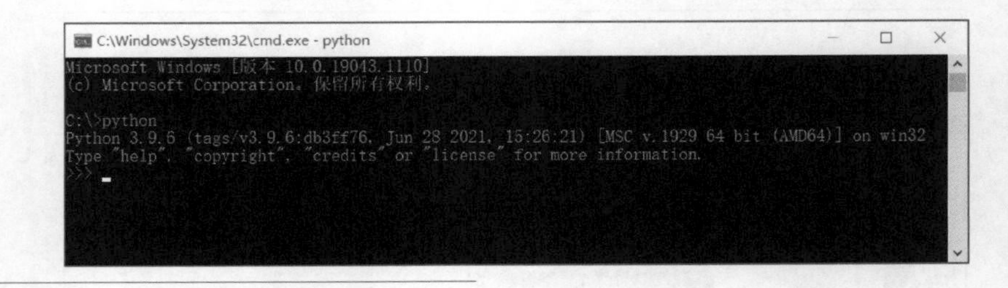

图 1-3-7
验证安装

提示 也可通过以下方式打开 Python 解释器交互窗口，在 Windows 菜单中选择“开始”→“所有程序”→“Python 3.9”→“Python 3.9(64-bit)”命令。

⑥ 验证安装成功后，编写第一条 Python 语句“Hello World!”。在 Python 交互式窗口>>>提示符之后，可以输入语句 print("Hello World!")，按 Enter 键运行代码，如图 1-3-8 所示。

```
C:\Windows\System32\cmd.exe - python
Microsoft Windows [版本 10.0.19043.1110]
(c) Microsoft Corporation。保留所有权利。

C:\>python
Python 3.9.6 (tags/v3.9.6:db3ff76, Jun 28 2021, 15:26:21) [MSC v.1929 64 bit (AMD64)] on win32
Type "help", "copyright", "credits" or "license" for more information.
>>> print("Hello World!") ——→ 单行代码
Hello World! ——→ 运行结果
>>>
```

图 1-3-8
print("Hello World!")
运行结果

提示 >>>即为 Python 解释器的提示符，输入 print("Hello World!")，则 Python 解释器将调用 print 函数，打印输出引号内的内容“Hello World!”。

相关知识

① 函数是组织好的、可重复使用的，用来实现单一或相关功能的代码段。Python 提供了许多内置函数，如 print()。但用户也可以自己创建函数，这种函数被称为用户自定义函数。更多内容可参考 6.1 节函数部分。

② print() 函数用于打印输出，括号内为需要输出的内容，print 函数是 Python 中最常见的一个函数，如下所示。

```
print("你好 2022!")          #输出 你好 2022!
print(100)                   #输出数字 100
```

1.3.2 执行 Python 源文件

Python 解释器命令行采用交互式执行 Python 命令，需要逐条输入，不适合复杂的程序设计。可以把 Python 程序保存成一个文件，其扩展名为 py，然后通过 Python 解释器编译执行。通过以下 3 步实现编辑执行。

① 打开文本编辑器软件（如记事本），输入 Python 语句。

② 保存为扩展名为 py 的文件，如 hello.py，即创建 Python 源文件。

③ 在 Windows 命令提示符窗口中输入命令 python {文件路径}\hello.py，调用 Python 解释器执行程序。

试一试

① 运行 Windows 记事本程序。

② 在记事本中输入程序源代码，如图 1-3-9 所示。

图 1-3-9
记事本编写源代码

③ 文件另存为 hello.py。在记事本中选择“文件” | “另存为”菜单命令，将源程序文件 hello.py 保存到目录中，如图 1-3-10 所示。

注 意

“保存类型”选择“所有文件”，“编码”选择 UTF-8。

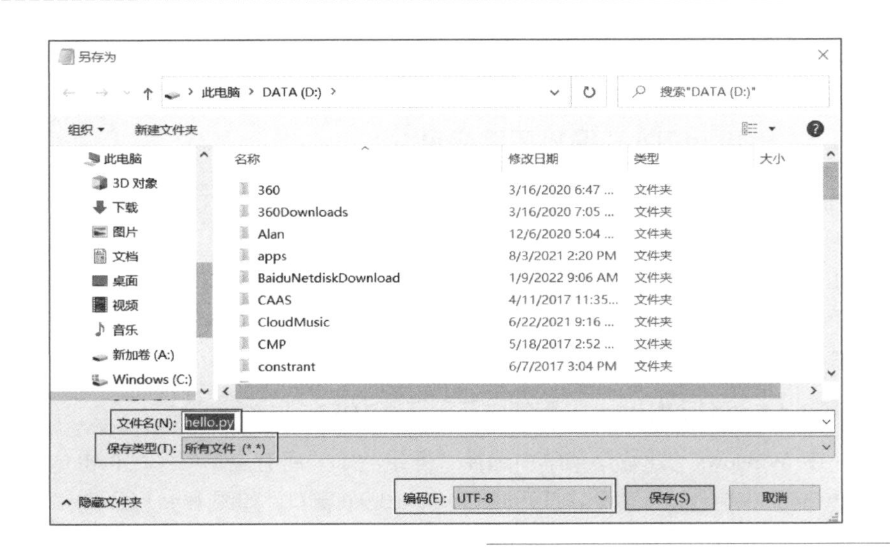

图 1-3-10
创建 Python 源文件

④ 打开 Windows 命令提示符窗口。

⑤ 输入命令 python D:\hello.py，如图 1-3-11 所示。

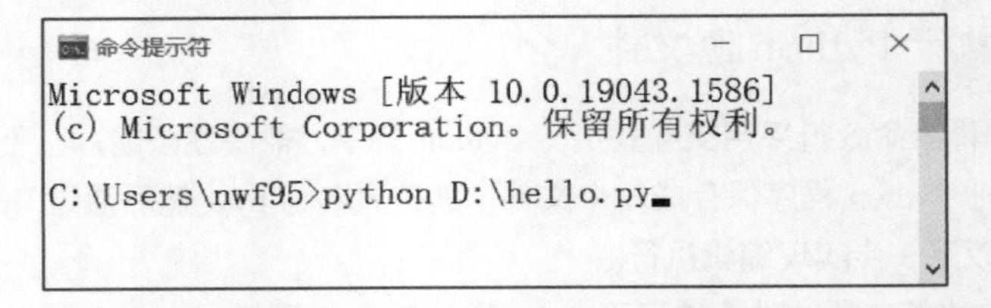

图 1-3-11
输入 Python 命令

⑥ 按 Enter 键运行，输出结果，如图 1-3-12 所示。

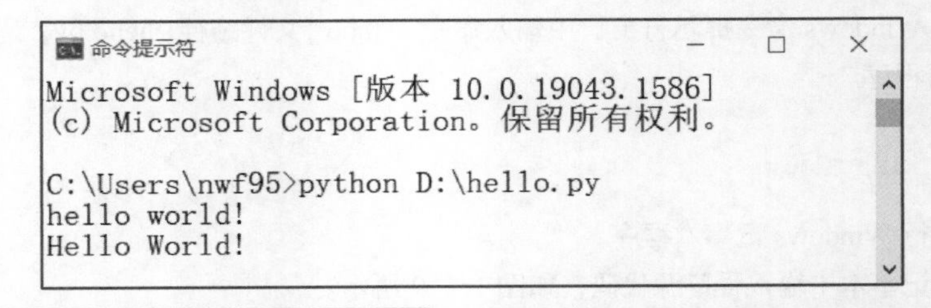

图 1-3-12
输出结果

任 务 小 结

Python 的开发和运行环境是学习 Python 的基础，通过本任务的学习，掌握了 Python 开发平台的搭建，掌握了如何通过 Python 解释器交互窗口执行代码。Python 源文件以 py 为扩展名，可以通过文件编辑器编写程序，并将其保存为 Python 文件，在 Windows 命令提示符窗口执行 python 命令运行源文件。

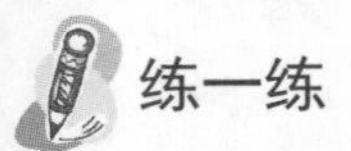

练一练

请通过 Python 解释器交互窗口进行数学运算 1+2+3+4+5。

1.4 Python 集成开发环境

1.4.1 Python IDLE 编程环境应用

Python 内置集成开发环境 IDLE。相对于 Python 解释器交互窗口，集成开发环境 IDLE 提供图形用户界面，可以提高 Python 程序的编写效率。

IDLE 是一个纯 Python 编写的应用程序。它有两种类型的窗口，一种是编辑器窗口，用于对 Python 源文件进行打开、编辑和保存等操作，另外一种是 Shell 窗口，用于显示编辑器的输出，也可用于编写运行单行 Python 语句。

任务 1.4.1 运行 Python 内置集成开发环境 IDLE

① 在 Windows“开始”菜单中选择“开始”|“所有应用”|“Python 3.9”|“IDLE(Python 3.9 64-bit)”命令，打开 IDLE Shell 3.9.6 窗口，如图 1-4-1 所示。

② 在>>>提示符后输入 print("Hello World!")，解释执行语句，输出“Hello World!”，如图 1-4-2 所示。

```
IDLE Shell 3.9.6
File Edit Shell Debug Options Window Help
Python 3.9.6 (tags/v3.9.6:db3ff76, Jun 28 2021, 15:26:21) [MSC v.1929 64
bit (AMD64)] on win32
Type "help", "copyright", "credits" or "license()" for more information.
>>>
Ln: 3 Col: 4
```

图 1-4-1 Python IDLE Shell 3.9.6 窗口

```
IDLE Shell 3.9.6
File Edit Shell Debug Options Window Help
Python 3.9.6 (tags/v3.9.6:db3ff76, Jun 28 2021, 15:26:21) [MSC v.1929 64
bit (AMD64)] on win32
Type "help", "copyright", "credits" or "license()" for more information.
>>> print("Hello World!")
Hello World!
>>> |
Ln: 5 Col: 4
```

图 1-4-2 IDLE 执行语句

注 意

在输入命令时一定要在英文输入法下进行输入，特别是括号、双引号这些符号也必须是英文输入法下输入的符号，Python 语法规则非常严谨。

③ 打开编辑窗口。在 IDLE Shell 3.9.6 窗口选择“File” | “New File”菜单命令，如图 1-4-3 所示，弹出编辑窗口，如图 1-4-4 所示。

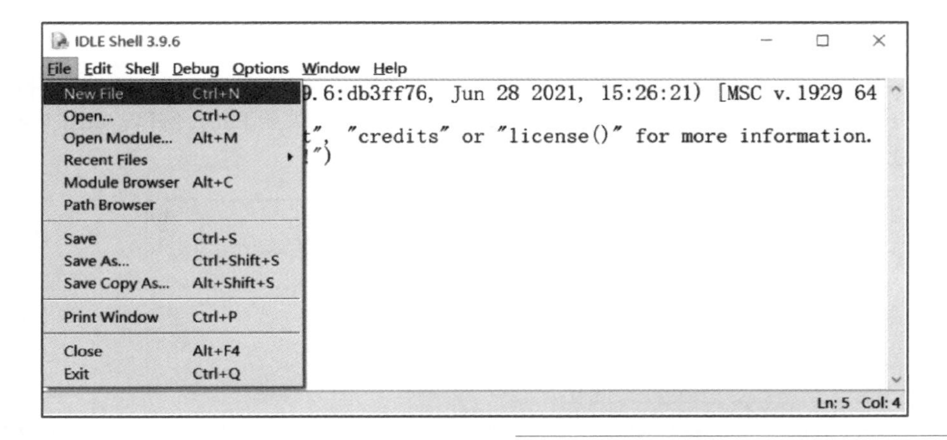

图 1-4-3 选择菜单命令

```
untitled
File Edit Format Run Options Window Help
|
Ln: 1 Col: 0
```

图 1-4-4 编辑窗口

④ 在编辑区输入代码 print("Hello World!")，选择“Run” | “Run Module”菜单命令，执行代码，如图 1-4-5 所示。

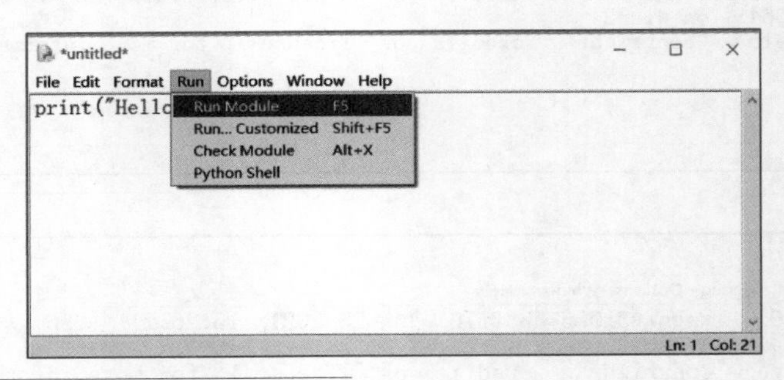

图 1-4-5
执行代码

想一想

如何将代码保存为 Python 文件呢？

相关知识

在 IDLE Shell 窗口执行 Python 语句类似于 Python 命令行交互式执行，其优点是方便直接。但是在交互式环境下，需要逐条输入语句，且执行的语句没有保存到文件中，因而不能重复执行。可以使用文件的形式保存程序代码，Python 源文件扩展名为 py。保存步骤如下。

步骤 1：在编辑窗口选择“File” | “Save” / “Save As”菜单命令。

步骤 2：在打开的对话框中选择路径，为文件命名，如 helloWorld.py。

⑤ 退出 IDLE。在 Shell 窗口输入 quit()命令或者直接关闭 IDLE 窗口，如图 1-4-6 所示。

```
*IDLE Shell 3.9.6*
File Edit Shell Debug Options Window Help
Python 3.9.6 (tags/v3.9.6:db3ff76, Jun 28 2021, 15:26:21) [MSC v.1929 64
bit (AMD64)] on win32
Type "help", "copyright", "credits" or "license()" for more information.
>>> print("Hello World!")
Hello World!
>>> quit()
Ln: 5 Col: 10
```

图 1-4-6
关闭 IDLE

任务小结

通过以上任务的实施，掌握了 Python 内置集成开发环境 IDLE 的基本操作，包括启动 IDLE Shell 窗口、在 Shell 窗口执行简单代码、进入编辑窗口、在编辑窗口运行程序、退出 IDLE 等。

练一练

请通过 IDLE 打开已有 Python 源文件，然后执行该程序。

1.4.2 PyCharm 编程环境应用

IDLE 是 Python 自带的简洁的集成开发环境，利用它可以方便地创建、运行、测试和调试 Python 程序，这些对于初学者已经足够。而在实际应用中，人们还需关注项目管理、版本控制等问题，这时需要功能更强大的集成开发环境，如 PyCharm、Eclipse（with PyDev）等。

PyCharm 是 JetBrains 推出的一款 Python 集成开发环境，带有一整套可以帮助用户在使用 Python 语言开发时提高其效率的工具，如友好的用户界面、调试、语法高亮、项目管理、代码跳转、智能提示、自动完成、单元测试和版本控制。

任务 1.4.2 下载并安装 PyCharm

微课 1.3
PyCharm 的安装与使用

① 登录 JetBrains 官网（https://www.jetbrains.com/pycharm/download/），下载免费的 PyCharm 社区版（Community），如图 1-4-7 所示。PyCharm 社区版（Community）是免费提供给学习者使用 Python 的版本，其功能可以满足人们学习的需求。如需实现更高要求的功能，可购买 PyCharm 专业版（Professional）。

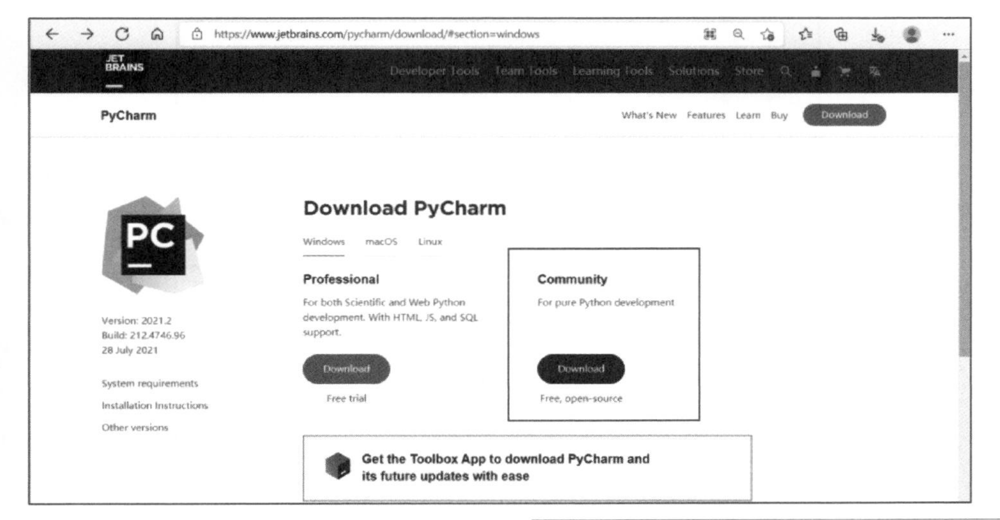

图 1-4-7
PyCharm 下载界面

② 下载完成后双击安装文件进入安装向导，如图 1-4-8 所示。

图 1-4-8
开始安装

③ 单击“Next”按钮进入下一步，可以修改安装路径，如图 1-4-9 所示。

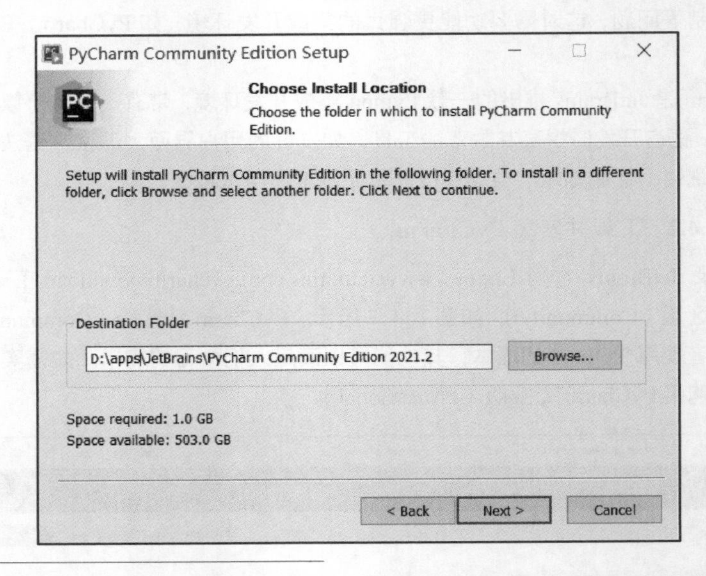

图 1-4-9
选择安装路径

④ 单击“Next”按钮，进入安装选项配置界面，选择在桌面创建快捷方式和创建文件关联，如图 1-4-10 所示。

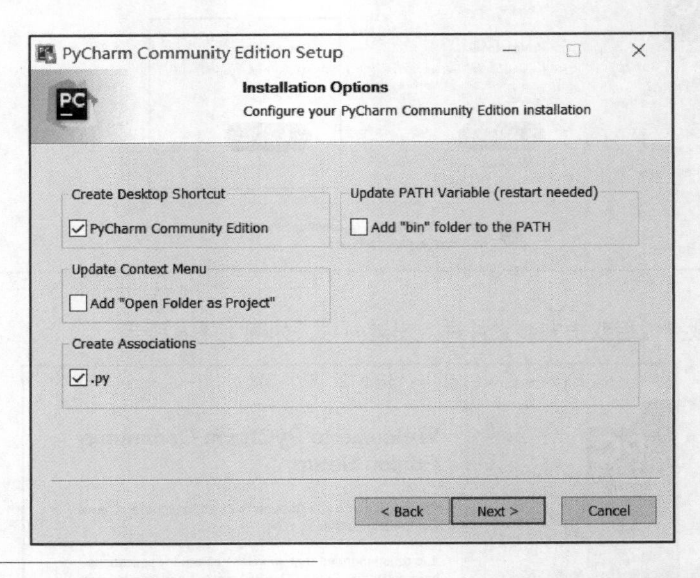

图 1-4-10
安装选项

⑤ 单击“Next”按钮，进入 Choose Start Menu Folder 界面，这里使用默认值。

⑥ 单击“Install”按钮开始安装。

⑦ 安装完成。可以选中“Run PyCharm Community Edition”复选框，单击“Finish”按钮，完成安装并运行 PyCharm，如图 1-4-11 所示。

任务 1.4.3 使用 PyCharm 编写代码

① 首次运行 PyCharm 需要进行简单配置，并弹出 Import PyCharm settings from（导入 PyCharm 设置）界面，由于是全新安装，选中“Do not import settings”单选按钮，然后单击“OK”按钮，如图 1-4-12 所示。

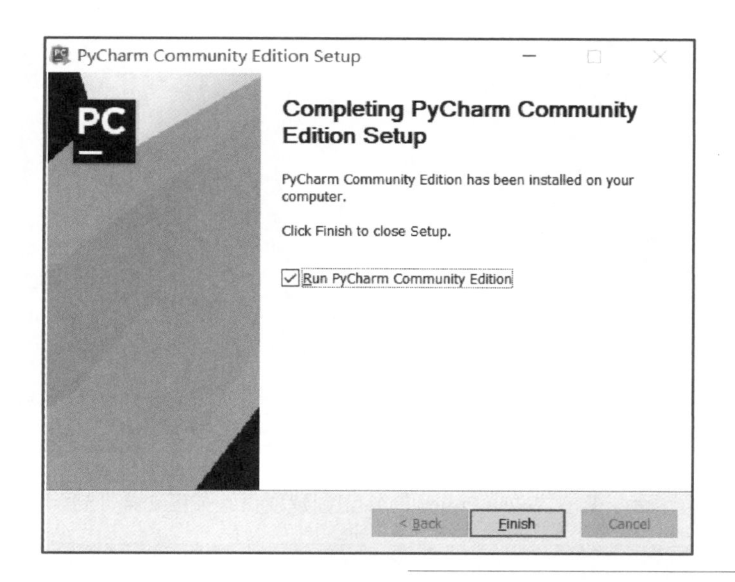

图 1-4-11
PyCharm 安装完成

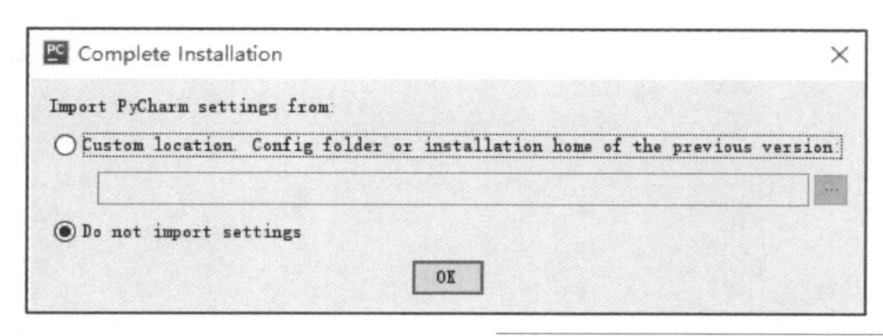

图 1-4-12
导入 PyCharm 设置

② 选择用户协议。在“PyCharm User Agreement”对话框中，选中“I confirm that I have read and accept the terms of this User Agreement”复选框，然后单击“Continue”按钮进入启动界面，如图 1-4-13 所示。

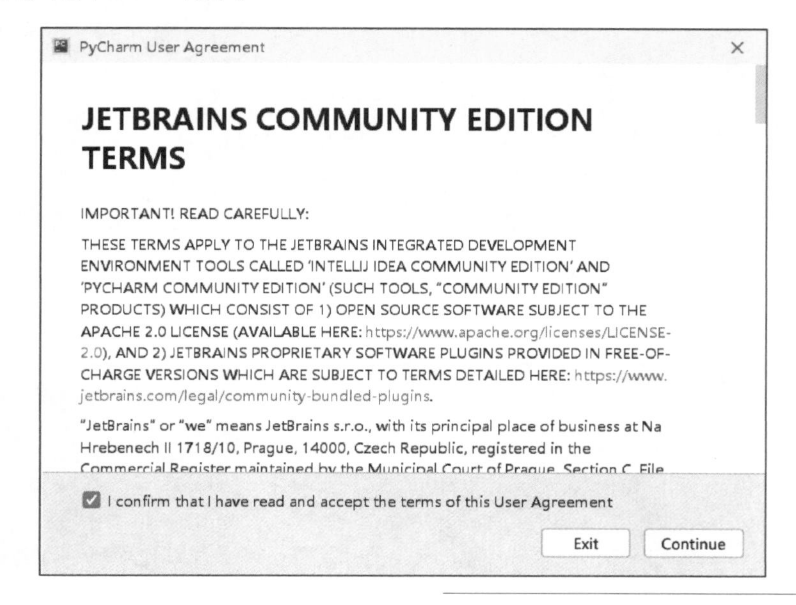

图 1-4-13
选择用户协议

③ 进入启动界面，如图 1-4-14 所示，完成加载后进入 PyCharm 欢迎界面。

图 1-4-14
启动界面

④ 在欢迎界面，单击“New Project”按钮创建项目，如图 1-4-15 所示。

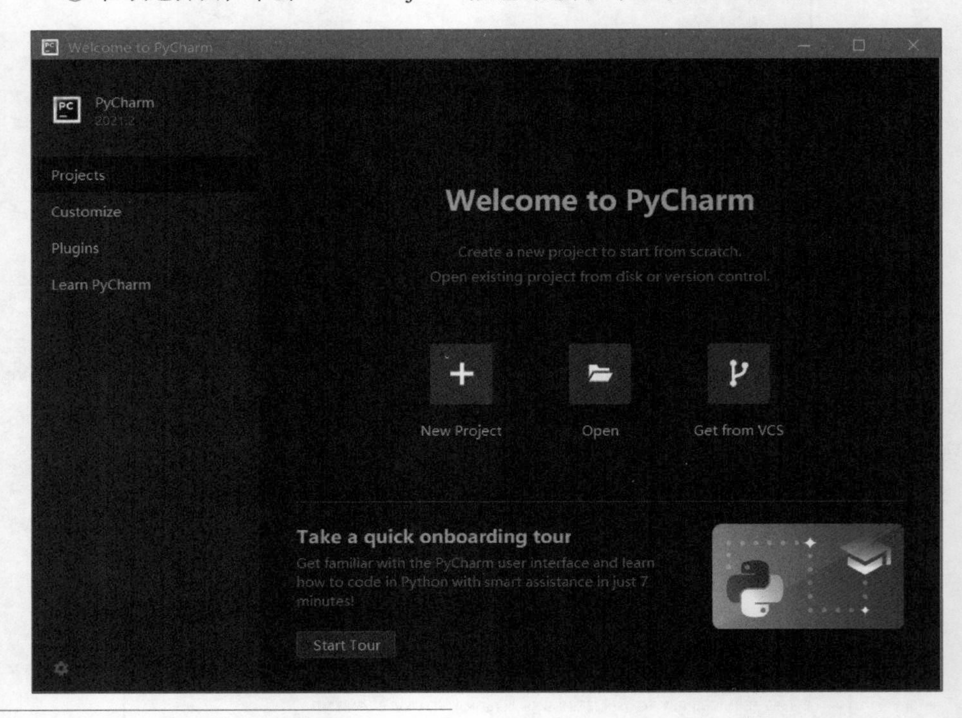

图 1-4-15
欢迎界面

⑤ 在弹出的创建新项目窗口，指定项目名称为 Demo 和项目路径，如图 1-4-16 所示。

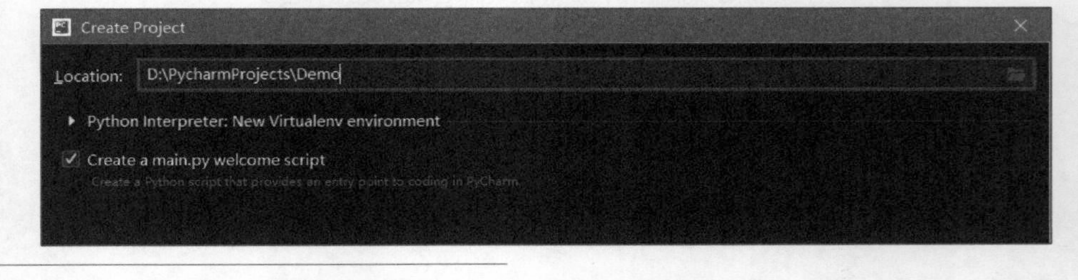

图 1-4-16
新建项目

⑥ 单击“Create”按钮，完成项目创建，进入主界面，如图 1-4-17 所示。

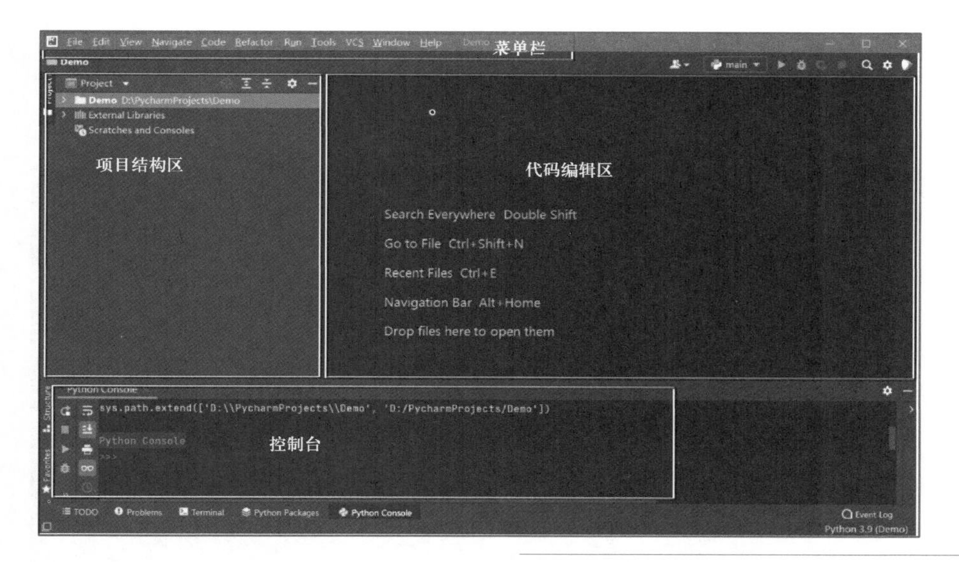

图 1-4-17
主界面

⑦ 在项目结构区，右击项目名称 Demo，在弹出的快捷菜单中选择“New” | “Python File”命令，如图 1-4-18 所示，在该界面上也可以选择新建包、新建目录或其他文件。

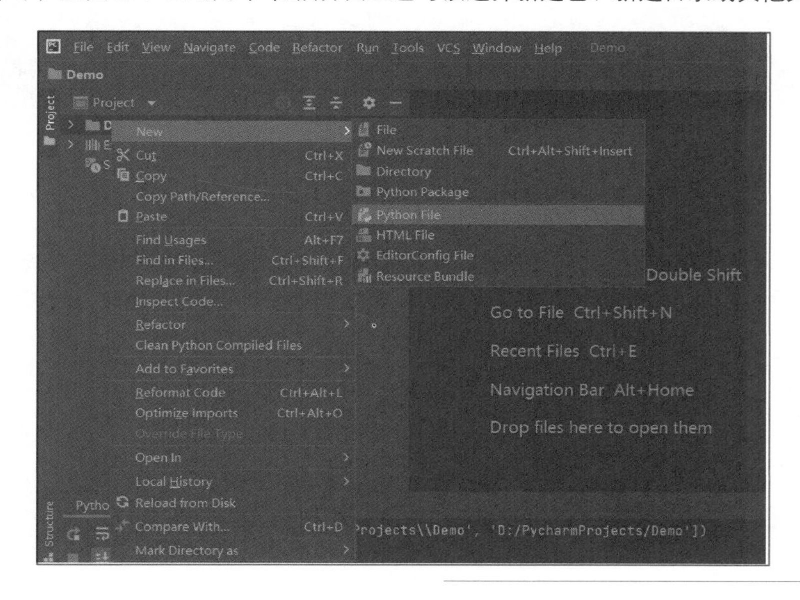

图 1-4-18
创建文件

⑧ 在弹出的 New Python file 窗口中输入文件名，双击文件类型 Python file，如图 1-4-19 所示。

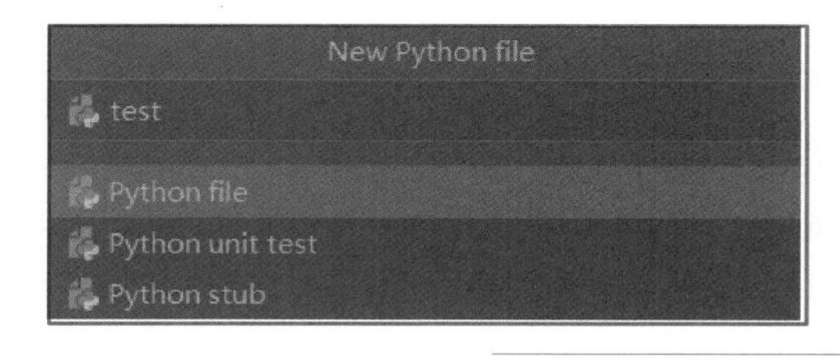

图 1-4-19
命名新文件

⑨ 在代码编辑区输入 print("Hello World!")，按 Ctrl+Shift+F10 快捷键运行程序，如图 1-4-20 所示。

提示

运行程序也可以在菜单栏选择“Run”→“Run ‘test’”命令，或者右击 test.py，在弹出的快捷菜单中选择“Run ‘test’”命令。

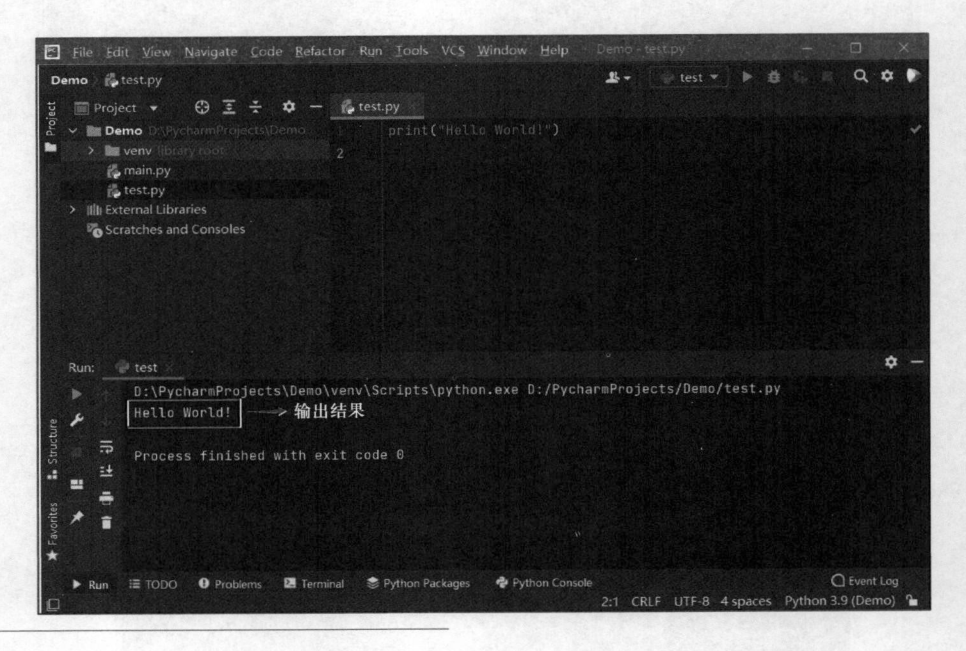

图 1-4-20 在 PyCharm 中程序运行结果

小经验

集成开发环境（IDE）集成了代码编写功能、分析功能、编译功能、调试功能等一体化的开发软件服务，这些辅助工具可以简化人们的工作，提高编码效率，所以在实际项目开发过程中一般都会选择一款合适的集成开发环境软件。

练一练

请在 Setting 设置中更换 PyCharm 主题。

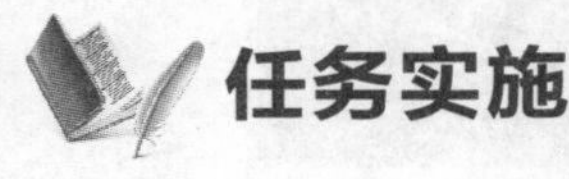

任务实施

1.5 PyCharm 编码实训

一、实训目的

① 熟悉 PyCharm 界面各区域的功能。

② 掌握 PyCharm 中创建项目、包及文件的基本操作。

③ 掌握 PyCharm 中编辑代码及运行程序的基本操作。

二、实训内容

在 PyCharm 中新建项目，实现打印输出节日贺卡，如图 1-5-1 所示。

```
--*--*--*--*--*--*--*--*
  节  日  祝  福
李老师：
     祝您 春节 快乐！
                  李雷
--*--*--*--*--*--*--*--*
```

图 1-5-1
输出节日贺卡

三、实训过程

① 打开 PyCharm，在菜单栏选择“File” | “New Project”命令，创建项目。

② 在项目结构区中右击项目名，在弹出的快捷菜单中选择“New” | “Python File”命令，创建 Python 文件。

③ 在代码编辑区编写代码。

程 序 代 码

```
print("--*--*--*--*--*--*--*")
print("  节  日  快  乐")
print("李老师：")
print("     祝您 春节  快乐！")
print("                  李雷")
print("--*--*--*--*--*--*--*")
```

④ 运行程序，在控制台查看程序运行结果，如图 1-5-2 所示。

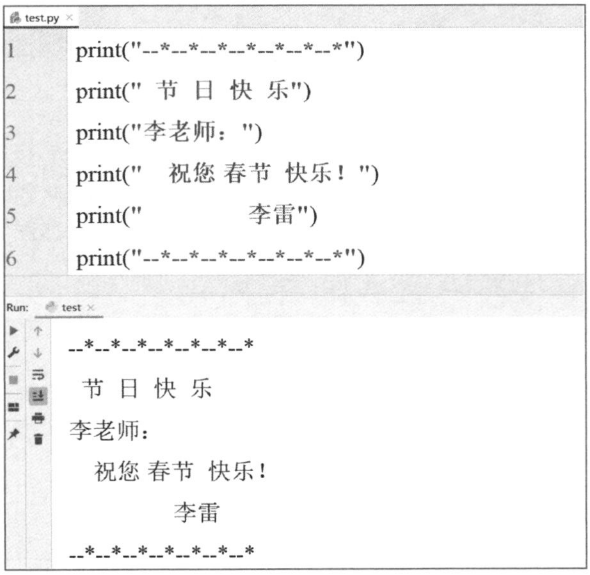

```
test.py
1  print("--*--*--*--*--*--*--*")
2  print(" 节 日 快 乐")
3  print("李老师：")
4  print("  祝您 春节 快乐！")
5  print("           李雷")
6  print("--*--*--*--*--*--*--*")

Run: test
--*--*--*--*--*--*--*
 节 日 快 乐
李老师：
  祝您 春节 快乐！
         李雷
--*--*--*--*--*--*--*
```

图 1-5-2
节日贺卡程序运行结果

四、实训总结

通过实训，可以熟悉 PyCharm 软件结构，掌握在 PyCharm 中进行 Python 程序开发的基本步骤，为后续深入学习打下良好的基础。

1.6 任务反思

一、任务总结

通过本任务的学习，了解了程序设计语言及相关概念，掌握了 Python 语言的功能特点、开发环境、集成开发环境 PyCharm 的下载与安装，熟悉了 PyCharm 工作区结构，并且能够在 PyCharm 中创建项目，在项目中创建 Python 文件，最后执行 Python 文件，为进一步学习 Python 程序设计语言打下基础。

二、常见错误

问题 1-6-1 安装好 Python 环境后，在命令行提示符输入 python 命令进行验证时，显示如图 1-6-1 所示错误。

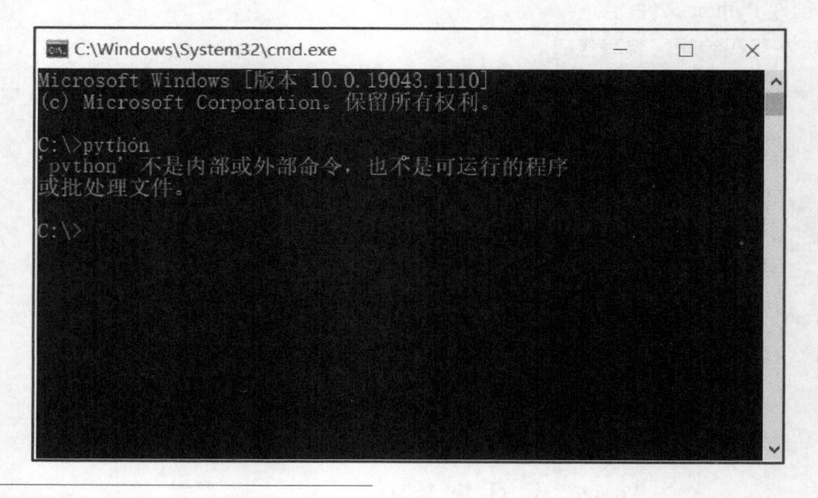

图 1-6-1
错误提示

问题分析：

在命令行输入一个命令后，系统就会在 Path 环境变量里去搜索该命令对应的可执行文件，如果没有找到可执行文件就会出现该命令不是内部或外部命令的错误信息。这是因为在安装时忽略了选中“Add Python 3.9 to PATH”复选框，如图 1-6-2 所示，导致遇到如图 1-6-1 所示的错误。

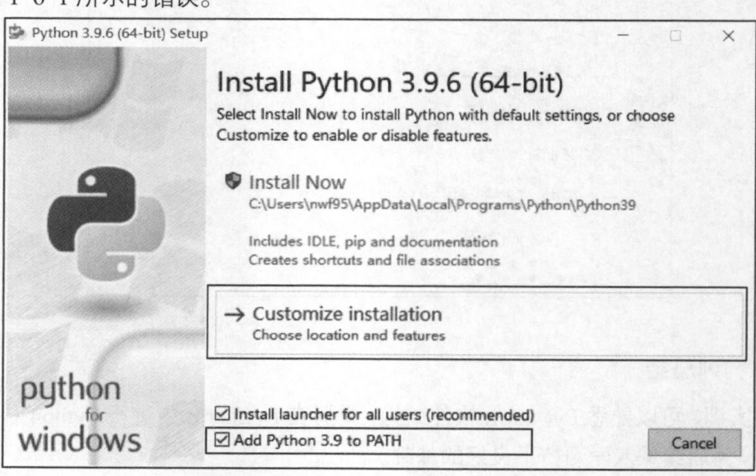

图 1-6-2
选中“Add Python 3.9 to PATH”复选框

问题解决：

将 Python 安装路径配置到 Path 环境变量中。配置步骤如下。

① 在桌面的“计算机”图标上右击，在弹出的快捷菜单中选择“属性”命令。

② 在打开的窗口中单击“高级系统设置”超链接。

③ 在打开的“系统属性”对话框中，选择“高级”选项卡，单击“环境变量”按钮，如图 1-6-3 所示。

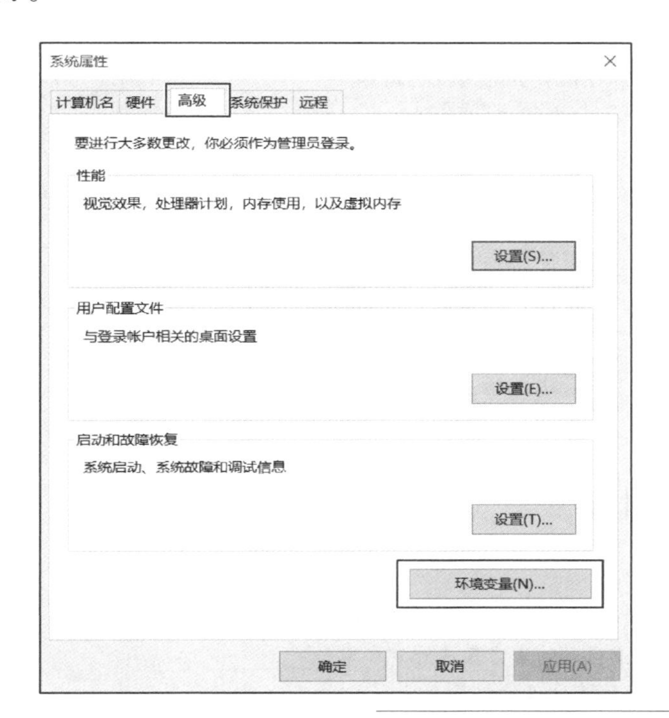

图 1-6-3
系统属性设置

④ 在打开的“环境变量”对话框中找到系统变量列表，选中 Path 变量，如图 1-6-4 所示。

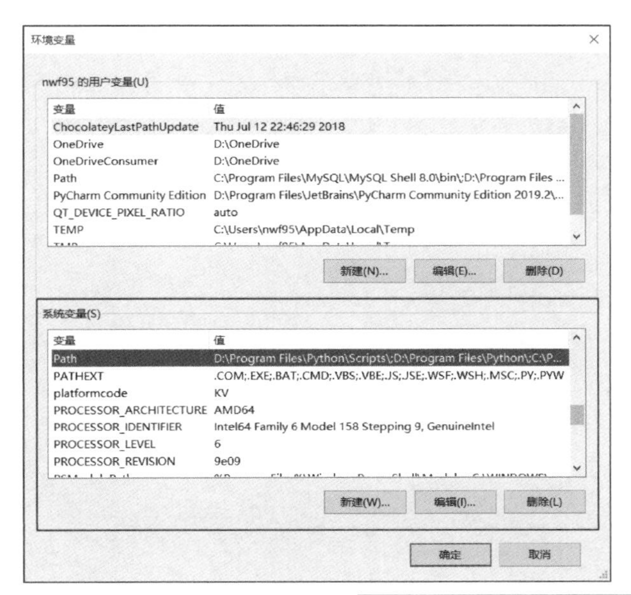

图 1-6-4
环境变量设置

⑤ 将本机 Python 安装路径增加到 Path 环境变量中，如图 1-6-5 所示。

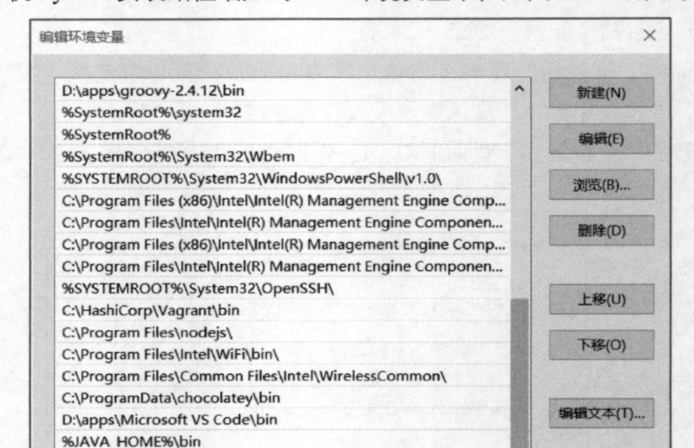

图 1-6-5
Path 环境变量设置

技能测试

一、填空题

1. Python 是一种______________计算机程序设计语言。
2. Python 3.x 自带的官方集成开发环境是_________。
3. Python 程序源文件的扩展名是_________。

二、思考题

1. 列举 3 个常用的 Python 集成开发环境。
2. 请列举 Python 语言的特点。

单元 2 变量和简单数据类型

任务引导

搭建好 Python 开发环境后，就可以编写、调试和运行 Python 程序了。如果想通过程序来解决各种实际问题，例如要计算地球的体积，就必须先掌握一些 Python 语言的基础知识，包括变量、数据类型、运算符及表达式等。本任务将按以下 4 个步骤学习 Python 编程基础知识。

第 1 步：学习 Python 的编码规范。

第 2 步：学习变量的使用。

第 3 步：学习 Python 数据类型、数据类型之间的转换。

第 4 步：学习运算符及表达式。

学习目标

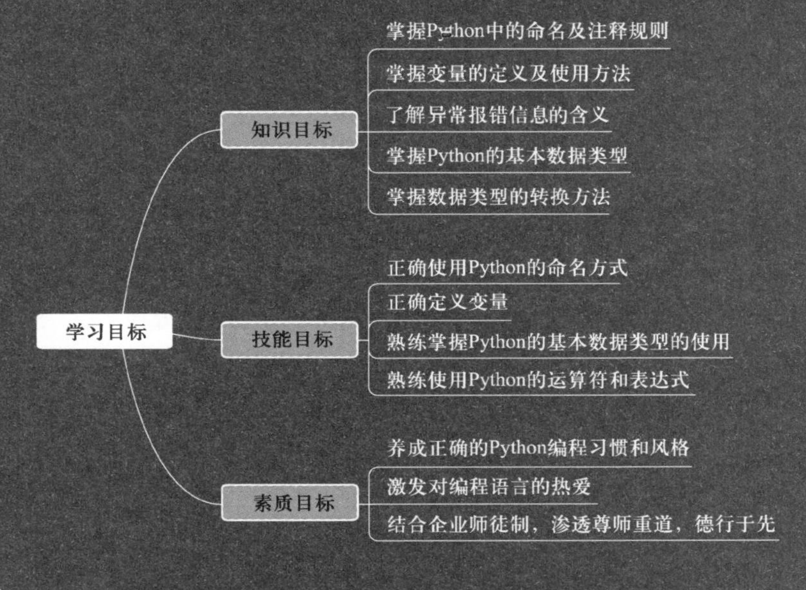

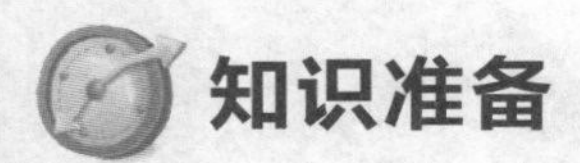

2.1 初识 Python 程序

想一想

Python 程序和其他语言编写的程序一样，都是用来解决现实中的实际问题，如数学计算、系统的自动操作、计算机输入输出等。例如，小明到银行存款，当了解银行当前利率后，想编程实现存款到期后自动计算本金、利息和总金额，即通过输入本金、利率、存款年限后，程序实现本金、利息、总金额的自动计算和显示。

学习 Python，首先从 Python 的代码风格，存储在内存中 Python 的变量，Python 中的注释方法来初步认识 Python 程序。

2.1.1 Python 代码风格

Python 编程风格包含变量命名、参数说明、代码及文档编排、代码注释等。这种风格约束可以使得不同的程序员编写出风格类似的代码，便于在程序员之间交流，也便于增加代码的可读性，提升代码的可维护性，如图 2-1-1 所示。接下来，一起来认识 Python 中常见的代码规范。

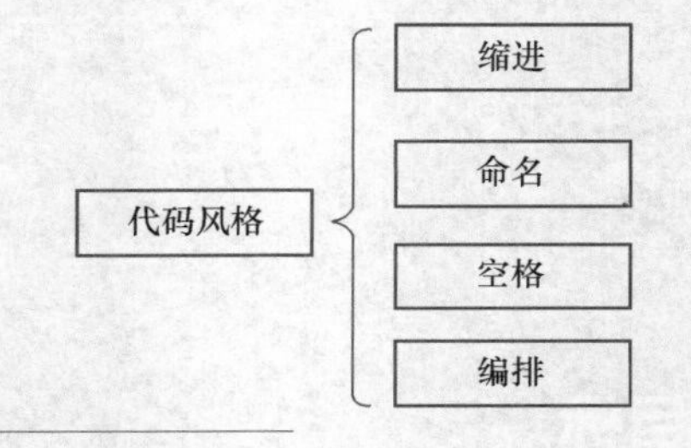

图 2-1-1
Python 常见代码风格

1. Python 代码缩进

Python 在设计之初就规定使用缩进而不是{}来表示代码块。代码块行首的空白称为缩进，通常在编码过程中以 4 个空格缩进代码。

需要记住的是，Python 中错误的缩进会引发程序编译错误。这有可能会跟用户习惯使用 Tab 键进行缩进，还是空格键进行缩进有关，在 ASCII 码中 Tab 键为 9，而空格键为 32，虽然有可能使用 Tab 键进行缩进看起来与空格缩进后的效果差不多，但实际上还是有很大的区别。如果习惯使用 Tab 键进行缩进，那一定要将编辑器中制表符设置为空格键，绝对不要 Tab 键和空格键混用。

2. Python 中的命名

① 尽量避免使用小写字母 l、大写字母 O、大写字母 I 等容易混淆的字母。

② 模块命名尽量短小，使用全部小写的方式，可以使用下画线。

③ 包命名尽量短小，使用全部小写的方式，不可以使用下画线。

④ 类的命名使用首字母大写的方式，如 MyTest；模块内部使用的类采用下画线加首字母大写的方式，如_MyTest。

⑤ 常量命名使用全部大写的方式，如 PI=3.14159，可以使用下画线。

⑥ 函数命名使用全部小写的方式，可以使用下画线。

⑦ 异常命名使用常规类名加 Error 后缀的方式，如 MyTestError。

总之，Python 中的命名应尽量传达其代表的含义，且同时满足相关命名要求。

3. 代码的编排

① 代码换行可以使用反斜杠\，换行点要在操作符的后边按回车键。

② 类和 top-level（顶级）函数定义之间空两行；类中的方法定义空一行；函数内逻辑无关段落之间空一行；其他地方尽量不要空行。

③ 一个函数不要超过 30 行，即可显示在一个屏幕内，可以不使用垂直游标即可看到整个函数。

④ 一个类不要超过 200 行代码，不要超过 10 个方法，一个模块不要超过 500 行。

4. 空格的使用

尽量避免不必要的空格。右括号前不要加空格。函数左括号前不要加空格，如 Func(1)。序列的左括号前不要加空格，如 list[2]。逗号、冒号、分号前不要加空格。

操作符（=、+=、-=、==、<、>、!=、<=、>=、in、not in、is、is not、and、or、not）左右各加一个空格，但不要为了对齐增加空格。如果操作符有优先级的区别，可考虑在低优先级的操作符两边增加空格，如 hypot2 = x*x + y*y 等式中加法运算具有低优先级，加号两边增加空格；c = (a+b) * (a-b)等式中乘法具有低优先权，乘号两边增加空格。if、for、while 语句中，即使执行语句只有一句，也必须另起一行。

想一想

在以上的问题中，给定银行存款年利率，键盘输入变量存款数额和存款年限，计算和显示存款到期后的本金和利息合计金额。在该问题的求解中，首先需要将现实问题中的本金、利率、本息合计通过程序中的变量进行表示，然后通过计算来求解；其次为方便其他程序员理解，需要给代码添加注释，即代码功能外的提示信息。你知道该怎么做吗？

2.1.2 变量

简单而言，变量是存储在计算机内存中的值，是编程中最基本的存储单位。这就意味着在创建变量时会在内存中开辟一个空间，暂时性地存储放进去的东西。一般地，值是具有某种数据类型的值，如小数、整数、常数等，在很多强制类型的编程语言中，通常要求定义变量时声明其数据类型。

注 意

Python 中的变量声明是不需要声明数据类型的。所以对于变量的赋值在 Python 中是非常简单的。Python 变量的赋值通常分为单个变量赋值和多个变量赋值两种方式。

1. 单个变量赋值

微课 2.1
变量赋值

Python 中的变量赋值不需要类型声明。每个变量在内存中创建，都包括变量的标识、名称和数据等信息。每个变量在使用前都必须赋值，变量赋值以后，该变量才会被创建。等号（=）用来给变量赋值，即“变量名”=“变量值”。

【例 2-1-1】 定义 3 个变量，分别赋值整型、浮点型和字符串作为变量初始值。

------解 题 步 骤------

① 定义变量，要求满足变量定义的格式，即“变量名”=“变量值”。

② 定义完成后通过 print 打印语句输出变量的值。

------程 序 代 码------

```
counter = 100         #等号赋值变量 counter，初始值为 100，为一个整型变量
miles = 1000.0        #等号赋值变量 miles，初始值为 1000.0，为一个浮点型变量
name = "John"         #等号赋值变量 name，初始值为 John，为一个字符串变量
print(counter)        #打印变量 counter 的值
print(miles)          #打印变量 miles 的值
print(name)           #打印变量 name 的值
```

提示

① 以上实例中的 100、1000.0 和"John"分别赋值给 counter、miles、name 变量。

② 整型、浮点型和字符串是指程序中的数据类型，会在下一小节中详细说明。

执行以上程序会输出如图 2-1-2 所示的结果。

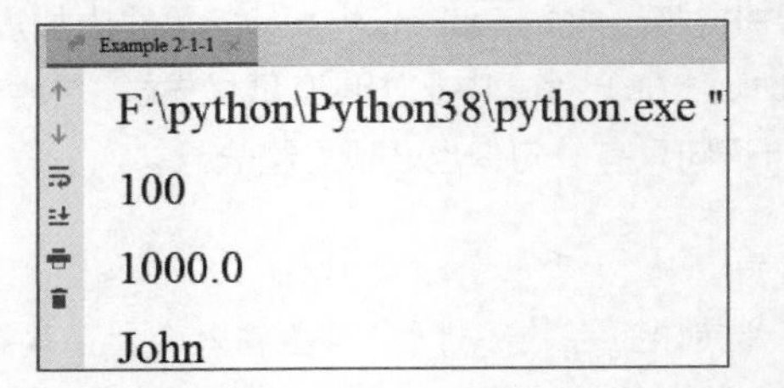

图 2-1-2
变量初始化

注 意

Python 变量的数据类型是由赋值号后面的值决定的，而且在赋值变量时不需要声明其类型，Python 解释器会自己判断。

2. 多个变量赋值

Python 允许同时为多个变量赋值。例如：

```
a = b = c = 1
```

以上实例，创建一个整型对象，值为 1，3 个变量被分配到相同的内存空间上。

也可以为多个对象指定多个变量。例如：

```
a, b, c = 1, 2, "zhangsan"
```

以上实例，两个整型对象 1 和 2 分别分配给变量 a 和 b，字符串对象 "zhangsan" 分配给变量 c。

2.1.3 Python 注释语句

注释是程序设计中最常用的功能之一，在代码中起到提示和帮助阅读代码的作用。可以按照代码块的大小进行注释。Python 中的注释分为单行注释和多行注释。

1．单行注释

Python 中单行注释以 # 开头。例如：

```
#这是一个注释
print("Hello, World!")            #这也是一个注释
```

2．多行注释

多行注释用 3 个单引号 ''' 或者 3 个双引号 """ 将注释括起来。该注释符号均为英文状态下的符号。例如：

```
'''
这是多行注释，用 3 个单引号
这是多行注释，用 3 个单引号
这是多行注释，用 3 个单引号
'''
print("Hello, World!")
```

或者

```
"""
这是多行注释，用 3 个双引号
这是多行注释，用 3 个双引号
这是多行注释，用 3 个双引号
"""
print("Hello, World!")
```

单行注释一般用在代码的上一行来解释该行的代码；多行注释一般用在一个 Python 源代码文件的开头，放一些版本、作者等信息。多行注释会生成 pydoc 说明文档，当鼠标指针放在某些特定的地方时，该说明文档会浮现并展示作者记录的相关信息。

练一练

根据给定银行存款年利率、自定义变量存款金额和存款年限，通过 Python 编程实现存款到期后本金和利息及合计金额的自动计算。

解 题 步 骤

① 银行存款年利率和存款数额及存款年限等变量可自主定义。

② 根据公式可计算合计金额。

③ 在 PyCharm 中新建一个 Python 文件，命名为 InterestRate.py，在此文件中编写 Python 代码。

程 序 代 码

```
money = 200000          #初始变量 money，为整型变量
#存款年限
year = 10               #初始变量 year，为整型变量
```

```
interest = 0.035            #初始变量 interest，为浮点型变量
#本息合计计算公式
total = money + money * interest * year     #计算本息合计
print("Total=%s" % total) #打印 total 值，"%s"表示格式化一个对象为字符
```

提示 在以上代码中，使用了多种注释方法，单行注释可写在代码上一行，也可写在代码的后面，多行注释可随便放在代码中的任意位置，但是一般都放在程序的最前面或者代码块的最前面，以方便阅读代码时更容易理解。

2.2 Python 数据类型

想一想

现实生活中人们在大型超市购物时，由于购买商品较多，往往需要使用购物车装载商品，等到所有商品选购完成后，才去收银台进行结账。

程序中如果要对多个数据进行复杂操作，首先需要将数据进行存储，再对这些数据进行操作。在 Python 中如果要存储数据，需要使用变量。变量可以理解为商品购物车，它的类型和值在赋值时被初始化。人们需要对数据进行分类吗？它能给人们带来什么好处？

2.2.1 数据类型

1．数据

在计算机科学中，数据是指所有能输入到计算机并被计算机程序处理的符号的总称，是用于输入计算机进行处理，具有一定意义的数字、字母、符号和模拟量等的统称。

2．数据分类

在 Python 实际运用中，许多变量并不完全相同，它们有自己的特点，这就需要将其划分成不同的数据类型。例如，交通工具要分为汽车、飞机、轮船，适用于不同的地方，人们可以根据不同的需要选择不同的类型。

3．数据类型

数据类型用于对数据归类，方便理解和操作，Python 中的变量不需要声明。每个变量在使用前都必须赋值，变量赋值以后，该变量才会被创建。在 Python 中，变量就是变量，它没有类型，人们所说的“类型”是变量所指向的内存中对象的类型。

数据类型是每一种语言的基础，例如一支笔，它的墨有可能是红色，也有可能是黑色，还有可能是黄色等，不同的颜色会被用在不同的场景。Python 中的数据类型也是一样，例如要描述一个人的年龄：小张今年 18 岁，18 就是一个整数，那么在 Python 语言里，将它定义为一个整型，这就属于 Python 中的一种数据类型。

Python 3 有 6 种标准的数据类型，如图 2-2-1 所示。

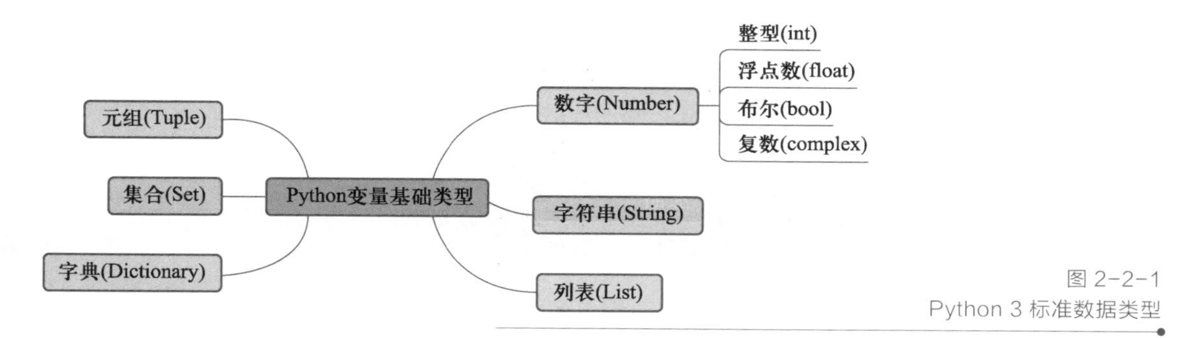

图 2-2-1
Python 3 标准数据类型

注 意

Python 3 的 6 种标准数据类型中:
不可变数据（3 个）: Number（数字）、String（字符串）、Tuple（元组）。
可变数据（3 个）: List（列表）、Dictionary（字典）、Set（集合）。

（1）数字类型

Python 3 中数字类型包含整型（int）、浮点数（float）、布尔（bool）、复数（complex）。

微课 2.2
数据类型

1）整型

通常称为整数，是正整数或者负整数，不带小数点。Python 3 整型类型没有大小限制。计算机由于使用二进制，所以有时用十六进制表示整数比较方便，十六进制用 0x 前缀和 0～9 这 10 个数字、a～f 6 个字母表示。

整型值的表示方式见表 2-2-1 所示。

表 2-2-1 整型值的表示方式

表示方式	值
十进制	10、20、000、400、-5000、9999999999
八进制	0o 开头（数字 0，英文字母 o），后跟 0～7 例如：0o177（十进制为 127） 0o11（十进制为 9）
十六进制	0x 开头（数字 0，英文字母 x），后跟 0～9，a～f 或 A～F，a=10，f=15 例如：0x11（十进制为 17）
二进制	0b 开头（数字 0，英文字母 b），后跟 0～1 例如：0b1010（十进制为 10）

2）浮点数

浮点型由整数部分与小数部分组成。对于很大或很小的浮点数，必须用科学计数法表示。浮点数值的表示方式见表 2-2-2。

表 2-2-2 浮点数值的表示方式

表现方式	值
小数形式	3.141523、-56.12
科学记数法	格式：小数 e/E（正负号）指数 例如：6.18E-1 = 0.618、2.9979e8 = 299790000

3）布尔

一个布尔值只有 True 和 False 两种值。在 Python 中，可以直接用 True 和 False 表示布尔值(请注意大小写)。需要注意的是,Python 中,bool 是 int 的子类(继承 int),故 True==1 False==0 是会返回 True 的;bool(...)里面的参数如果是 None、""、()、[]、{}、0 中的一个时,返回值是 Fasle。布尔值的表示方式见表 2-2-3。

表 2-2-3 布尔值的表示方式

表示方式	值
True	表示真,值为 1,满足条件成立 例如:True; 1; 3 > 2; True or False; 1 == 1
False	表示假,值为 0,条件不满足或者不成立 例如:False; 0; 7 < 3; 1 == 3; None; {}

4)复数

复数由实数部分和虚数部分构成,可以用 a + bj,或者 complex(a,b)表示,复数的实部 a 和虚部 b 都是浮点型。复数值的表示方式见表 2-2-4。

表 2-2-4 复数值的表示方式

表现方式	值			
复数	1j	(2j)	1+1j	(-100+100j)

(2)字符串

在 Python 程序中如何定义一串字符为字符串呢? 字符串是以单引号、双引号或 3 个双引号括起来的任意文本,' ' 、" "、" "或者""" """中间包含的部分称之为字符串,同时使用反斜杠(\)转义特殊字符。

注 意

引号符号必须是英文;即使引号中的内容是数字,它的数据类型也是字符串,同时字符串是不可改变的。例如,a = "2023",其中变量 a 属于字符串类型。常用的字符串表示方式多为单引号和双引号。

【例 2-2-1】 字符串的表示方式。

解 题 步 骤

① 通过 ' ' 或 " " 定义字符串。

② 利用等号(=)进行赋值。

程 序 代 码

```
#字符串初始化
str1 = ''
str2 = ""
str3 = "Knowledge has no limit"
str4 = "业精于勤,荒于嬉"
```

字符串和数字可以进行相乘操作,得到的结果是重复复制的字符串,复制次数由数字的大小决定。例如,print("Hello "*4),输出结果为 Hello Hello Hello Hello,即将字符串 "Hello "复制 4 次并输出。

（3）列表

列表是 Python 中使用最频繁的数据类型。列表是写在方括号之间、用逗号分隔开的元素列表，列表中元素的类型可以不相同。

【例 2-2-2】 列表的表示方式。

----------解 题 步 骤----------

① 通过[]定义列表，多个元素利用逗号（,）分隔。

② 利用等号（=）进行赋值。

----------程 序 代 码----------

```
#列表初始化
list1 = [2025,2030,2035,2040,2045]              #元素全为数字
list1 = ['学','无','止','境']                    #元素全为字符串
list3 = ['Never give up', 25, 100, '志当存高远']   #元素既有数字，又有字符串
```

列表中的元素类型可以多种多样，既可以是数字，也可以是字符，还可以混合赋值。列表中元素的数据类型可以相同，也可以不相同，不需要具有相同的类型。人类的大脑就好比列表，里面包含科学知识、学习技能、生活态度、独立思考等各种元素。

（4）元组

元组与列表类似，不同之处在于元组的元素不能修改，元组写在小括号里，元素之间用逗号隔开，元组中的元素类型也可以不相同。

【例 2-2-3】 元组的表示方式。

----------解 题 步 骤----------

① 通过()定义元组，多个元素利用逗号（,）分隔。

② 利用等号（=）进行赋值。

----------程 序 代 码----------

```
#元组初始化
tuple1 = (1,3,5,7,9)                   #元素全为数字
tuple2 = ('水','滴','石','穿')          #元素全为字符串
tuple3 = ('Python',2,3,5,'is','good')  #元素既有数字，又有字符串
```

元组与列表极其相似，但有以下两个主要的不同点需要读者注意。

① 定义符号不同，列表用方括号[]定义，元组用圆括号()定义。

② 列表中的元素可修改，元组中的元素不可修改。

（5）集合

集合是一个无序不重复元素的集。其基本功能是进行成员关系测试和消除重复元素。可以使用大括号 或者 set()函数创建集合。注意：创建一个空集合必须用 set() ，而不是{ }，因为{ }是用来创建一个空字典。

试一试

【例 2-2-4】 集合的表示方式。

----------解 题 步 骤----------

① 通过{}定义集合，多个元素利用逗号（,）分隔。

② 利用等号（=）进行赋值。

----------程 序 代 码----------

```
#集合初始化
scientist = {'竺可桢','李四光','邓稼先','钱三强','钱学森','袁隆平'}
```

注 意

由于集合无序，所以每次打印集合时，集合内的元素顺序会发生改变。

（6）字典

字典是 Python 中另一个非常有用的内置数据类型。字典是一种映射类型（Mapping Type），它是一个无序的键值对集合。关键字必须使用不可变类型。也就是说，list 和包含可变类型的 tuple 不能作关键字。在同一个字典中，关键字不能重复。

试一试

【例 2-2-5】 字典的表示方式。

----------解 题 步 骤----------

① 通过{}定义集合，键值对之间利用冒号（:）分隔，多个键值对利用逗号（,）分隔。

② 利用等号（=）进行赋值。

----------程 序 代 码----------

```
#字典初始化
dic = {}                                              #创建空字典
tel = {'Mencius':'得道者多助，失道者寡助。',
       'Analects':'君子喻于义，小人喻于利。',
       'ZhouYi':'穷则变，变则通，通则久。'}           #字典创建，包含 3 个键值对
```

注 意

在同一个字典中，关键字必须互不相同。这就好比身份证，一个人只有一个身份证号，号码不能重复。身份证和个人信息就组成了一个键值对。它的键就是身份证号码，值为个人信息。

2.2.2 数据类型的转换

想一想

在标准数据类型中，学习了字符串、列表、元组、集合和字典。利用各种数据类型，可以完成多种复杂数据的存储和读取。数据类型之间可以发生关联吗？一个数据类型可以转换为另一个数据类型吗？

为了满足同一份数据在不同场景的使用，需要对数据进行转换。 将数据由当前类型转换为其他类型的操作就是数据类型转换。

系统提供的内置函数可以帮助人们完成数据类型之间的转换，这些函数返回一个新的对象，表示转换的值。利用这些函数可进行基础数据类型的相互转换，内置转换函数见表 2-2-5。

表 2-2-5 内置转换函数

函数	描述
int(x [,base])	将 x 转换为一个整数
float(x)	将 x 转换为一个浮点数
complex(real [,imag])	创建一个复数
str(x)	将对象 x 转换为字符串
repr(x)	将对象 x 转换为表达式字符串
eval(str)	用来计算在字符串中的有效 Python 表达式，并返回一个对象
tuple(s)	将序列 s 转换为一个元组
list(s)	将序列 s 转换为一个列表
set(s)	转换为可变集合
dict(d)	创建一个字典，d 必须是一个序列（key,value）元组
frozenset(s)	转换为不可变集合
chr(x)	将一个整数转换为一个字符
ord(x)	将一个字符转换为它的整数值
hex(x)	将一个整数转换为一个十六进制字符串
oct(x)	将一个整数转换为一个八进制字符串

相关知识

数据类型转换分为两类，分别是自动数据类型转换和强制数据类型转换。人其实也在不断地进行类似于数据类型转换，在学校你是学生，在父母面前你是孩子，在商场你是消费者。人们会随着不同的场景转换着自己的角色。

自动数据类型转换是指程序根据运算要求自动进行转换，不需要人为干预，自动类型转换大多发生在运算或者判断过程中。根据程序需要，由编写程序人员人为改变数据类型的方式，叫作强制数据类型转换。

1. int()函数

描述：int() 函数用于将一个字符串或数字转换为整型。

语法：class int(x, base=10)

参数：

x：字符串或数字。

base：进制数，默认为十进制。

返回值：返回整型数据。

【例 2-2-6】 int()函数案例。

-----解 题 步 骤-----

① 利用内置函数 int()进行类型转换。
② 传入转换的内容并输出。

-----程 序 代 码-----

```
print(int())            #不传入参数时，得到结果 0
  结果：0
print(int(4))           #数字进行转换
  结果：4
print(int(5.6))         #获取整数部分
  结果：5
print(int('13',16))     #将数字 13 转换为十六进制
  结果：19
```

2. float()函数

描述：float() 函数用于将整数和字符串转换成浮点数。

语法：class float([x])

参数：

x：整数或字符串。

返回值：返回浮点数。

【例 2-2-7】 float()函数案例。

-----解 题 步 骤-----

① 利用内置函数 float()进行类型转换。
② 传入转换的内容并输出。

-----程 序 代 码-----

```
print(float(7))         #将一位整数转换为浮点数
  结果：7.0
print(float(225))       #将多位整数转换为浮点数
  结果：225.0
print(float(-7.8))      #将负数转换为浮点数
  结果：-7.8
print(float('99'))      #将字符串数字转换为浮点数
  结果：99.0
```

新生报到入学，模拟学生信息统计，包含姓名、学号、年龄、寝室号、身份证号、学费、住宿费、总缴纳费用等信息，从控制台接收以上信息并将其打印出来。提示：总缴

纳费用 = 学费 + 住宿费。

学生信息对应类型见表 2-2-6。

表 2-2-6 学生信息对应类型

学生信息	类型
姓名	string
学号	string
年龄	int
寝室号	string
身份证号	string
学费	float
住宿费	float
总缴纳费用	float

运行结果如图 2-2-2 和图 2-2-3 所示。

```
Example 2-2-8
请输入学生姓名：小奋
请输入学生学号：20250001
请输入学生年龄：19
请输入学生寝室号：apartment1001
请输入学生身份证号：500123202034127788
请输入学生学费：4200
请输入学生住宿费：800
```

图 2-2-2
学生信息输入

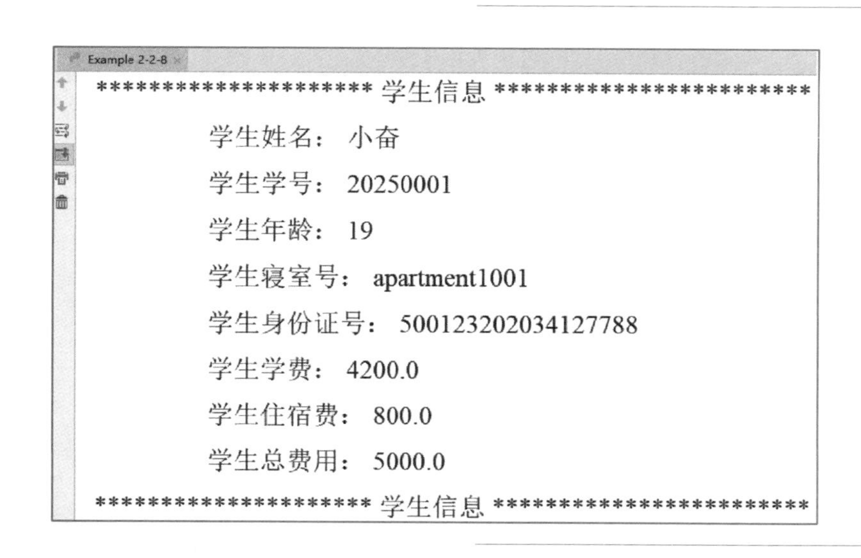

图 2-2-3
学生信息统计

2.3 表达式

想一想

运算是对数据进行加工的过程，那么，在 Python 中如何进行运算呢？

参加运算的数据称为操作数，用运算符把运算对象连接起来的式子称为表达式。表达式是可以计算的代码段，由运算符、操作数及圆括号组成。

运算符用于在表达式中对操作数进行计算并返回结果值，接受一个操作数的运算符被称作一元运算符，如正负号+或-；接受两个操作数的运算符被称作二元运算符，如算术加减符+、-等。Python 语言支持的运算符包括算术运算符、比较运算符、赋值运算符、逻辑运算符、位运算符、成员运算符、身份运算符等。

2.3.1 算术运算符与算术表达式

算术运算符与操作数构成的表达式称为算术表达式，算术运算符主要用于数字类型的数据运算。算术运算符及说明见表 2-3-1。

表 2-3-1 算术运算符及说明

运算符	说明	表达式	结果
+	加：两个操作数相加	34+10	44
-	减：两个操作数相减	34-10	24
*	乘：两个操作数相乘 或返回重复若干次的字符串	34*10	340
/	除：两个操作数相除	34/10	3.4
%	取模：返回除法的余数	34%10	4
**	幂：返回 x 的 y 次幂	2**4	16
//	取整除：返回商的整数部分	34//10	3

试一试

算术运算符实例演示如下。

```
b = 10                  #声明变量 b，并赋值为 10
c = 0                   #声明变量 c，并赋值为 0
c = a + b               #变量 a 加变量 b 的值赋值给变量 c
print("a + b = ", c)    #输出加法等式
c = a - b               #变量 a 减变量 b 的值赋值给变量 c
print("a - b = ", c)    #输出减法等式
c = a * b               #变量 a 乘以变量 b 的值赋值给变量 c
print("a * b = ", c)    #输出乘法等式
c = a / b               #变量 a 除以变量 b 的值赋值给变量 c
print("a / b = ", c)    #输出除法等式
c = a % b               #变量 a 除以变量 b 的余数赋值给变量 c
```

```
print("a % b = ", c)              #输出求余等式
c = 2 ** 4                        #数值 2 的 4 次方赋值给变量 c
print("2 ** 4 = ", c)             #输出求幂等式
c = a // b                        #变量 a 除以变量 b 的整数部分赋值给变量 c
print("a // b = ", c)             #输出等式
```

提示　第 4 行代码使用 print()函数输出加法等式，“a + b =” 是需要输出的字符，需要使用引号引起来；这里需要输出 c 变量的值，而不是 c 字符，所以不要用引号引起来。

运行结果如图 2-3-1 所示。

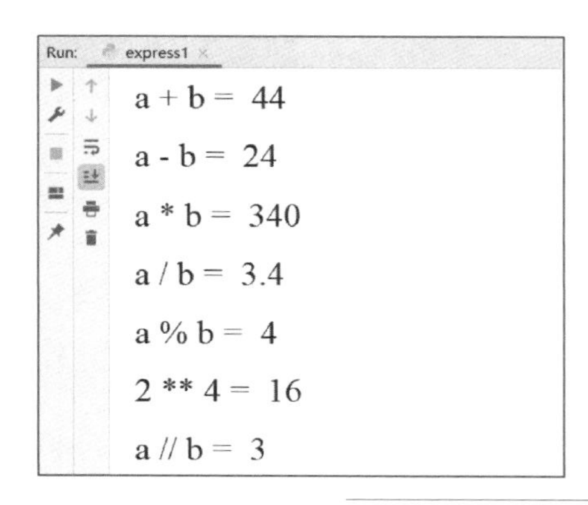

微课 2.3
运算符与表达式

图 2-3-1
算术运算符实例运行结果

练一练

从键盘输入两个整数，分别计算并输出这两个整数的和、差、积、商以及余数等。

2.3.2 关系运算符与关系表达式

关系运算符用于比较两个操作数之间的关系，故又称比较运算符，其运算结果是布尔值 True 或 False。关系运算符及说明见表 2-3-2。

表 2-3-2 关系运算符及说明

运算符	说明	表达式	结果
==	等于：比较两个操作数是否相等	5 == 2	False
!=	不等于：比较两个操作数是否不相等	5 != 2	True
>	大于：比较左操作数是否大于右操作数	5 > 2	True
<	小于：比较左操作数是否小于右操作数	5 < 2	False
>=	大于或等于：比较左操作数是否大于或等于右操作数	5 >= 2	True
<=	小于或等于：比较左操作数是否小于或等于右操作数	5 <= 2	False

比较时因数据类型不同，比较的依据也有所不同。

- 如果两个操作数是数据类型，则按大小比较，如 5 > 2 为 True。
- 如果两个操作数为字符型，则按照字符的 Unicode 值从左到右一一比较，如"a" > "b" 为 False，因为 a 的 Unicode 为 97，b 的 Unicode 为 98。

试一试

关系运算符实例演示：

```
a = 5                              #声明变量 a，并赋值为 5
b = 2                              #声明变量 b，并赋值为 2
print("a == b 为 ", a == b)         #输出变量 a 是否等于变量 b 的结果
print("a != b 为 ", a != b)         #输出变量 a 是否不等于变量 b 的结果
print("a > b 为 ", a > b)           #输出变量 a 是否大于变量 b 的结果
print("a < b 为 ", a < b)           #输出变量 a 是否小于变量 b 的结果
print("a >= b 为 ", a >= b)         #输出变量 a 是否大于或等于变量 b
print("'a'>'b' 为 ", 'a' > 'b')     #输出字符串'a'是否大于字符串'b'
```

提示

① 第 3 行代码中 a == b 是比较两变量是否相等的表达式，需要将表达式的结果输出，所以不要放在字符串引号内，使用 print()函数输出结果，"a == b"为需要输出的字符需要使用引号引起来。

② 最后一行代码中'a' > 'b'，a 字符在单引号内表达一个字符串，是字符串 a 和字符串 b 进行比较，而不是变量 a 和变量 b 进行比较。

运行结果如图 2-3-2 所示。

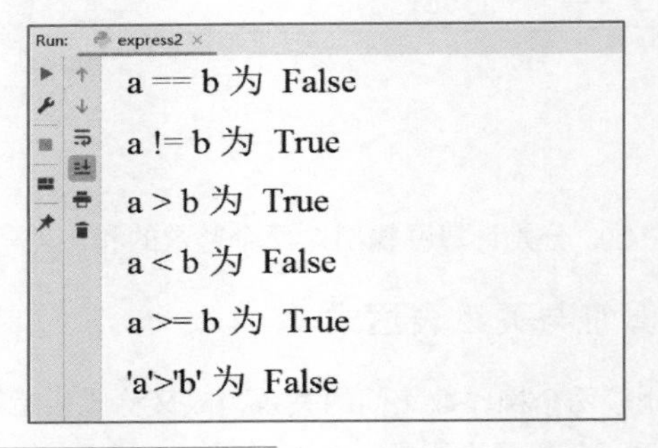

图 2-3-2
关系运算符实例运行结果

练一练

从键盘输入两个整数，分别使用各种关系运算符判断并输出这两个整数的关系。

2.3.3 逻辑运算符与逻辑表达式

逻辑运算符用于对操作数或者表达式进行逻辑值的运算，主要有 and（与）、or（或）、not（非）3 种，通常作为流程控制语句的条件使用。逻辑运算符及说明见表 2-3-3。

表 2-3-3 逻辑运算符及说明

运算符	说明	表达式	x	y	结果
and	与：当两边的操作数都为 True 时，结果为 True；否则，结果为 False	x and y	True	True	True
			True	False	False
			False	True	False
			False	False	False

续表

运算符	说明	表达式	x	y	结果
or	或：当其中一个操作数为 True 时，结果为 True；否则，结果为 False	x or y	True	True	True
			True	False	True
			False	True	True
			False	False	False
not	非：当操作数为 True 时，结果为 False；当操作数为 False 时，结果为 True	not x	True	—	False
			False	—	True

试一试

逻辑运算符实例演示如下。

```
a = False                    #定义变量 a，初始值为 False
b = True                     #定义变量 b，初始值为 True
print("a and b:", a and b)   #输出变量 a 与变量 b 的逻辑结果
print("a or b:", a or b)     #输出变量 a 或变量 b 的逻辑结果
print("非：变量 a 的逻辑非操作结果为 ", (not a))  #输出变量 a 的逻辑非结果
a = 2                        #非 0 数据对象为 True
b = 0    #Python 中，False 可以是数值为 0、对象为 None、空字符等
print(bool(a))               #输出变量 a 的逻辑值
print(bool(b))               #输出变量 b 的逻辑值
```

提示

① Python 对大小写敏感，逻辑值首字母应大写，如 True 或 False。

② Python 中，False 可以是数值为 0、对象为 None、空字符等，非 0 数据对象为 True；所以变量 a 重新赋值为 2 后的逻辑值为 True，变量 b 赋值为 0 后逻辑值为 False。

运行结果如图 2-3-3 所示。

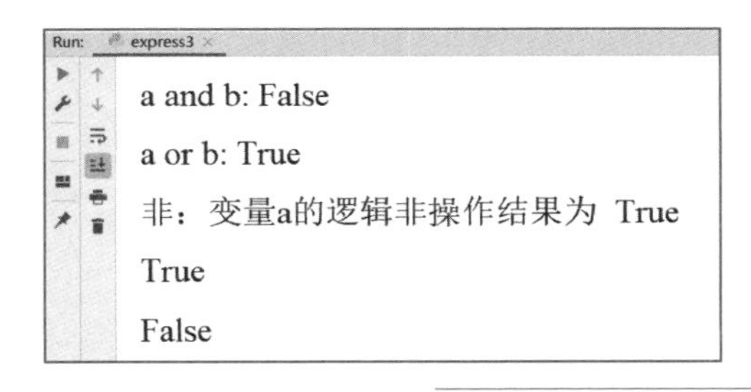

图 2-3-3
逻辑运算符实例运行结果

练一练

从键盘输入两个整数，分别使用 3 种逻辑运算符计算并输出值结果。

2.3.4 赋值运算符与赋值表达式

赋值运算符应用于赋值运算中，即给一个变量赋一个值。赋值运算符及说明见表 2-3-4。

表 2-3-4 赋值运算符及说明

运算符	说明	表达式	等效表达式
=	直接赋值	x = y + z	x = y + z
+=	加法赋值	x + = y	x = y + z
- =	减法赋值	x - = y	x = x - y
*=	乘法赋值	x *= y	x = x * y
/=	除法赋值	x /= y	x = x / y
%=	取模赋值	x %= y	x = x % y
**=	幂赋值	x **= y	x = x ** y
//=	取整除赋值	x //= y	x = x // y

试一试

赋值运算符实例演示如下。

```
a = 21                          #声明变量 a，并赋值为 21
b = 10                          #声明变量 b，并赋值为 10
c = a + b                       #声明变量 c，将变量 a 和变量 b 的和赋值给变量 c
print("c = {0} + {1}, c 的值为：{2}".format(a, b, c))       #输出结果
c += a
#等同于 c = c + a
print("c += {0}, c 的值为：{1}".format(a, c))
c *= a
#等同于 c = c * a
print("c *= {0}, c 的值为：{1}".format(a, c))
c /= a
#等同于 c = c  / a
print("c /= {0}, c 的值为：{1}".format(a, c))
c %= a
#等同于 c = c % a
print("c %= {0}, c 的值为：{1}".format(a, c))
c //= a
#等同于 c = c // a
print("c //= {0}, c 的值为：{1}".format(a, c))
```

提示

本示例中输出字符串包含多个参数替换，使用了字符串的格式化输出，例如第 4 行代码使用字符串的格式化输出，字体串"c = {0} + {1}, c 的值为：{2}"中的{0}、{1}、{2}将被 a、b、c 这 3 个变量值替换，详细内容将在单元 4 中讲解。

运行结果如图 2-3-4 所示。

```
c = 21 + 10, c 的值为：31
c += 21, c 的值为：52
c *= 21, c 的值为：1092
c /= 21, c 的值为：52.0
c %= 21, c 的值为：10.0
c //= 21, c 的值为：0.0
```

图 2-3-4
赋值运算符实例运行结果

相关知识

由数值、变量、运算符组合的表达式和数学上相同，是有运算符优先级的，优先级高的运算符先进行运算，同级运算符，自左向右运算，遵从圆括号优先原则。等号的同级运算时例外，一般都是自右向左进行运算。运算符优先级见表 2-3-5。

表 2-3-5 运算符优先级

优先级	类别	运算符	说明
最高	算术运算符	**	指数、幂
高	位运算符	+x、-x、~x	正取反、负取反、按位取反
↓	算术运算符	*、/、%、//	乘、除、取模、取整
	算术运算符	+、-	加、减
	位运算符	>>、<<	右移、左移运算符
	位运算符	&	按位与、集合并
	位运算符	^	按位异或、集合对称差
	位运算符	|	按位或、集合并
	比较运算符	<=、<、>、>=	小于或等于、小于、大于、大于或等于
	比较运算符	==、!=	等于、不等于
	赋值运算符	=、%=、/=、//=、-=、+=、*=、**=	赋值运算
	逻辑运算符	not	逻辑“非”
	逻辑运算符	and	逻辑“与”
低	逻辑运算符	or	逻辑“或”

2.4 举一反三

练一练

任务 2.4.1　从键盘输入学生姓名及其语文、数学、英语 3 门课程的成绩，然后系统输出该学生的总成绩及平均分。

----------解 题 步 骤----------

步骤 1：需要声明几个变量用来分别代表学生的姓名及其 3 门课程的成绩。

步骤 2：键盘输入学生姓名及其 3 门课程的成绩，并且使用赋值表达式分别赋值给步骤 1 中的各变量。

步骤 3：通过算术表达式计算总成绩及平均分。

步骤 4：打印输出结果。

---------------程序代码---------------

```
name = input("请输入学生姓名：")        #input()函数获取学生姓名，并赋值给变 name
chinese = int(input("请输入语文成绩："))      #input()函数获取语文成绩，并赋值给变 chinese
math = int(input("请输入数学成绩："))         #input()函数获取数学成绩，并赋值给变 math
english = int(input("请输入英语成绩："))      #input()函数获取英语成绩，并赋值给变 english
score = chinese + math + english              #加法求总成绩，并赋值给变量 score
average = score/3                     #总成绩除以 3 求平均成绩，并赋值给变量 average
print(name+" 总成绩为"+str(score)+" ,平均成绩为"+str(average))
```

提示 input()函数的返回值数据类型为字符串，需要用 int()函数将字符串转换成整型再进行算术运算。

运行结果如图 2-4-1 所示。

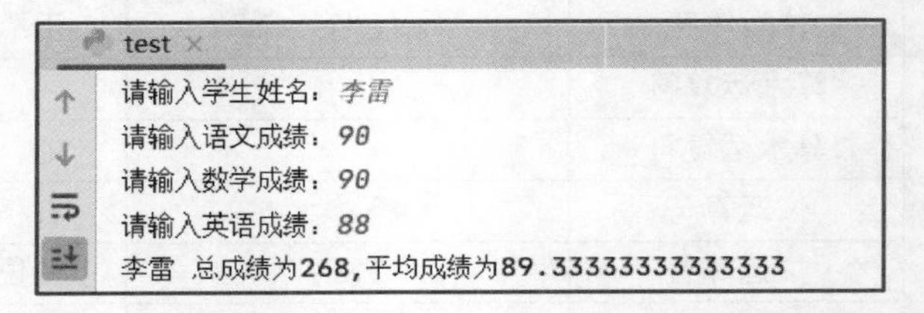

图 2-4-1
任务 2.4.1 运行结果

任 务 小 结

通过以上任务的实施，体会 Python 的代码风格，使用 Python 变量名的规范命名方法，加强对变量、数据类型及数据类型转换的使用，掌握 Python 中各种运算符表达式的使用。

任务实施

2.5 表达式实训

一、实训目的

① 掌握使用 PyCharm 编写、调试、运行程序的方法。

② 掌握变量的命名规则。

③ 掌握变量的声明及赋值。

④ 掌握常用运算符、运算表达式的使用。

二、实训内容

编写程序，输入球的半径，计算球的表面积和体积。

提示

① 球的表面积计算公式为 $S=4\pi R^2$。

② 球的体积计算公式为 $V_{球}=\frac{4}{3}\pi R^3$。

③ π引用 math 模块中 pi 常量。

三、实训过程

解 题 步 骤

步骤 1：导入 math 模块。

步骤 2：定义一个变量 R，表达半径，键盘接收球半径。

步骤 3：按照球表面积公式构建计算表面积的表达式。

步骤 4：按照球体积公式构建计算体积的表达式。

步骤 5：输出结果。

程 序 代 码

```
import math                              #导入 math 模块
R = float(input("球的半径为："))          #声明变量 R，并进行初始化
S = 4*math.pi*R**2                       #计算表面积的算术表达式
V = 4/3*math.pi*R**3                     #计算体积的算术表达式
print("球的表面积为：", S)
print("球的体积为：", V)
```

提示

math.pi 即为公式中的 π。

程序运行结果如图 2-5-1 所示。

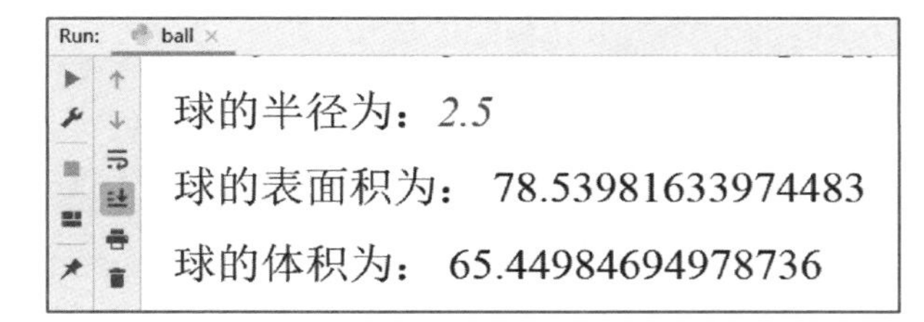

图 2-5-1
计算球的表面积和体积程序运行结果

2.6 任务反思

一、实训总结

通过实训任务，巩固了使用 PyCharm 编写、调试、运行程序的操作，并且进一步加深了 Python 中变量的命名及赋值操作，加强了各种运算符及表达式的综合应用，在流程控制结构语句中将表达式大量用于分支语句的条件判断，以及循环语句的循环条件，为后续学习打下基础。

二、常见错误

问题 **2-6-1** 计算并打印输出两整数之和。有的同学在运行程序后发现结果不是自己

想要的。代码如下。

程 序 代 码

```
a = 34
b = 10
c = a + b
print("a + b = c" )
```

运行结果如图 2-6-1 所示。

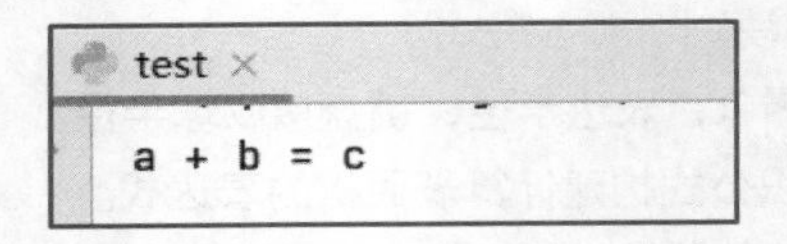

图 2-6-1
问题 2.6.1 运行结果

问题分析：

程序中声明了 3 个变量 a、b、c，a 和 b 分别是两个加数，变量 c 为 a、b 相加之和，最后一行希望打印输出两加数之和，即变量 c 的值，但是 print()函数中将 c 放到引号之中，代表是需要输出的字符而不是变量 c，如果需要输出变量的值则不要使用引号。

改正：

```
a = 34
b = 10
c = a + b
print("a + b = ", c )
```

问题 **2-6-2** 从键盘输入学生姓名及其语文、数学、英语 3 门课程的成绩，然后系统输出该学生的总成绩及平均分。有同学在运行程序时抛出错误信息。代码及错误信息如下。

程 序 代 码

```
name = input("请输入学生姓名：")
yuwen = input("请输入语文成绩：")
shuxue = input("请输入数学成绩：")
yingyu = input("请输入英语成绩：")
score = yuwen + shuxue + yingyu
average = score/3
print(name+" 总成绩为"+str(score)+" ,平均成绩为"+str(average))
```

错误信息如图 2-6-2 所示。

```
test
请输入学生姓名：李雷
请输入语文成绩：90
请输入数学成绩：88
请输入英语成绩：78
Traceback (most recent call last):
  File "D:\PycharmProjects\Demo\test.py", line 6, in <module>
    average = score/3
TypeError: unsupported operand type(s) for /: 'str' and 'int'
```

图 2-6-2
类型错误

问题分析：

错误信息提示错误出现在 Line6（第 6 行），即 average = score/3 这行代码，具体的错误信息为 unsupported operand type(s) for /：'str' and 'int'，即/除法运算符不支持字符串和整型的除法运算，average = score/3 表达式里面，除数 3 是整型，而 score 是字符串型，这是因为在前面代码中使用 input()函数从键盘接收数据后返回的是字符串类型，所以需要进行数据类型转换，即需要使用 int()函数将从键盘获取的字符串转换成整数。

改正：

```
name = input("请输入学生姓名：")
yuwen = int(input("请输入语文成绩："))
shuxue = int(input("请输入数学成绩："))
yingyu = int(input("请输入英语成绩："))
score = yuwen + shuxue + yingyu
average = score/3
print(name+" 总成绩为"+str(score)+" ,平均成绩为"+str(average))
```

技能测试

一、填空题

1. Python 中，代码行首的空白称为________。

2. 布尔值是整型的子类，用数值 1 和 0 代表常量 ________和________。

3. 表达式由 ________、________和圆括号组成。

二、计算题

1. 如果 a = 1、b = 2、c = 0，写出下列表达式的逻辑值。

① a > b or a + b < c

② not (a > b)

③ a – b < c and not c

2. 写出以下函数的值。

① int(3.6)

② float(112)

③ str(100)

三、编程题

输入矩形的长与宽，计算矩形的面积。

单元 3

流程控制

任务引导

在掌握了 Python 的基本数据类型、变量的赋值以及表达式等基础知识后，可以编写简单的自上而下依次执行程序，并且完成简单的任务，但是在多数情况下，程序不是简单地按序执行，而是需要根据实际情况做出不同的选择。例如，当按下键盘上不同按键时，程序应该做出不同的响应。这就需要引入程序流程结构。本任务将按以下 3 个步骤学习 Python 流程控制结构。

第 1 步：学习程序流程控制及顺序结构。

第 2 步：学习分支结构语句。

第 3 步：学习循环结构语句。

学习目标

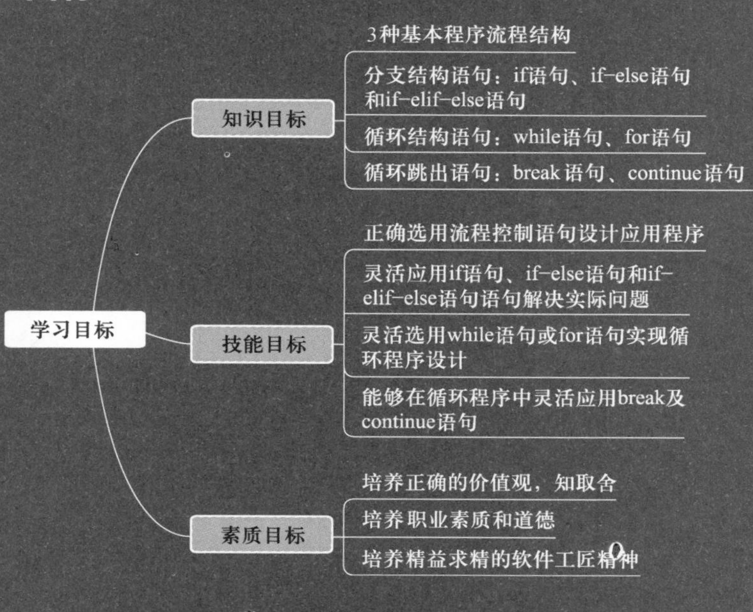

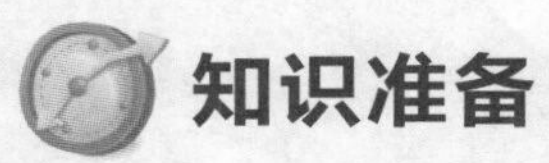

知识准备

流程控制是指在程序运行时，对指令运行顺序的控制。程序流程控制结构分为顺序结构、分支结构和循环结构 3 种。3 种流程结构并非彼此孤立，在实际编程过程中常将这 3 种结构相互结合以实现各种算法，设计出相应程序。

3.1 顺序结构

想一想

程序中代码的先后顺序与执行顺序有关吗？

程序中语句的执行顺序按各语句出现位置的先后次序执行，即为顺利结构。顺序结构是最简单的程序流程结构，也是最常用的程序流程结构，只需要按照解决问题的顺序写出相应的语句，它的执行顺序是自上而下，依次执行。顺序结构流程图如图 3-1-1 所示，它有一个入口、一个出口，依次执行语句 1，再执行语句 2。

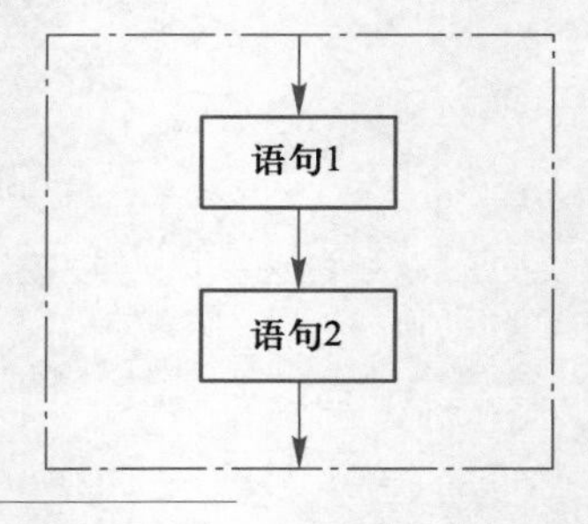

图 3-1-1
顺序结构流程图

试一试

【例 3-1-1】 打印输出唐代诗人杜甫的《春望》。

解题步骤

步骤 1：使用 print()函数输出古诗内容。

步骤 2：古诗包含 4 行诗句，每行诗句有固定的先后顺序，将古诗的每行诗句单独使用 print()函数输出，多条 print 语句按照古诗的先后顺序编写。

程序代码

```
print("            春望      -- 杜甫")
print("国破山河在，城春草木深。")
print("感时花溅泪，恨别鸟惊心。")
print("烽火连三月，家书抵万金。")
print("白头搔更短，浑欲不胜簪。")
```

提示 本程序即为顺序结构，每条语句将按先后顺序自上往下依次执行。

程序运行结果如图 3-1-2 所示。

Gushi.py

```
1 print("        春望    -- 杜甫")
2 print("国破山河在，城春草木深。")
3 print("感时花溅泪，恨别鸟惊心。")
4 print("烽火连三月，家书抵万金。")
5 print("白头搔更短，浑欲不胜簪。")
```

Run: Gushi

```
        春望    -- 杜甫
国破山河在，城春草木深。
感时花溅泪，恨别鸟惊心。
烽火连三月，家书抵万金。
白头搔更短，浑欲不胜簪。
```

图 3-1-2
【例 3-1-1】程序运行结果

练一练

编写 Python 程序计算长方形面积并打印输出其面积，长方形长为 10，宽为 5。

提示 首先定义两个变量，一个表示长，另一个表示宽；然后利用长方形面积公式构造算术表达式计算其面积；最后使用 print()函数打印输出结果。

3.2 分支结构

想一想

计算机为什么能执行自动化的任务？

人生，重在选择，贵在执着，赢在坚持

人生就像一场负重的狂奔，人们需要不断地在每个岔路口做出选择。同样，生活中人们常常也会遇到各种选择，如十字路口，可以选择直行、右转、左转或者返回；过马路时会根据交通指示灯选择通行或者等待。对于要先做判断再选择的问题就要使用分支结构。分支结构的执行是依据一定的条件选择执行路径，而不是严格按照语句出现的先后顺序。计算机之所以能完成很多自动化的任务，正是因为它可以做条件判断，再选择执行相应的动作。Python 提供了分支结构语句来实现条件判断。

分支结构就是通过对给定条件进行判断，从而决定执行某一个分支逻辑，又称选择结构。实现程序分支结构的语句称为分支语句。在 Python 语言中，使用 if 语句实现分支结构。

3.2.1 单分支结构

if 语句的语法格式如图 3-2-1 所示。

关键字 成立的条件 冒号

if <表达式>:
缩进 <语句块>

图 3-2-1
if 语句的语法格式

注 意

① 表达式：可以是关系表达式、逻辑表达式、算术表达式等。

② 语句块：可以是单条语句，也可以是多条语句，同一语句块中多条语句的缩进数必须相同，通常水平位置上距离 if 4 个空格。

if 语句格式的含义是当表达式的逻辑值为 True 时，执行语句块；否则，该语句块不执行，继续执行后面的代码。使用相同缩进的语句属于同一语句块。执行单分支 if 语句的流程图如图 3-2-2 所示。

微课 3.1
单双分支语句

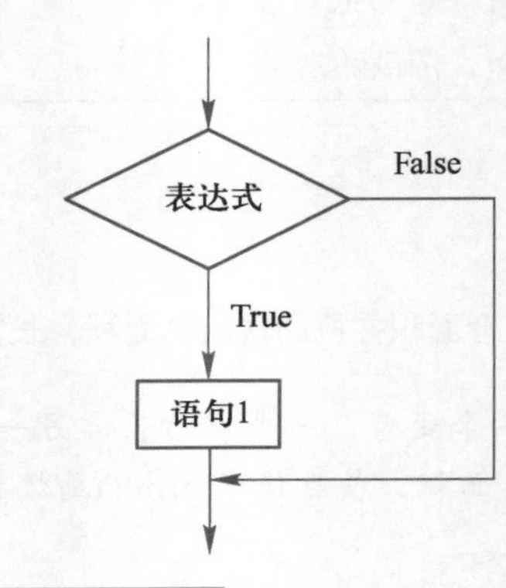

图 3-2-2
if 语句的流程图

试一试

【例 3-2-1】 模拟用户登录：假设默认用户名为 admin，密码为 123456，用户通过键盘输入用户名和密码，如果用户名和密码正确，则登录成功。

-------------------- 解 题 步 骤 --------------------

步骤 1：定义变量 username 代表用户名，使用 input()函数接收用户从键盘输入的用户名，并将其赋值给 username 变量。

步骤 2：定义变量 password 代表密码，使用 input()函数接收用户从键盘输入的密码，并将其赋值给 password 变量。

步骤 3：使用 if 语句判断用户输入的用户名是否为"admin"，并且密码是否为"123456"。

步骤 4：如果是，则提示“登录成功”。

-------------------- 程 序 代 码 --------------------

```
username = input("请输入用户名:")                          #定义变量 username
password = input("请输入密码:")                            #定义变量 password
if username == "admin" and password=="123456" :            #判断是否为合法用户
    print ("登录成功！")
```

提示

input(prompt)函数用于接收用户输入，prompt 参数表示提示信息，返回值类型为字符串，更多函数相关内容参考单元 6。

程序运行结果如图 3-2-3 所示。

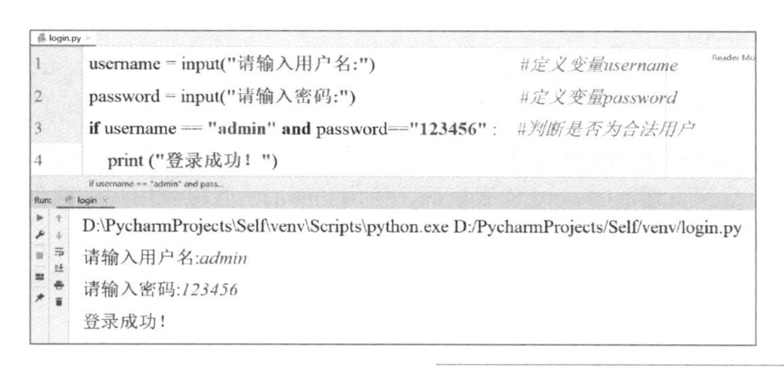

图 3-2-3
【例 3-2-1】程序运行结果

3.2.2 双分支结构

双分支语句由 if 和 else 两部分组成，语法格式如图 3-2-4 所示。

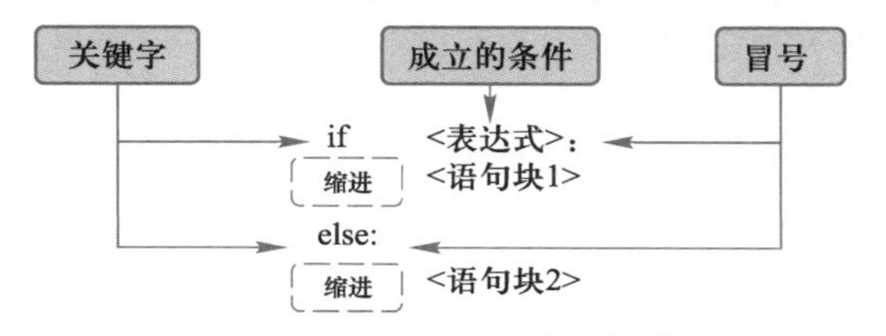

图 3-2-4
双分支语句的语法格式

注 意

① else 与 if 配对使用，不能作为语句单独使用。
② else 关键字后不需要表达式。
③ 同一语句块内的多条语句使用相同的缩进数。

当表达式的值为 True 时，执行语句块 1，即 if 分支语句块；否则，执行语句块 2，即 else 分支语句块。双分支语句流程图如图 3-2-5 所示。

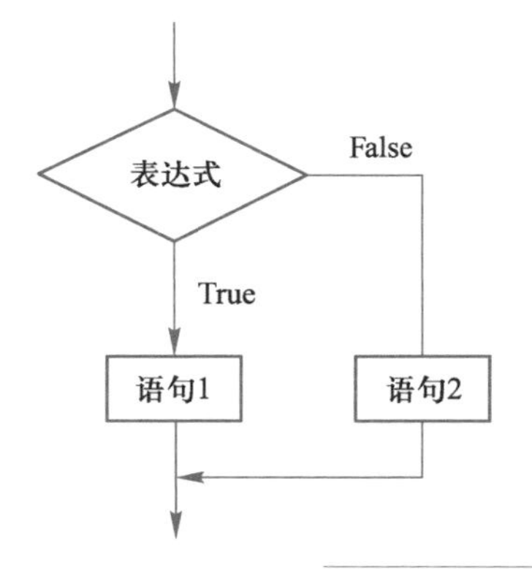

图 3-2-5
双分支语句流程图

试一试

【例 3-2-2】 模拟用户登录：假设默认用户名为 admin，密码为 123456，用户从键盘输入用户名和密码，如果用户名和密码匹配正确，则输出“登录成功”；否则，输出“用户名或密码不正确”。

----------解 题 步 骤----------

步骤 1：定义变量 username 代表用户名，使用 input()函数接收用户从键盘输入的用户名，并将其赋值给 username 变量。

步骤 2：定义变量 password 代表密码，使用 input()函数接收用户从键盘输入的密码，并将其赋值给 password 变量。

步骤 3：使用 if 语句判断用户输入的用户名是否为“admin”，并且密码是否为“123456”。

步骤 4：如果匹配正确，则输出“登录成功”。

步骤 5：else 语句块表示未匹配的分支，则输出“用户名或密码不正确”。

----------程 序 代 码----------

```
username = input("请输入用户名:")                              #定义变量 username
password = input("请输入密码:")                                #定义变量 password
if username == "admin" and password=="123456" :               #判断是否为合法用户
    print ("登录成功！")
else:
#不满足 if 表达式分支
    print("用户名或者密码不正确！")
```

输入正确的用户名和密码程序运行结果如图 3-2-6 所示，输入错误的用户名或密码程序运行结果如图 3-2-7 所示。

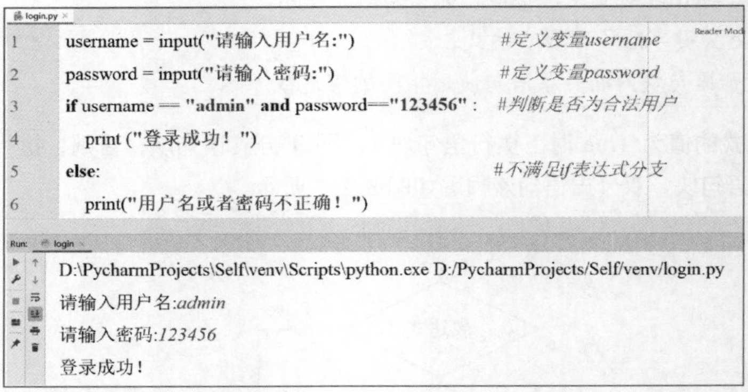

```
login.py
1 username = input("请输入用户名:")                        #定义变量username
2 password = input("请输入密码:")                          #定义变量password
3 if username == "admin" and password=="123456" :        #判断是否为合法用户
4     print ("登录成功！")
5 else:                                                   #不满足if表达式分支
6     print("用户名或者密码不正确！")

Run: login
D:\PycharmProjects\Self\venv\Scripts\python.exe D:/PycharmProjects/Self/venv/login.py
请输入用户名:admin
请输入密码:123456
登录成功！
```

图 3-2-6
登录成功运行结果

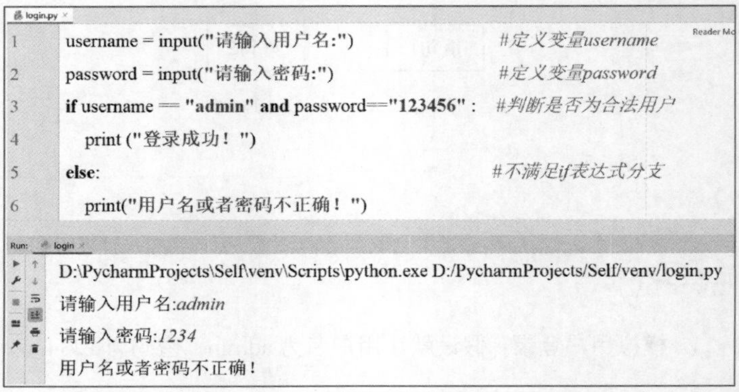

```
login.py
1 username = input("请输入用户名:")                        #定义变量username
2 password = input("请输入密码:")                          #定义变量password
3 if username == "admin" and password=="123456" :        #判断是否为合法用户
4     print ("登录成功！")
5 else:                                                   #不满足if表达式分支
6     print("用户名或者密码不正确！")

Run: login
D:\PycharmProjects\Self\venv\Scripts\python.exe D:/PycharmProjects/Self/venv/login.py
请输入用户名:admin
请输入密码:1234
用户名或者密码不正确！
```

图 3-2-7
登录失败运行结果

3.2.3 多分支结构

微课 3.2
多分支语句

当需要根据多个条件进行判断，满足不同条件执行不同代码块时，需要编写多分支结构。多分支语句由 if、elif 和 else 组成，语法格式如图 3-2-8 所示。

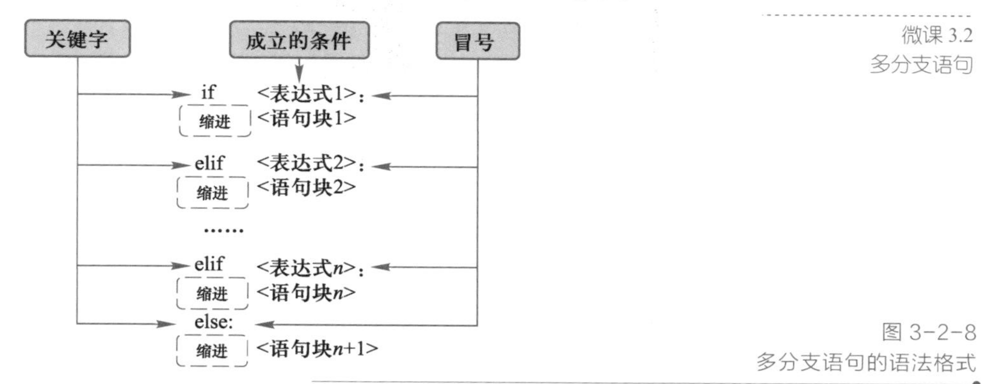

图 3-2-8
多分支语句的语法格式

注 意

① elif 语句块可以有多个。
② elif 关键字后需要表达式。
③ else 语句块可以没有，最多只能有一个。

多分支语句语法格式的作用是根据不同条件表达式的值确定执行哪个语句块，不管有几个分支，程序执行了一个分支以后，其余分支不再执行。当多个分支中有多个表达式同时满足条件时，则只执行第 1 条与之匹配的语句块。其流程图如图 3-2-9 所示。

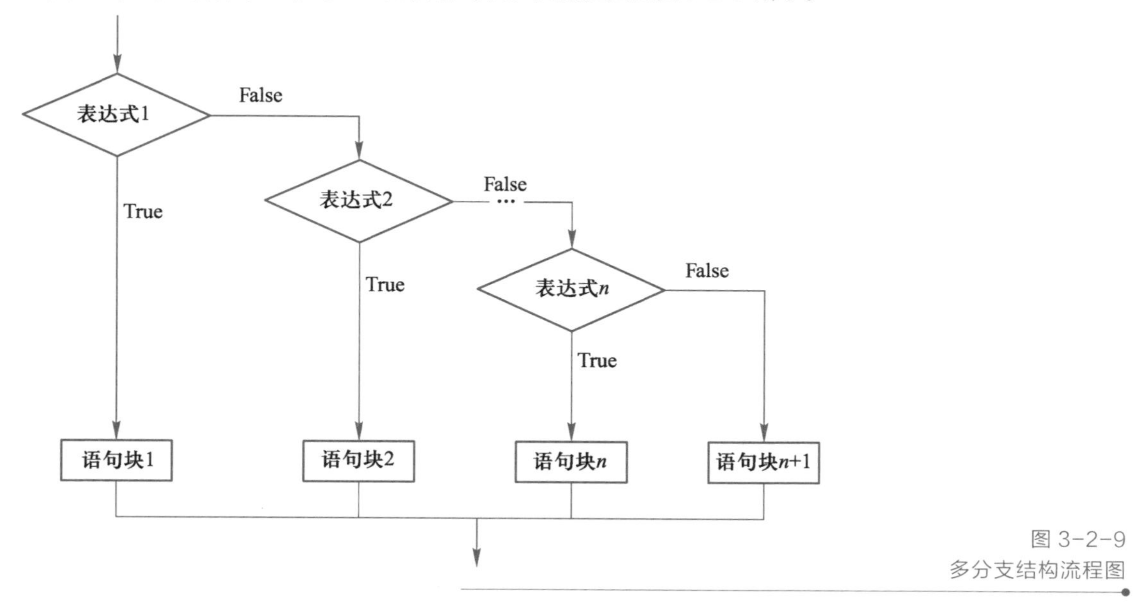

图 3-2-9
多分支结构流程图

试一试

【例 3-2-3】 前面例 3-2-1 和例 3-2-2 中模拟用户登录代码中存在不严谨的地方，还可以判断用户输入是否是空值，并且给出具体的提示。

------------解 题 步 骤------------

步骤 1：定义变量 username 代表用户名，使用 input()函数接收用户从键盘输入的用户名，并将其赋值给 username 变量。

步骤 2：定义变量 password 代表密码，使用 input()函数接收用户从键盘输入的密码，并将其赋值给 password 变量。

步骤 3：判断变量 username 是否为空，如果为空，则输出“用户名不能为空”。

步骤 4：判断变量 password 是否为空，如果为空，则输出“密码不能为空”。

步骤 5：判断用户输入的用户名是否为“admin”，并且密码是否为“123456”，如果匹配正确，则输出“登录成功”。

步骤 6：else 语句块表示未匹配的分支，输出“用户名或密码不正确”。

------------程 序 代 码------------

```
username = input("请输入用户名:")                 #定义变量 username
password = input("请输入密码:")                   #定义变量 password
if username == "":                                #判断用户输入的用户名是否为空
    print("用户名不能为空。")
elif password == "":                              #判断用户输入的密码是否为空
    print("密码不能为空。")
elif username == "admin" and password=="123456" :        #判断是否为合法用户
    print ("登录成功！")
else:                                             #不满足 if 表达式分支
    print("用户名或者密码不正确！")
```

提示 判断字符串是否为空字符使用""，引号中间没有空格。

未提供密码情况下程序运行结果如图 3-2-10 所示。

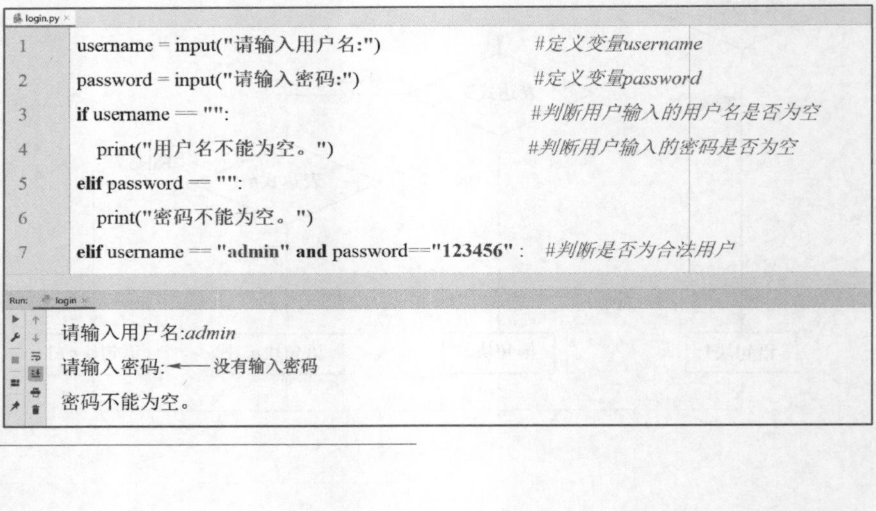

```
login.py
1  username = input("请输入用户名:")                 #定义变量username
2  password = input("请输入密码:")                   #定义变量password
3  if username == "":                                #判断用户输入的用户名是否为空
4      print("用户名不能为空。")                      #判断用户输入的密码是否为空
5  elif password == "":
6      print("密码不能为空。")
7  elif username == "admin" and password=="123456" :  #判断是否为合法用户

Run: login
请输入用户名:admin
请输入密码:  ←—— 没有输入密码
密码不能为空。
```

图 3-2-10
【例 3-2-3】运行结果

小经验

处理多个条件判断时，使用 elif 来实现，如果需要多个条件同时判断时，可以使用 or 或者 and 来构造更复杂的表达式，当表达式包含多个条件时，可使用括号来区分判断的先后顺序。

相关知识

① 分支语句中使用的表达式可以是关系表达式、逻辑表达式、算术表达式等；如果表达式的结果为数据类型（0）、空字符串（""）、空对象等，则值为 False，否则其值为 True，如 12、"china"其布尔值为 True。

② elif、else 需要与 if 语句配对使用，不能单独作为语句使用。

③ if–else、if–elif–else 语句执行时，只能执行其中一个分支，其他分支不会再执行。

④ 每个语句块可以是单条语句，也可以是多条语句；当语句块中仅包含一条语句时，该语句也可以直接定在关键字的同一行后面，以实现紧凑代码；当同一语句块中有多条语句时，每条语句使用相同的缩进数。

练一练

判断坐标点（x，y）所在的象限。

提示 从键盘输入 x、y 的值，如果 x、y 的值都大于 0，则坐标点位于第一象限；如果 x 的值小于 0，且 y 的值大于 0，则坐标点位于第二象限；如果 x、y 的值都小于 0，则坐标点位于第三象限；如果 x 的值大于 0，且 y 的值小于 0，则坐标点位于第四象限；如果 x、y 的值都等于 0，则位于原点；如果 x 值等于 0，则坐标点位于 y 轴；如果 y 值等于 0，则坐标点位于 x 轴。

3.3 循环结构

想一想

如果要输出 10 行“好好学习，天天向上”，那么需要编写 10 行 print 语句吗？如果需要重复执行相同的逻辑成千上万遍又该怎么办呢？

循环结构就是按照给定规则重复地执行程序中的语句，实现循环结构的语句称为循环语句。在很多情况下，问题的解决通常进行某些大量重复的操作，如统计和累加等，可以使用循环结构来简化程序结构。使用循环结构可以减少源程序重复书写的工作量。Python 中提供两种实现循环结构的语句：while 语句和 for 语句。

3.3.1 while 语句

while 语句语法格式如图 3-3-1 所示。

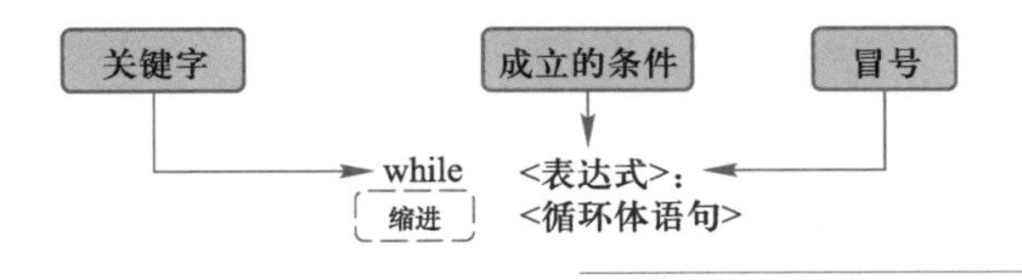

图 3-3-1 while 语法格式

注 意

① 表达式中必须包含控制循环的变量。

② 循环体语句可以是单条语句，也可以是多条语句，同一语句块中的多条语句要使用相同的缩进数，通常水平位置上距离 while 共 4 个空格。

③ 循环体语句中至少应包含改变循环条件的语句，以使循环趋于结束，避免死循环。

这种格式中，表达式的逻辑值用于控制循环是否继续进行。while 循环语句执行顺序：首先判断表达式的值，如果表达式为 True，则进入循环体执行语句，当到达循环体语句的结束点时，跳转至 while 语句的开始位置，继而再判断表达式，直至表达式为 False 时退出循环。while 循环流程图如图 3-3-2 所示。

微课 3.3
while 循环语句

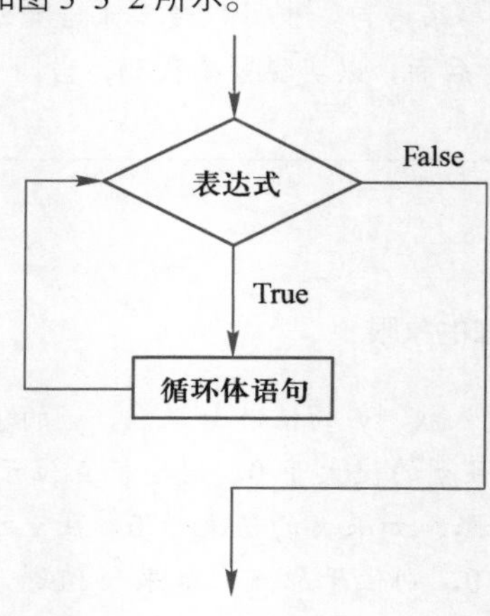

图 3-3-2
while 循环流程图

试一试

【例 3-3-1】 求整数 1～100 之和。

解 题 步 骤

步骤 1：定义变量 i 表示加数，也是控制循环的变量，其初值为 1。
步骤 2：定义变量 amount 表示和，其初值为 0。
步骤 3：将 amount 和 i 相加，并赋值给 amount，进行累加。
步骤 4：改变循环控制变量 i，每循环一次增加 1，直到 i 大于 100 时结束循环。
步骤 5：输出 1+2+…+100 之和。

程 序 代 码

```
i = 1                                  #定义变量i，初始值为1
amount = 0                             #定义变量amount
while i <= 100:                        #循环条件i小于等于100
    amount += i                        #将amount加i的值赋值给amount
    i += 1                             #循环变量自加1
print("1+2+…+100 = ", amount)          #输出结果
```

提示

变量 i 是循环表达式（i <= 100）中的组成部分，控制循环结构是继续循环还是终止循环，这样的变量可称为循环控制变量，在循环体中应包含改变循环控制变量的语句（如 i += 1），从而保证循环在适当的时候终止。

运行结果如图 3-3-3 所示。

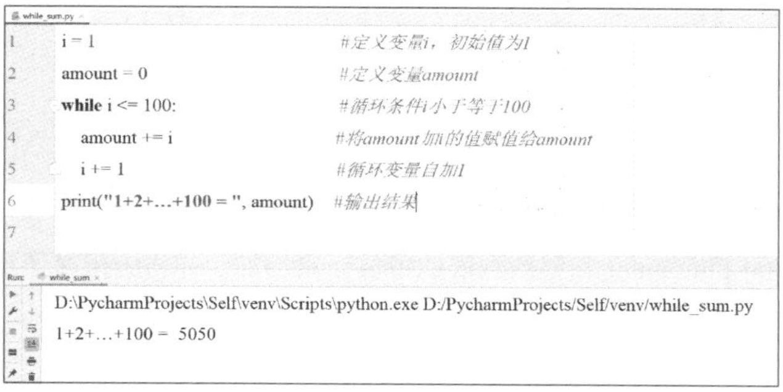

```
1  i = 1                                    #定义变量i，初始值为1
2  amount = 0                               #定义变量amount
3  while i <= 100:                          #循环条件i小于等于100
4      amount += i                          #将amount加i的值赋值给amount
5      i += 1                               #循环变量自加1
6  print("1+2+…+100 = ", amount)            #输出结果
7
```

```
D:\PycharmProjects\Self\venv\Scripts\python.exe D:/PycharmProjects/Self/venv/while_sum.py
1+2+…+100 = 5050
```

图 3-3-3
整数求和

想一想

如果 while 循环表达式一直为真会怎么样?

如果循环表达式结果一直为 True，则循环将无限继续，程序将一直运行下去，从而形成死循环。当程序死循环时，会造成程序没有任何响应，并且一直占用计算机资源。大多数计算机系统中，可以使用快捷键 Ctrl+C 终止当前程序的运行。

3.3.2 for 语句

for 语句用于遍历可迭代对象集合中的元素。其语法格式如图 3-3-4 所示。

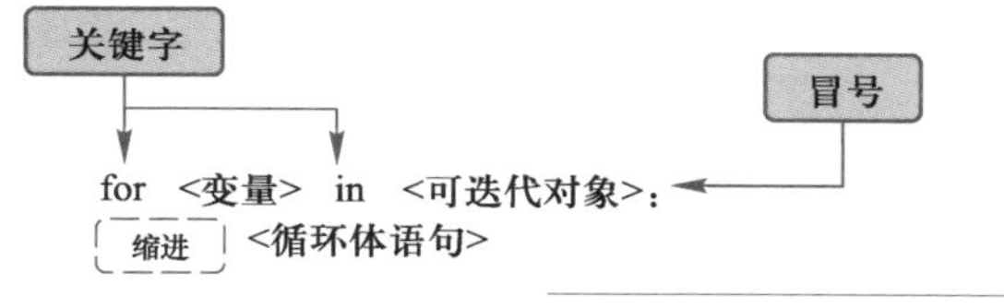

图 3-3-4
for 语法格式

<可迭代对象>可以一次返回一个元素，很多 Python 的数据类型都是可迭代对象，如字符串、列表、字典、元组等。<变量>是一个可以容纳<可迭代对象>的每一个元素的变量名称，变量名可以自己定义。执行顺序：<变量>获取到<可迭代对象>中的每个元素，每取到一个值就执行循环体语句，然后返回再取下一个值，直到遍历完成退出循环。流程图如图 3-3-5 所示。

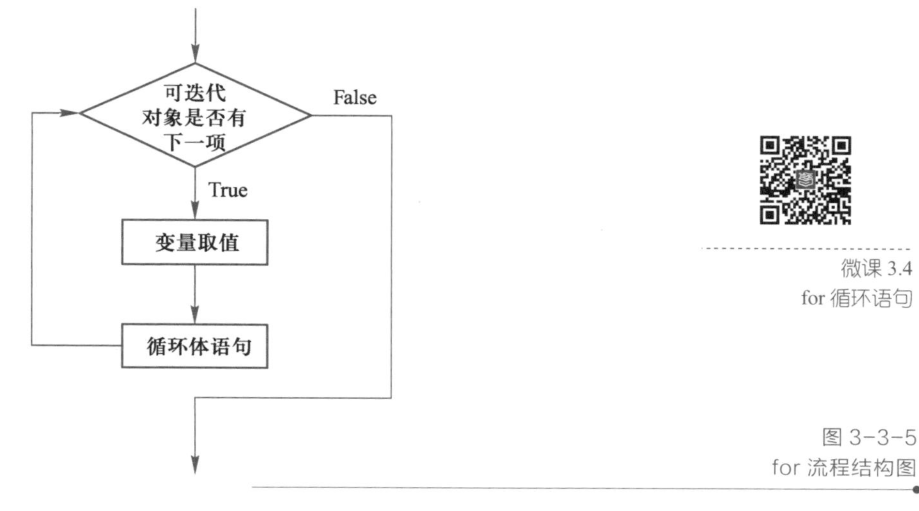

微课 3.4
for 循环语句

图 3-3-5
for 流程结构图

试一试

【例 3-3-2】 求整数 1～100 之和。

解 题 步 骤

步骤 1：定义一个变量 amount，表示各数相加之和，其初值为 0。

步骤 2：使用 range 函数创建一个 1～100 的整数列表。

步骤 3：循环将 amount 和整数列表的每位元素相加，并将结果赋值给 amount，直至整数列表遍历完成。

步骤 4：输出总数。

程 序 代 码

```
amount = 0                              #定义变量 amount，初始值为 0
for i in range(1,101):                  #生成 1～100 的整数列表，不包含 101
    amount = amount + i                 #将 amount 加 i 的值赋值给 amount
print("1+2+…+100 = ", amount)           #输出结果
```

提示 Python 内置函数 range 是一个迭代器对象，迭代产生指定范围的数字序列，常用于 for 循环中。如 range(1,5)可得（1，2，3，4）4 个数的序列，不包含第 2 个参数值 5。

相关知识

range 函数语法如下。

```
range(start, stop[, step])
```

- start: 表示计数从 start 开始。
- stop: 表示计数到 stop 结束。
- step: 表示步长，默认为 1。

range 函数用法如下。

（1）range(stop)

当 range 函数带一个参数时，这个参数为 stop 参数，此时默认开始值为 0，步长为 1。如使用 range(5)，则产生一个从 0 开始到 5 结束的整数序列，但不包含 5，返回结果为[0，1，2，3，4]。

（2）range(start, stop)

当 range 函数带两个参数时，第 1 个参数指定开始值，第 2 个参数指定结束值，步长默认为 1。如使用 range(2,5)，则产生一个从 2 开始到 5 结束的整数序列，但不包含 5，返回结果为[2，3，4]。

（3）range(start, stop[, step])

当 range 函数带 3 个参数时，第 1 个参数指定开始值，第 2 个参数指定结束值，第 3 个参数为步长。如使用 range(0,5,2)，则产生一个从 0 开始到 5 结束、步长为 2 的整数序列，也就是在开始值 0 的基础上加 2 产生第 2 个数，在第 2 个数的基础上再加 2 产生第 3 个数，返回的结果为[0，2，4]。

运行结果如图 3-3-6 所示。

```
for_sum.py
1  amount = 0                          #定义变量amount，初始值为0
2  for i in range(1,101):              #生成1~100的整数列表，不包含101
3      amount = amount + i             #将amount加i的值赋值给amount
4  print("1+2+...+100 = ", amount)     #输出结果

Run: for_sum
D:\PycharmProjects\Self\venv\Scripts\python.exe D:/PycharmProjects/Self/for_sum.py
1+2+...+100 =  5050
```

图 3-3-6
range 函数使用

3.3.3 break 和 continue 语句

微课 3.5
循环跳出语句

break 语句用于退出 for、while 循环，接着执行循环语句后面的语句。

continue 语句用于退出当前循环中的本次循环，返回到循环的起始处，进入下一次循环。

以 while 循环结构为例，break 和 continue 语句的跳转流程如图 3-3-7 所示。

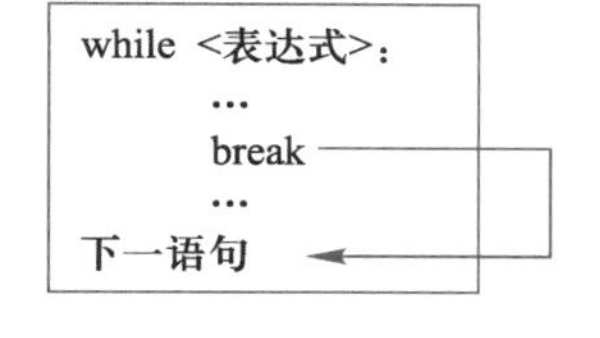

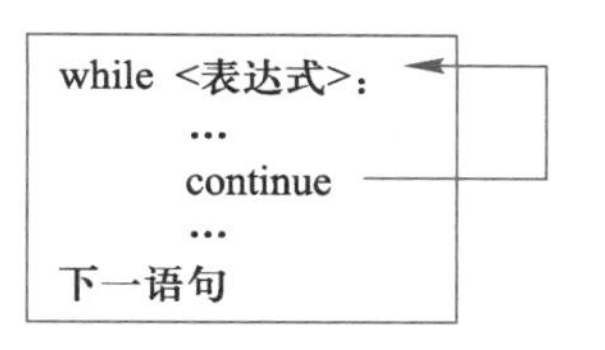

图 3-3-7
break 和 continue 语句的区别

试一试

【例 3-3-3】 break 语句应用示例。以 for 语句用例遍历字符串，打印出每位字符，当遇到字母 q 时退出。

---解 题 步 骤---

步骤 1：定义变量 str1，将字符串 chongqing 赋值给变量 str1。

步骤 2：将字符串中的每一个字符取出。

步骤 3：判断取出的字符是不是 q，如果是则退出整个循环。

步骤 4：打印当前字符。

---程 序 代 码---

```
str1 = "chongqing"        #定义变量 str1，其值为 chongqing
for letter in str1:       #for 循环遍历字符串对象，每次取出一个字符赋值给变量 letter
    if letter == 'q':     #判断当前字符是否为 q，如果是 q，则执行 break 跳出循环
        break
    print("当前字母为 :", letter)        #输出当前字重符
print("程序结束")
```

提示 字符串即为字符序列，也是可迭代对象，每次循环取出一个字符进行判断。

运行结果如图 3-3-8 所示。

```
break.py
1  str1 = "chongqing"                    #定义变量str1,其值为chongqing
2  for letter in str1:                   #for循环遍历字符串对象，每次取出一个字符赋值给变量letter
3      if letter == 'q':                 #判断当前字符是否为q,如果是q,则执行break跳出循环
4          break
5      print("当前字母为 :", letter)     #输出当前字重符
6  print("程序结束")

Run: break
当前字母为 : c
当前字母为 : h
当前字母为 : o
当前字母为 : n
当前字母为 : g
程序结束
```

图 3-3-8
break 语句运行结果

试一试

【例 3-3-4】 continue 语句应用示例。打印输出 0 到 10 之间的奇数。

------解 题 步 骤------

步骤 1：定义变量 n，其值范围为 0 ~ 10，即为循环的控制变量。

步骤 2：每次循环 n 自增 1。

步骤 3：判断 n 是否为偶数，如果是偶数，则执行 continue 跳出本次循环，进入下一次循环，循环体内后续代码将不再执行。

步骤 4：循环体内最后输出奇数。

------程 序 代 码------

```
n =   0                #定义变量 n, 初始值为 0
while n < 10:          #循环条件为 n 小于 10
    n = n + 1          #每次循环自增 1
    if n % 2 == 0:     #判断 n 是不是偶数，如果是偶数，执行 continue 语句
        continue       #continue 语句会直接继续下一轮循环，后续的 print()语句不会执行
    print(n)           #输出奇数
```

运行结果如图 3-3-9 所示。

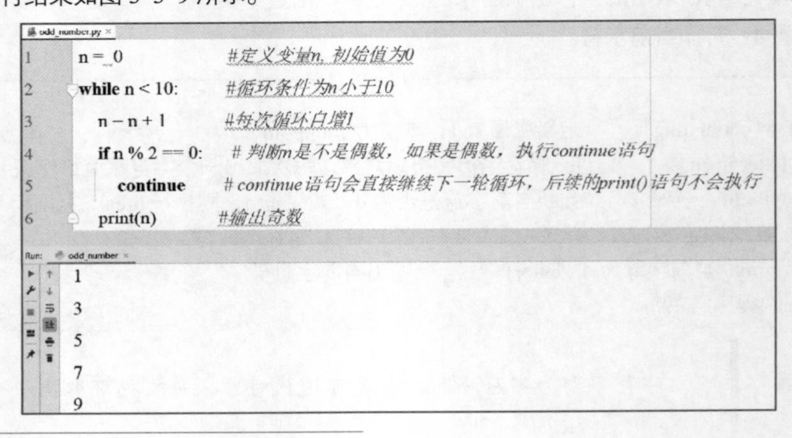

```
odd_number.py
1  n = 0                #定义变量n,初始值为0
2  while n < 10:        #循环条件为n小于10
3      n = n + 1        #每次循环自增1
4      if n % 2 == 0:   # 判断n是不是偶数，如果是偶数，执行continue语句
5          continue     # continue语句会直接继续下一轮循环，后续的print()语句不会执行
6      print(n)         #输出奇数

Run: odd_number
1
3
5
7
9
```

图 3-3-9
continue 运行结果

小经验

在循环次数不明确的情况下使用 while 循环，在循环次数明确的情况下使用 for 循环。

相关知识

① 两种循环（while 循环和 for 循环）可以相互嵌套，即一个循环的循环体内包含另外一个循环语句，称为循环的嵌套。

② 在 while 循环中，循环控制变量要包含在表达式中，并且在循环体中要改变循环控制变量的值，以避免死循环。

③ break 和 continue 语句均可用于两种循环语句中。

练一练

从键盘输入最多 3 个爱好，并打印输出结果，如图 3-3-10 所示。

```
============================ RESTART: D:/hobbies.py ============================
请输入你的爱好之一（最多三个，按q结束）：运动
请输入你的爱好之一（最多三个，按q结束）：阅读
请输入你的爱好之一（最多三个，按q结束）：音乐
你的爱好为：运动 阅读 音乐
>>>
============================ RESTART: D:/hobbies.py ============================
请输入你的爱好之一（最多三个，按q结束）：运动
请输入你的爱好之一（最多三个，按q结束）：q
你的爱好为：运动
>>>
```

图 3-3-10
爱好

3.3.4 else 语句

在 Python 语言中，循环语句可以有 else 子句，else 语句块写在 while 语句或者 for 语句尾部。当循环语句正常退出时，即达到循环终点或者迭代完所有元素时执行 else 语句块，循环被 break 终止时，则不执行。其语法如下。

for 变量 in 对象:
    循环体
else:
    循环正常结束时执行的语句块
	while 循环条件:
	    循环体
	else:
	    循环正常结束时执行的语句块

练一练

请输入最多 3 名喜欢的运动员名字。

解 题 步 骤

步骤 1：定义变量 athletes，初始值为空字符。

步骤 2：for 循环实现 3 次循环，通过 range(3)函数产生一个 3 个元素的序列，即进行 3 次循环。

步骤 3：定义变量 name，input()函数接收用户输入的运动员名字，并且赋值给变量 name。

步骤 4：判断变量 name，如果用户输入的是字符 q 或者 Q，则跳出循环。

步骤 5：使用字符串连接变量 name 和 athletes。

步骤 6：for 循环的 else 语句输出“你已经输入三名运动员名字。”

步骤 7：最后输出“你喜欢的运行员为：　”。

程 序 代 码

```
athletes = ""                              #定义变量 athletes，初始值为空字符
for i in range(3):
    name = input("请输入你喜欢的运动员名字（最多三名，输入 q 或者 Q 结束）：")
    if name == 'q' or name == 'Q':         #判断输入是否为 q 或者 Q
        break                              #退出循环
    athletes += name + " "                 #多位运动员名字
else:
    print("你已经输入三名运动员名字。")
print("你喜欢的运动员为：", athletes)
```

当输入 3 名运动员名字时，循环正常结束，没有执行 break 语句，所以 for 循环的 else 分支执行输出信息“你已经输入三名运动员名字”，运行结果如图 3-3-11 所示。当从键盘输入 q 或者 Q 提前结束时，执行了 break 语句，所以 for 循环的 else 分支没有被执行，运行结果如图 3-3-12 所示。

```
Run:  login ×  athlete ×
请输入你喜欢的运动员名字（最多三名，输入q或者Q结束）：李宁
请输入你喜欢的运动员名字（最多三名，输入q或者Q结束）：谷爱凌
请输入你喜欢的运动员名字（最多三名，输入q或者Q结束）：郭晶晶
你已经输入三名运动员名字。
你喜欢的运动员为： 李宁 谷爱凌 郭晶晶
```

图 3-3-11
else 分支被执行

```
Run:  login ×  athlete ×
请输入你喜欢的运动员名字（最多三名，输入q或者Q结束）：李宁
请输入你喜欢的运动员名字（最多三名，输入q或者Q结束）：谷爱凌
请输入你喜欢的运动员名字（最多三名，输入q或者Q结束）：q
你喜欢的运动员为： 李宁 谷爱凌
```

图 3-3-12
else 分支未被执行

3.4 举一反三

练一练

任务 3.4.1　根据输入的百分制考试成绩，打印出相应的等级。当成绩为 90～100，打印“优秀”；当成绩为 80～89，打印“良好”；当成绩为 70～79，打印“中等”；当成绩为 60～69，打印“及格”；当成绩<60，打印“不及格”；其他情况打印“输入有误”。

解 题 步 骤

步骤 1：定义一个变量代表成绩，通过 input 函数接收用户输入，再通过 int 函数将用户输入转换为整数类型。

步骤 2：根据成绩进行判断，多种情况采用多分支处理。

步骤 3：输出结果。

---程 序 代 码---

```
#定义变量 mark，代表成绩
#input 函数接收用户输入，int 函数将接收到的数据转化成整数类型
mark = int(input("请输入分数："))
if (mark >= 90 and mark <= 100):          #判断成绩大于等于 90 并且小于等于 100
    grade = "优秀"
elif (mark >= 80 and mark <= 89):         #判断成绩大于等于 80 并且小于等于 89
    grade = "良好"
elif (mark >= 70 and mark <= 79):         #判断成绩大于等于 70 并且小于等于 79
    grade = "中等"
elif (mark >= 60 and mark <= 69):         #判断成绩大于等于 60 并且小于等于 69
    grade = "及格"
elif (mark < 60):                         #判断成绩小于 60
    grade = "不及格"
else:
    grade = "输入有误"
print("等级为：", grade)
```

运行结果如图 3-4-1 所示。

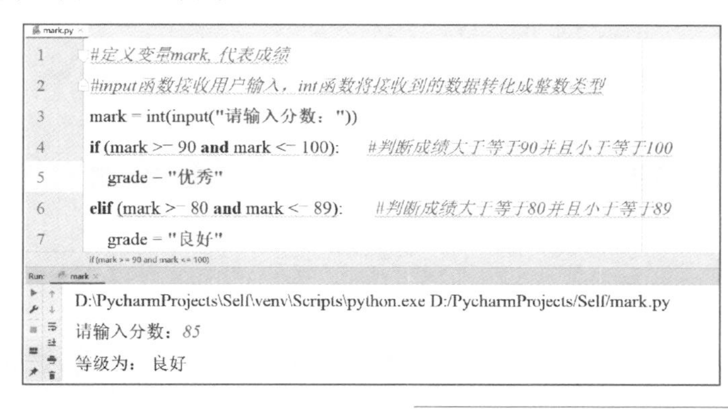

图 3-4-1
任务 3.4.1 运行结果

练一练

任务 3.4.2 实现一个猜数字游戏。程序运行时产生一个随机数作为庄数，玩家输入数字。如果猜的数字大于庄数，则输出“大了”；如果猜的数字小于庄数，则输出“小了”；如果猜的数字等于庄数，则输出“猜对了”；只有 3 次猜数机会。

---解 题 步 骤---

步骤 1：声明一个变量 point，代表随机产生的庄数。

步骤 2：声明一个变量 num，代表控制变量用于计数循环次数，初始值为 0。

步骤 3：声明一个变量 guess，用于接收玩家的输入。

步骤 4：将用户输入与庄数作比较，如果用户输入大于庄数提示“大了”；如果用户输入小于庄数提示“小了”，如果用户输入等于庄数，则提示“猜对了”，并且跳出循环。

程 序 代 码

```
import random                                    #导入 random 库
#定义变量 point，代表庄数，randint 产生一个 1 到 10 间的随机整数
point = random.randint(1,10)
num = 0                                          #定义变量 num， 代表循环变量
while num < 3:
    num += 1
    guess = int(input("请输入所猜数字："))         #变量 guess，用户输入的数字
    if guess > point:                            #将庄数与用户输入进行比较
        print("大了")
    elif guess < point:
        print("小了")
    elif guess == point:
        print("猜对了")
        break                                    #猜对后使用 break 跳出循环
```

提示 random 库用于生成随机数，random 库中的 randint(start,end)函数用于生成指定范围内的随机整数，代码中的 random.randint(1,10)，产生一个 1 ~ 10 的随机整数。

运行结果如图 3-4-2。

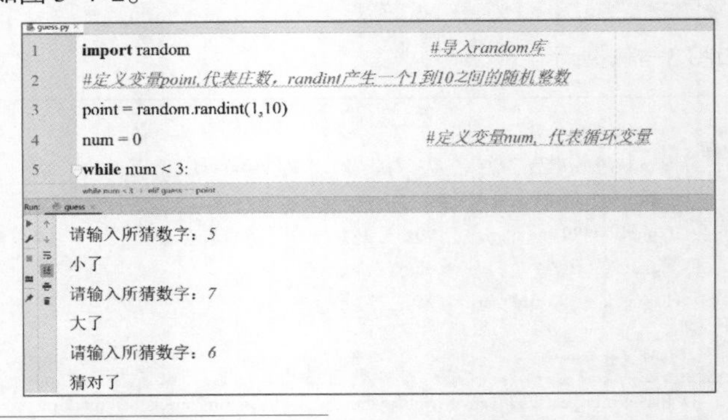

图 3-4-2
猜数字运行结果

任 务 小 结

通过以上任务的实施，能体会顺序结构、分支结构、循环结构的应用场景，并且能够掌握 if 分支语句、while 循环语句、break 语句的应用。如果存在两种分支以上情况的场景，要使用多分支语句；如果需要重复执行的逻辑，可以使用循环语句；for 语句主要用来处理循环次数确定的循环问题。

任务实施

3.5 流程控制实训

一、实训目的

① 掌握使用 PyCharm 编写、调试、运行程序的方法。

② 掌握分支语句及循环语句的综合使用。

③ 掌握 break 语句的使用。

二、实训内容

用户登录验证。用户输入用户名和密码，判断用户名和密码是否正确，如果正确，输出“登录成功”；如果不正确，输出“登录失败”。登录只有 3 次机会，超过 3 次，输出提示信息“登录超过三次，请稍后再试。”

三、实训过程

实训步骤

步骤 1：启动 PyCharm，创建 Python 文件，命名为“Login”。

步骤 2：在 Login.py 文件中定义两个变量用于保存正确的用户名及密码。

步骤 3：使用 while 或 for 语句设置循环次数为 3。

步骤 4：使用 input 函数接收用户输入。

步骤 5：使用 if 语句判断用户输入是否与步骤 2 中变量值相等。

步骤 6：如果相等，则输出“登录成功”，使用 break 语句跳出循环。

步骤 7：如果不相等则输出“登录失败”，重复步骤 4 和步骤 5。

步骤 8：如果超出 3 次循环，使用 else 语句块打印出“登录超过三次，请稍后再试。”

步骤 9：通过快捷键 Shift+F10 或者选中文件名，右击，在弹出的快捷菜单中选择“Run Login”命令，调试运行程序。

程序代码

```
user = 'LiLei'                                      #正确的用户名
pwd = "123456"                                      #正确的密码
for i in range(3):                                  #for 循环，控制循环次数为 3
    userInput = input("请输入用户名：")              #定义变量 userInput，接收用户输入
    pwdInput = input("请输入密码：")                 #定义变量 pwdInput,接收用户输入
    if user == userInput and pwd == pwdInput:       #判断用户名密码是否正确
        print("登录成功")
        break                                       #用户输入正确则登录成功跳出循环
    else:
        print("登录失败")
else:
    print("登录超过三次，请稍后再试。")              #for 循环正常结束则说明 3 次登录失败
```

程序运行结果如图 3-5-1 所示。

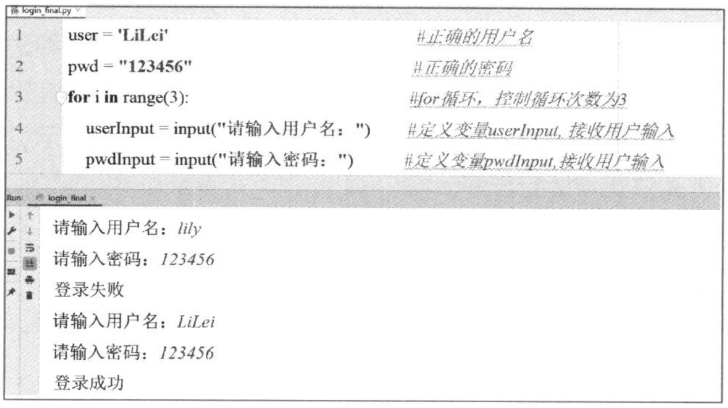

```
1  user = 'LiLei'                                   #正确的用户名
2  pwd = "123456"                                   #正确的密码
3  for i in range(3):                               #for 循环，控制循环次数为3
4      userInput = input("请输入用户名：")           #定义变量userInput,接收用户输入
5      pwdInput = input("请输入密码：")              #定义变量pwdInput,接收用户输入

请输入用户名：lily
请输入密码：123456
登录失败
请输入用户名：LiLei
请输入密码：123456
登录成功
```

图 3-5-1
Login 运行结果

3.6 任务反思

一、实训总结

通过实训，巩固了使用 PyCharm 编写、调试和运行程序的方法，且进一步熟悉了循环结构和选择结构在程序中的运用。选择结构语句包括单分支 if 语句、双分支 if-else 语句以及多分支语句。循环结构语句包括 while 语句和 for 语句，使用 break 或 continue 可以跳出循环。

二、常见错误

问题 3-6-1 输入两个整数 a 和 b，按从小到大的顺序输出这两个数。有同学在运行程序时抛出错误信息。

代码及错误信息如下。

程序代码

```
a = int(input("a = "))
b = int(input("b = "))
if a > b:

    t = a
     a = b
    b = t
print(a , b)
```

错误信息如图 3-6-1 所示。

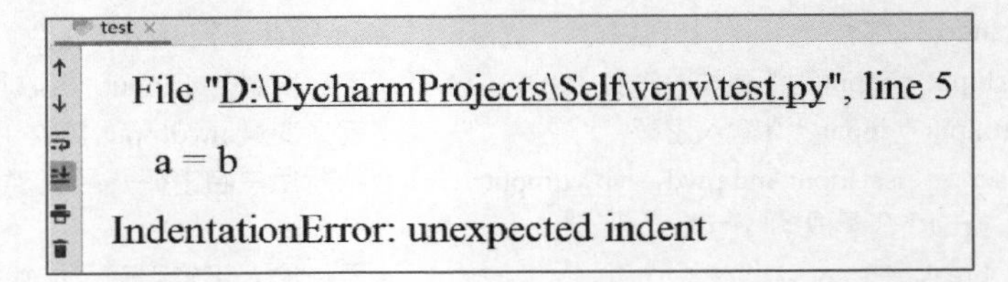

图 3-6-1
错误缩进

问题分析：

错误信息提示错误出现在 line5（第 5 行），即 a = b 这一行代码，具体的错误信息为 unexpected indent（意外缩进）。在单元 2 中介绍 Python 语法十分严谨，多一个空格或少一个空格都会导致语法错误。Python 语言中使用相同的缩进数来区分代码块，t=a,a=b,b=t 这 3 行代码都是满足 if 表达式后需要执行的语句，所以它们都属于 if 分支语句块，那么就必须使用相同数量的空格进行缩进，一般距离 if 开始位置 4 个空格进行缩进。从代码中可以看到第 5 行代码多了一个空格，所以导致出错。在使用集成开发环境编辑代码时，集成开发环境会在有错误的代码行下方给出红色波浪线警告，如图 3-6-2 所示，这种编译型异常一定要处理，否则无法正常运行程序。

改正：

删除 a=b 前面一个空格，保持与 t=a 代码行相同缩进。

问题 3-6-2 输出 5 遍“好好学习，天天向上！”。以下程序存在问题，请指出并改正。

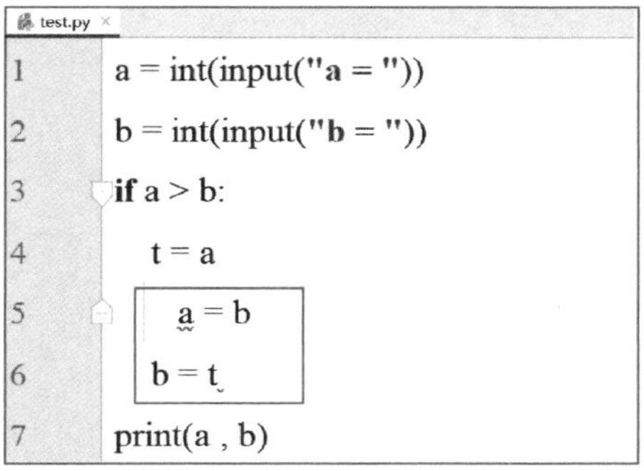

```
1  a = int(input("a = "))
2  b = int(input("b = "))
3  if a > b:
4      t = a
5      a = b
6  b = t
7  print(a , b)
```

图 3-6-2
错误警告

------------------------------程序代码------------------------------

```
i = 0
while i<5:
    print("好好学习，天天向上！")
```

运行结果如图 3-6-3 所示。

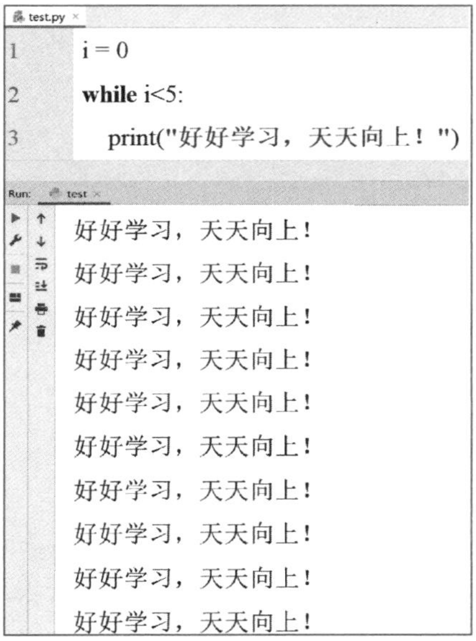

```
1  i = 0
2  while i<5:
3      print("好好学习，天天向上！")

Run: test
好好学习，天天向上！
好好学习，天天向上！
好好学习，天天向上！
好好学习，天天向上！
好好学习，天天向上！
好好学习，天天向上！
好好学习，天天向上！
好好学习，天天向上！
好好学习，天天向上！
好好学习，天天向上！
```

图 3-6-3
问题 3-6-2 运行结果

问题分析：

从运行结果上可以看出输出数量不只 5 遍，而是在无限循环，没有终止地执行循环体语句打印输出信息。这时需要首先检查循环表达式 i<5，说明循环次数的控制在于循环变量 i，如果 i 的值小于 5 则执行循环体，反之则终止循环。从代码可以看到 i 的值最初被赋予 0，小于 5，所以表达式 i<5 恒成立，导致无限循环。循环变量 i 用来控制循环次数，那么每执行一次循环体就需要记录一次循环次数，对循环变量 i 进行自增 1。

改正：

```
i = 0
while i<5:
    print("好好学习，天天向上！")
i++
```

技能测试

一、填空题

1. Python 中的流程控制语句有________、________和________。

2. ________语句用于跳出本次循环，进入下一次循环。

二、写出下列程序的运行结果

1.

```
a = 0
if a:
  print(“Hello”)
else:
  print(“World”)
```

2.

```
i = sum = 0
while i <= 4:
    sum += i
    i = i+1
print(sum)
```

三、编程题

编程输出九九乘法表。

```
1x1=1
1x2=2  2x2=4
1x3=3  2x3=6   3x3=9
1x4=4  2x4=8   3x4=12  4x4=16
1x5=5  2x5=10  3x5=15  4x5=20  5x5=25
1x6=6  2x6=12  3x6=18  4x6=24  5x6=30  6x6=36
1x7=7  2x7=14  3x7=21  4x7=28  5x7=35  6x7=42  7x7=49
1x8=8  2x8=16  3x8=24  4x8=32  5x8=40  6x8=48  7x8=56  8x8=64
1x9=9  2x9=18  3x9=27  4x9=36  5x9=45  6x9=54  7x9=63  8x9=72  9x9=81
```

单元 4 字符串与正则表达式

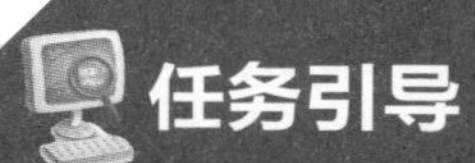

任务引导

在掌握了 Python 的数据类型、变量、表达式及流程结构等编程基础知识的基础上，现在可以编写一些解决实际问题的小程序，但是很快会发现在实际应用中常常面临各式各样的字符串处理问题，如处理信息提示、表格输入、人物对话、日志文件、HTML 内容等。字符串是应用程序中最常用的一种数据类型，Python 提供了一系列操作字符串的方法，掌握这些常用方法将使解决字符串问题变得更加容易，而正则表达式则提供了一种更加灵活、强大的字符串处理功能。本任务将按以下 4 个步骤学习字符串及正则表达式。

第 1 步：学习字符串定义及连接操作。

第 2 步：学习字符串切片与索引。

第 3 步：学习字符串常用方法。

第 4 步：学习正则表达式。

学习目标

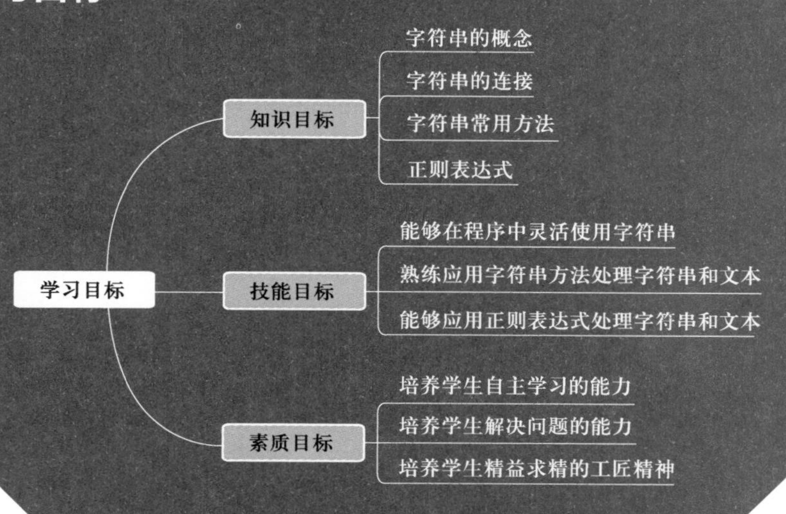

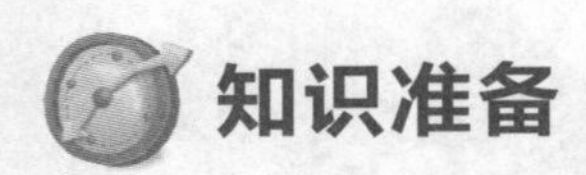

4.1 字符串

想一想

通过第 2 章的学习，知道 Python 3 有 6 种标准的数据类型，如数字类型、字符串、列表、元组、字典、集合，哪些是常用的数据类型呢?

4.1.1 字符串基础

字符串是程序语言中常用的数据类型，也是最常用、最简单的序列类型。字符串是一个有序的字符集合。Python 中没有独立的字符数据类型，字符即为长度为 1 的字符串。字符串是不可变对象。

字符串中还有一种特殊的字符，称为转义字符，该字符被解释为另外一种含义，不再表示本来的字符。转义字符以反斜线开始，紧跟一个字符，如“\n”表示换行，不再表示“\”和“n”字符串。如果字符串中希望包含反斜线，则它前面必须再加一个反斜线。常用转义字符见表 4-1-1。

表 4-1-1 转义字符表

转义字符	表达意思
\\	反斜线
\’	单引号
\”	双引号
\a	响铃符
\b	退格符
\f	换页符
\n	换行符
\r	回车符
\t	水平制表符
\v	垂直制表符

```
s = “a\tb\tc\\td”
print(s)
```

提示 字符串“a\tb\tc\\td”中“\t”代表水平制表符，“\\”输出一个反斜线。

运行结果如图 4-1-1。

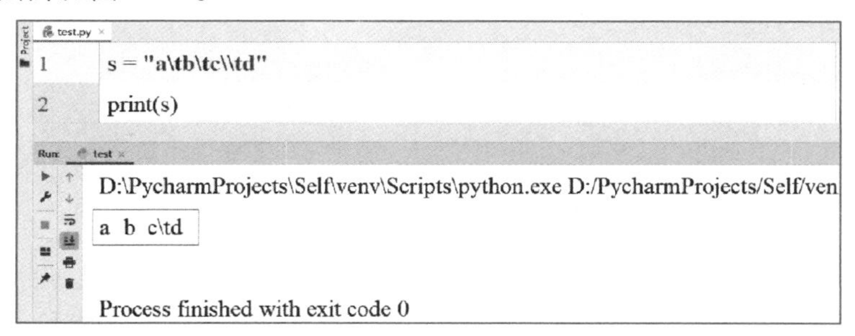

微课 4.1
字符串基础

图 4-1-1
转义字符运行结果

1. 字符串的定义

字符串就是指一连串的字符，它由许多单个字符连接而成，如多个英文字母所组成的英文单词。

在 Python 中，用英文状态下的单引号（' '）、双引号（" "）及三引号（''' '''）引起来的字符序列称为字符串，如 'Hello'、"中国"、'''abc～123 '''。

定义字符串类型变量如下。

```
变量名 ='字符串'
变量名 ="字符串"
变量名 ='''字符串 1
          字符串 2
          字符串 3 '''
```

注 意

① 定义字符串时使用的单引号、双引号及三引号一定是英文输入法下的符号。

② 包含在三引号中的字符串可以跨行。

试一试

```
var1 = ' hello world '
var2 = "hello world"
var3 = ''' hello world1     #三引号中的字符串可以跨行
    hello world2
    hello world3
    '''
```

提示 var1、var2、var3 即为定义的字符串变量，hello word 即为赋予的值。

2. 字符串的连接

字符串的连接是指将多个字符串连接在一起，组成一个新的字符串。

字符串+连接：

```
变量名 = 字符串变量+字符串变量+…+字符串变量
变量名 ="字符串"+"字符串"+…+"字符串"
```

```
var1 = "不积跬步，无以至千里;"            #声明变量 var1
var2 = "不积小流，无以成江海。"            #声明变量 var2
result = var1 + var2                      #将字符串变量 var1 和 var2 连接
print(result)
```

提示 字符串可以直接连接无需使用变量，第 4 行代码等同于 result="不积跬步，无以至千里;" + "不积小流，无以成江海。"，即按连接的顺序将变量对应的值进行连接，产生一个新的字符串。

运行结果如图 4-1-2。

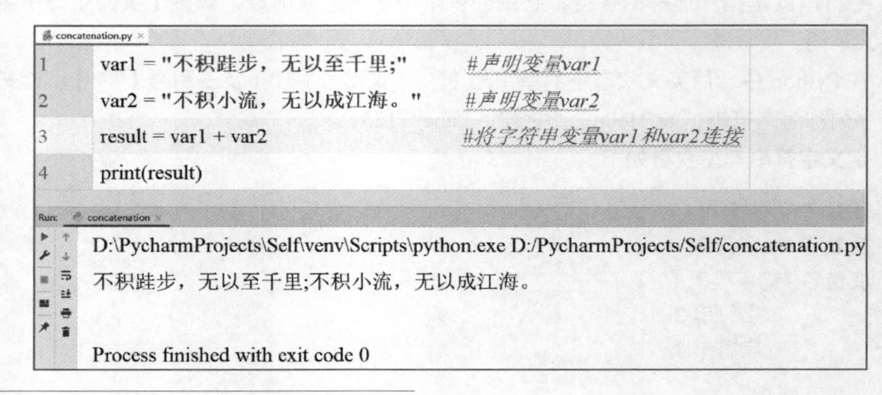

```
concatenation.py
1  var1 = "不积跬步，无以至千里;"     #声明变量var1
2  var2 = "不积小流，无以成江海。"     #声明变量var2
3  result = var1 + var2              #将字符串变量var1和var2连接
4  print(result)

Run: concatenation
D:\PycharmProjects\Self\venv\Scripts\python.exe D:/PycharmProjects/Self/concatenation.py
不积跬步，无以至千里;不积小流，无以成江海。

Process finished with exit code 0
```

图 4-1-2
字符串+连接运行结果

想一想

既然字符串可以使用“+”相加，那么字符串能不能使用“*”相乘呢？答案是可以。用字符串与正整数进行乘法运算，相当于将正整数个字符串进行连接。

字符串*连接如下。

```
变量名 = 字符串变量*正整数
变量名 ="字符串"*正整数
```

```
var1 = "hello "
result = var1 * 3
print(result)
```

提示 字符串可以直接连接无需使用变量，第 2 行代码等同于 result="hello "*3。

运行结果如图 4-1-3。

3．字符串的索引与切片

字符串是一个有序的序列，每个字符在其序列中有固定位置，因此可以通过序列的位置实现索引与切片的操作。在字符串中，字符从左端开始索引，用非负整数 0，1，2，……等表示，从右端开始索引，用负整数-1，-2，……等表示。字符位置如图 4-1-4 所示。

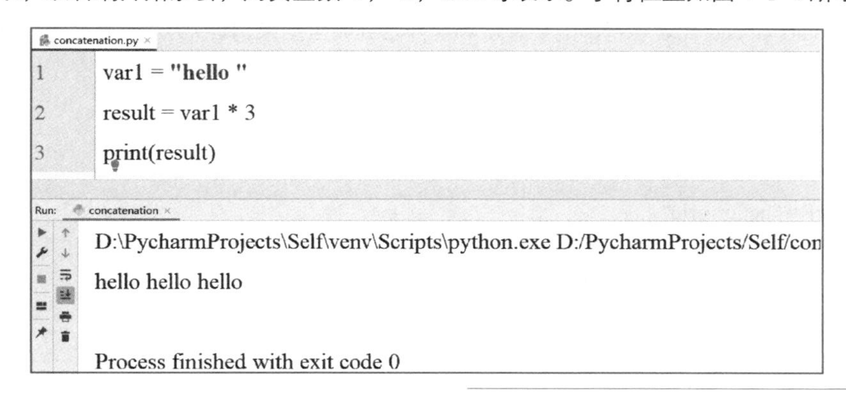

图 4-1-3
字符串*连接运行结果

0	1	2	3	4	5	6	7	8	9
h	e	l	l	o	w	o	r	l	d
−10	−9	−8	−7	−6	−5	−4	−3	−2	−1

图 4-1-4
字符位置

字符串索引如下。

```
字符串变量[索引]
```

试一试

```
var1 = "helloworld"     #定义变量 var1，赋值为"helloworld"
print(var1[0])          #var1[0]获取索引为 0 即 helloworld 中第 1 个字符 h
print(var1[2])          #var1[2]获取索引为 2 即 helloworld 中第 3 个字符 l;
print(var1[-1])         #var1[-1]从右往左获取索引为-1 即 helloworld 中最后一个字符 d
```

运行结果如图 4-1-5 所示。

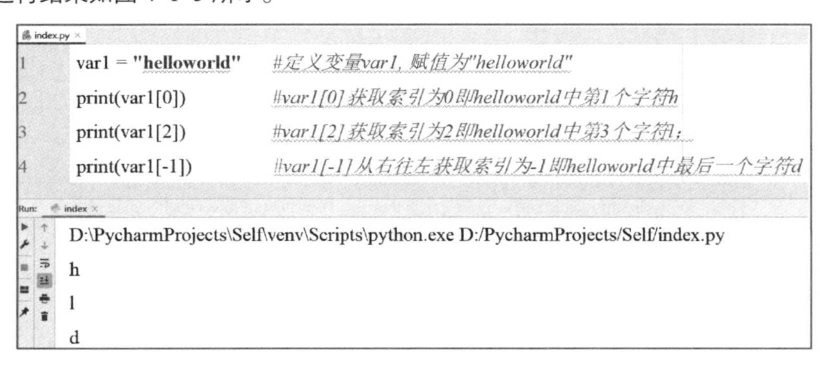

图 4-1-5
字符串索引

字符串的切片是指从一个索引范围中获取连续的多个字符。切片操作基本格式如下。

```
string[start : end : step]
```

使用冒号（:）将参数进行分隔。

- step 表示获取字符串时的“步长”，正负数均可。正负号决定了获取方向，正表示

“从左往右”取值，负表示“从右往左”取值。当 step 省略时，默认为 1，即从左往右以增量 1 取值。

- start 和 end 代表字符串的切片从哪里开始到哪里结束，其中切片的最后一个字符是 end-1。

```
var1 = "helloworld"
#step 缺省代表 1，从左往右获取，
#即从位置 0 开始到位置 3 为止，不包括位置 4 上的字符
print(var1[0:4])
```

运行结果如图 4-1-6 所示。

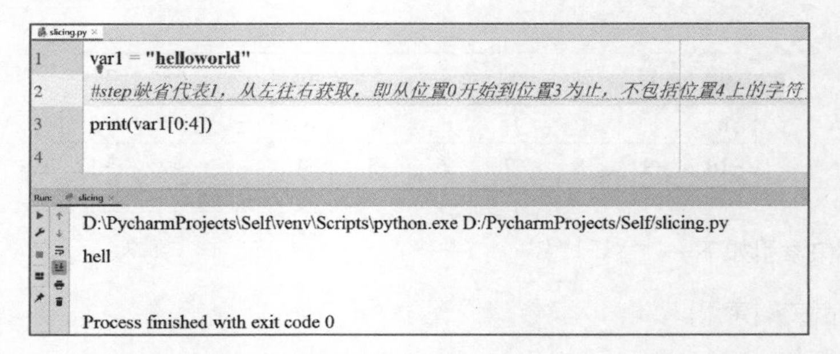

图 4-1-6
字符串切片 1

若不指定切片的开始位置，则默认从 0 开始；若不指定切片的结束位置，则默认到字符串结尾。例如：

```
var1 = "helloworld"
print(var1[:5])    #不指定开始位置，默认从 0 开始
print(var1[5:])    #不指定结束位置，默认到字符串结尾
```

运行结果如图 4-1-7 所示。

图 4-1-7
字符串切片 2

step 不缺省的示例如下。

```
var1 = "helloworld"
print("从右往左跳 2 个字符：", var1[::-2])    #从右往左每 2 位取字符
print("从左往右跳 2 个字符：", var1[1:7:2])  #从左往右位置 0 到位置 5 每 2 位取字符
```

运行结果如图 4-1-8 所示。

```
slicing.py
1  var1 = "helloworld"
2  print("从右往左跳2个字符：", var1[::-2])  #从右往左每2位取字符
3  print("从左往右跳2个字符：", var1[1:7:2])  #从左往右位置0到位置5每2位取字符
4

Run: slicing
D:\PycharmProjects\Self\venv\Scripts\python.exe D:/PycharmProjects/Self/slicing.py
从右往左跳2个字符： drwle
从左往右跳2个字符： elw

Process finished with exit code 0
```

图 4-1-8
字符串切片 3

4. 计算字符串长度

字符串的长度指字符串中字符的个数，可以使用 len()内置函数查看字符串的长度。

```
len(字符串变量)
len("字符串")
```

试一试

```
var1 = "helloworld"
print(len(var1))
```

提示 字符串可以直接作为参数使用无需变量，第 2 行代码等同于 len("helloworld")。

运行结果如图 4-1-9 所示。

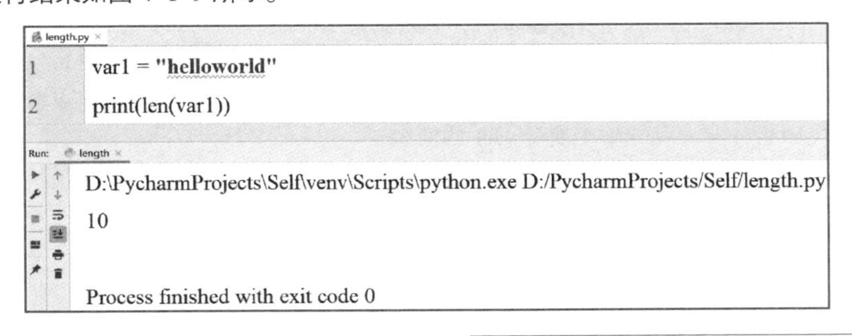

图 4-1-9
计算字符串长度

4.1.2 字符串方法

Python 中每一种内置对象类型都可以认为是一个类，类中定义了可使用的内置方法。字符串是 str 类型对象，提供了一系列操作字符串的方法。以下是一些常用的字符串方法。

微课 4.2
字符串常用方法

1. find(str, start, end)

检测字符串中是否包含子字符串 str。如果指定 start 和 end，则检测 str 是否包含在指定范围内，如果检测到，则返回在字符串中的索引，即起始位置。如果没有检测到，则返回-1。

在指定字符串中查找子字符串。

```
var1 = "helloworld"
var2 = "low"
print("检测 low：", var1.find(var2))        #在整个字符串内查找子字符串
print("检测 low：", var1.find(var2,1,4))   #指定范围内没有查找到子字符串，返回-1
print("检测 o：", var1.find("o"))          #查找到多个匹配时，返回第一次出现的索引
```

运行结果如图 4-1-10 所示。

```
functions.py
1  var1 = "helloworld"                  #定义变量var1即为指定字符串，被查询对象
2  var2 = "low"                         #定义变量var2,为查找的字符串
3  print("检测low：", var1.find(var2))   #在整个字符串内查找子字符串
4  print("检测low：", var1.find(var2,1,4)) #指定范围内没有查找到子字符串，返回-1
5  print("检测o：", var1.find("o"))  #查找到多个匹配时，返回第一次出现的索引

Run: functions
D:\PycharmProjects\Self\venv\Scripts\python.exe D:/PycharmProjects/Self/functions.py
检测low： 3
检测low： -1
检测o： 4
```

图 4-1-10
find 函数运行结果

2．lower()和 islower()

① lower()将字符串中的字母全部转成小写字母。

② islower()判断字符串是否是小写，是则返回 True，否则返回 False。

```
var1 = "AbCdEf"           #定义变量 var1，并赋值为"AbCdEf"
print(var1.islower())     #var1.islower()判断 var1 变量值是不是全小写，返回 False
var1 = var1.lower()       #var1.lower()将变量值转换为小写，并将结果赋值给变量 var1
print(var1)               #输出变量 var1 的值
print(var1.islower())     #var1.islower()再次判断变量值是不是全小写，返回 True
```

运行结果如图 4-1-11 所示。

```
functions.py
1  var1 = "AbCdEf"   #定义变量var1,并赋值为"AbCdEf"
2  print(var1.islower()) #var1.islower()判断var1变量值是不是全小写，返回False
3  var1 = var1.lower()  #var1.lower()将变量值转换为小写，并将结果赋值给变量var1
4  print(var1)          #输出变量var1的值
5  print(var1.islower()) #var1.islower()再次判断变量值是不是全小写，返回True

Run: functions
D:\PycharmProjects\Self\venv\Scripts\python.exe D:/PycharmProjects/Self/functions.py
False
abcdef
True
```

图 4-1-11
lower 和 islower 函数运行结果

3．upper()和 isupper()

① upper()将字符串中的字母转成大写字母。

② isupper()判断字符串是否是大写，是则返回 True，否则返回 False。

试一试

```
var1 = "AbCdEf"          #定义变量 var1，赋值为"AbCdEf"
print(var1.isupper())    #var1.isupper()判断 var1 变量值是否为全大写，返回 False
var1 = var1.upper()      #将 var1 变量值转换为大写，并赋值给变量 var1
print(var1)              #输出变量 var1 的值
print(var1.isupper())    #再次判断 var1 变量值是否为全大写，返回 True
```

运行结果如图 4-1-12 所示。

```
functions.py
1  var1 = "AbCdEf"          #定义变量var1,赋值为"AbCdEf"
2  print(var1.isupper())    #var1.isupper()判断var1变量值是否为全大写，返回False
3  var1 = var1.upper()      #将var1变量值转换为大写，并赋值给变量var1
4  print(var1)              #输出变量var1的值
5  print(var1.isupper())    #var1.isupper()再次判断var1变量值是否为全大写，返回True

Run: functions
D:\PycharmProjects\Self\venv\Scripts\python.exe D:/PycharmProjects/Self/functions.py
False
ABCDEF
True
```

图 4-1-12
upper 和 isupper 函数运行结果

4．split(sep,num)

通过指定分隔符 sep 对字符串进行分割。如果第 2 个参数 num 有指定值，则分割为 num+1 个子字符串；默认为-1，即分隔所有。

试一试

```
#定义变量 spirit，将以“、”号分隔的字符串赋值给该变量
spirit = "红船精神、井冈山精神、长征精神、遵义会议精神、延安精神、西柏坡精神"
print(spirit.split("、"))        #spirit.split("、")指定分割符为“、”
print(spirit.split("、", 2))     #指定分割次数为 2，即得 3 个子字符串
```

运行结果如图 4-1-13 所示。

```
functions.py
1  #定义变量spirit,将以“、”号分隔的字符串赋值给该变量
2  spirit = "红船精神、井冈山精神、长征精神、遵义会议精神、延安精神、西柏坡精神"
3  print(spirit.split("、"))    #spirit.split("、")指定分割符为“、”
4  print(spirit.split("、", 2)) #指定分割次数为2，即得3个子字符串

Run: functions
D:\PycharmProjects\Self\venv\Scripts\python.exe D:/PycharmProjects/Self/functions.py
['红船精神', '井冈山精神', '长征精神', '遵义会议精神', '延安精神', '西柏坡精神']
['红船精神', '井冈山精神', '长征精神、遵义会议精神、延安精神、西柏坡精神']
```

图 4-1-13
split 函数运行结果

5. replace(old, new, max)

把字符串中的旧字符串 old 替换成新字符串 new。如果 max 有指定值，则替换不超过 max 次；缺省表示全部替换。

```
var1 = "现在是上午 9 点整"                          #定义变量 var1
#var1.replace("上午", "下午")将字符串中的上午替换成下午
print(var1.replace("上午", "下午"))
var2 = "It is is is is an example"                 #定义变量 var2
#var2.replace("is", "was", 3)将字符串中的 is 替换成 was，最多替换数为 3
print(var2.replace("is", "was", 3))
```

运行结果如图 4-1-14 所示。

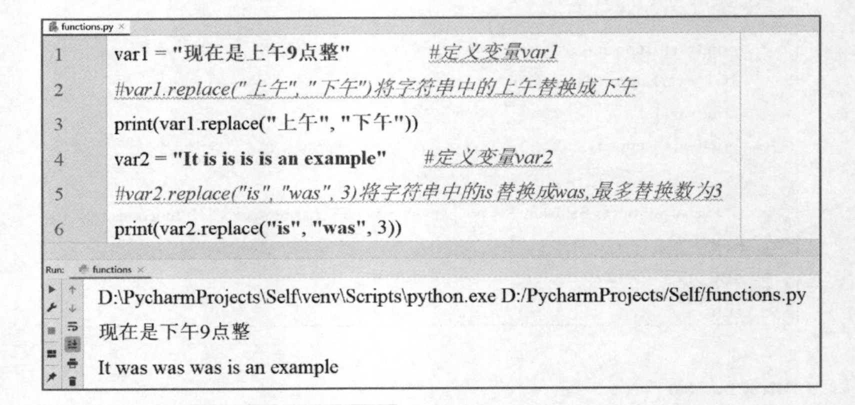

图 4-1-14
replace 函数运行结果

6. strip([chars])

用于移除字符串头尾指定的字符或字符序列。如果 chars 没有指定值，默认去掉字符串首尾空格或者换行符。该方法只能删除开头或是结尾的字符，不能删除中间的字符。删除多个字符时，只要头尾字符属于 chars 字符序列中，即删除，不考虑顺序，直到遇到第一个不包含在其中的字符为止。

```
var1 = "###重庆工程职业技术学院##"          #字符串首尾包含多个#字符
print(var1.strip("#"))                      #var1.strip("#")删除字符串首尾的多个#
var1 = "123 重庆工程职业技术学院 231"       #为变量 var1 重新赋值
print(var1.strip("123"))            #var1.strip("123")删除字符串首尾的指定字符序列
```

提示

第 4 行代码使用 strip 方法将变量 var1 中的 1、2、3 字符序列删除，注意这里将 123 看成字符序列，而非固定顺序的 123 字符串，只要 var1 首尾包含由字符 1、2、3 组成的任意字符串都会被删除，如 123、321、132、12、32、13、11…。

运行结果如图 4-1-15 所示。

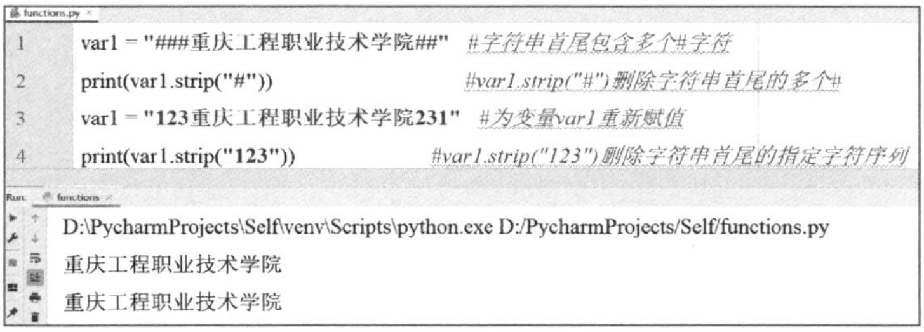

```
1  var1 = "###重庆工程职业技术学院##"   #字符串首尾包含多个#字符
2  print(var1.strip("#"))            #var1.strip("#")删除字符串首尾的多个#
3  var1 = "123重庆工程职业技术学院231"  #为变量var1重新赋值
4  print(var1.strip("123"))          #var1.strip("123")删除字符串首尾的指定字符序列
```

```
D:\PycharmProjects\Self\venv\Scripts\python.exe D:/PycharmProjects/Self/functions.py
重庆工程职业技术学院
重庆工程职业技术学院
```

图 4-1-15
strip 函数运行结果

4.1.3 格式化输出

格式化输出就是让程序方便地按照某种格式输出数据。Python 格式化输出有多种方式，如字符串格式化符号（%）、format 函数以及 f-string 等。

微课 4.3
字符串格式化输出

1. 字符串格式化符号

字符串格式化符号：百分号（%）。

使用字符串格式化表达式进行格式化时使用以%开头的转换说明符对各种类型的数据进行格式化输出，%前面是需要格式化的字符串，%后面是需要填充的实际参数。表 4-1-2 列出了 Python 字符串转换说明符。

表 4-1-2 Python 字符串转换说明符

转换说明符	说明
%s	字符串（采用 str()的显示）或其他任何对象
%c	单个字符
%b	参数转换成二进制整数
%d	参数转换成十进制整数
%i	参数转换成十进制整数
%o	参数转换成八进制整数
%u	参数转换成十进制整数
%x	参数转换成十六进制整数，字母小写
%X	参数转换成十六进制整数，字母大写
%e.E	按科学计数法格式转换成浮点数
%f.F	按定点小数格式转换成浮点数
%g.G	按定点小数格式转换成浮点数，与%f.F 不同

注 意

转换说明符只是一个占位符，它会被后面表达式（变量、常量、数字、字符串、加减乘除等各种形式）的值代替。

格式化字符串输出的语法格式如下。

```
print (格式化字符串 % 参数表达式)
```

提示

格式化字符串可以包含多个转换说明符，这时要提供多个参数表达式，用以替换对应的转换说明符；多个表达式必须使用小括号( )括起来；格式化符串中有几个占位符，后面就跟着几个参数表达式。

```
print ("%d 年%s 冬奥会" % (2022, "北京"))
```

提示

① "%d 年%s 冬奥会"是格式化字符串，它相当于一个字符串模板，可以放置一些转换说明符（如占位符）。

② 本例的格式化字符串中包含% s、%d 说明占位符，它最终会被后面的参数替换。

③ 中间的%是一个分隔符，它前面是格式化字符串，后面是用于替换占位符的参数。

④ 2022 不要加引号，即为数字型数据。格式化字符串中有%d、%s 两个占位符，后面就得跟两个参数表达式 2022 和“北京”，多个参数表达式必须使用小括号( )括起来。

运行结果如图 4-1-16 所示。

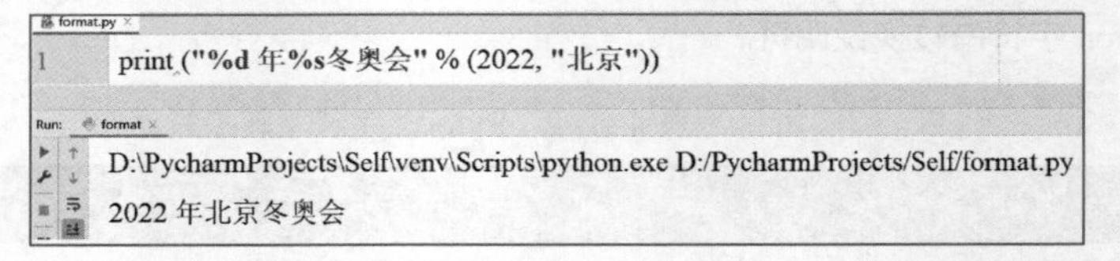

图 4-1-16
字符串格式化符号

2. 字符串格式化函数 format()

自 Python 2.6 版本开始，字符串类型（str）提供了 format() 方法对字符串进行格式化。format 函数的功能要比百分号方式强大，其中 format 特有的自定义字符填充空白、字符串居中显示、转换二进制、整数自动分割、百分比显示等功能。在创建格式化字符串时，需要使用{}来指定占位符，format 函数可以接受不限个参数，位置可以不按顺序。

format()方法的语法格式如下。

```
str.format(args)
```

提示

str 为格式化字符串；args 用于指定要进行格式转换的参数，如果有多个参数，使用逗号进行分割。

```
print("http://www.{}.edu.{}/".format("cqvie","cn"))          #不设置指定位置，按默认顺序
print("{1}:http://www.{0}.edu.{1}/".format("cqvie","cn"))  #设置指定位置
```

提示

① 第 1 行代码的格式化字符串即为"http://www.{}.edu.{}/"，包含两个占位符，format 有 2 个参数即用于替换占位符的数据"cqvie"和"cn"，替换时按参数的先后顺序替换字符串中的占位符，所以第 1 个参数"cqvie"用于替换字符串中第 1 个占位符，第 2 个参数"cn"用于替换字符串中第 2 个占位符。

> ② 第 2 行代码的格式化字符串即为"{1}:http://www.{0}.edu.{1}/"，包含 3 个占位符，并且占位符中设置了指定位置，即用于替换的参数索引；format 有 2 个参数"cqvie"和"cn"，参数的索引值从 0 开始，所以第 1 个参数"cqvie"的索引为 0，第 2 个参数"cn"的索引为 1；格式化字符串中{0}表示该位使用索引为 0 的参数替换，{1}表示该位使用索引为 1 的参数替换。

运行结果如图 4-1-17 所示。

```
format.py
1  print("http://www.{}.edu.{}/".format("cqvie","cn"))     #不设置指定位置，按默认顺序
2  print("{1}:http://www.{0}.edu.{1}/".format("cqvie","cn"))  # 设置指定位置

Run: format
D:\PycharmProjects\Self\venv\Scripts\python.exe D:/PycharmProjects/Self/format.py
http://www.cqvie.edu.cn/
cn:http://www.cqvie.edu.cn/
```

图 4-1-17
format 格式化运行结果

3. f-string

f-string 是 Python 3.6 之后版本添加的新的格式化字符串的语法，使格式化字符串的操作更加简便。f-string 格式化字符串以 f 修饰符引领的字符串（f'xxxxxxxx'），字符串中以大括号 {} 标明被替换的位置，将大括号 {} 中的变量或表达式计算后的值替换进去。

```
f"xxxxx{变量}xxxxxxx"
f"xxxxx{表达式}xxxxxxx"
```

试一试

```
city = "北京"
year = 2022
print(f"{year}年{city}冬奥会")                    #替换变量
print(f"{year-2008}年前{city}举办夏奥会")          #替换表达式
```

运行结果如图 4-1-18 所示。

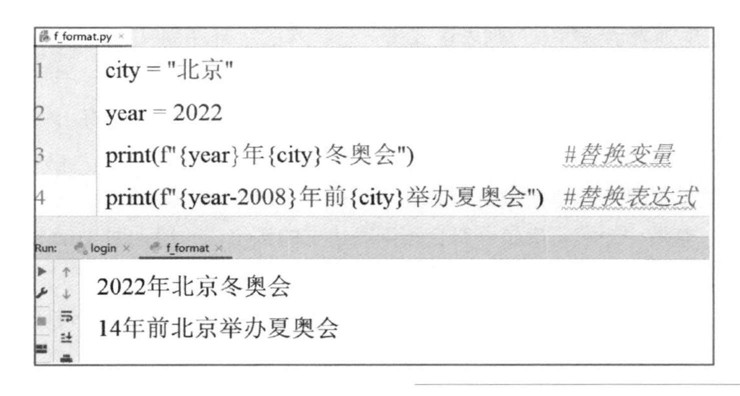

图 4-1-18
f-string 格式化

想一想

f-string 格式化输出字符串时，如果字符串中包含“{”或“}”该怎么办呢？应输入连续两个大括号“{{”和“}}”，如图 4-1-19 所示。

```
>>> year = 2022
>>> print(f"{year}年{{北京}}冬奥会")
2022年{北京}冬奥会
>>>
```

图 4-1-19
f-string 输出大括号

相关知识

① 两个紧邻的字符串，如果中间只有空格分隔，则自动拼接为一个新字符串。例如："Hello" "World"，则输出"Hello World"。

② Python3 字符默认为 16 位 Unicode 编码，ASCII 码是 Unicode 编码的子集。例如，字符'A'的 ASCII 码为 65，对应的八进制为 101，对应的十六进制为 41。

练一练

输入任意字符串，统计其中某个字母出现的次数和频率。

提示

count() 方法用于统计字符串里某个字符或子字符串出现的次数。

```
str.count(sub)      #sub -- 搜索的子字符串或字符
```

4.2 正则表达式

想一想

使用 str 对象提供的方法可以实现常用的字符串处理功能，Python 标准库中还提供哪些模块来处理字符串和文本呢？

4.2.1 正则表达式概念

正则表达式（Regular Expression）是一种文本模式，描述某种规则的表达式，又称为正规表达式、规则表示法等。正则表达式是一个特殊的字符序列，它能帮助用户方便地检查一个字符串是否与某种模式匹配。Python 中提供了 re 模块，该模块中拥有全部的正则表达式功能。正则表达式广泛用于各种字符串处理应用程序，如 HTML 处理、日志文件分析和 HTTP 标头分析等。

正则表达式处理字符串主要有以下四大功能。

- 匹配：查看一个字符串是否符合正则表达式的语法，一般返回 True 或者 False。
- 获取：正则表达式用来提取字符串中符合要求的文本。
- 替换：查找字符串中符合正则表达式的文本，并用相应的字符串替换。
- 分割：使用正则表达式对字符串进行分割。

正则表达式是由普通字符（如字符 a～z）以及特殊字符组成的文本模式，特殊字符包括预定义字符类、定位字符以及数量匹配字符等。

使用正则表达式时，常常用到一些特殊的字符类，如数字字母等。正则表达式包含若干预定义字符类。常用的预定义字符类见表 4-2-1。

表 4–2–1 预定义字符类

字符	描述
.	匹配除 "\n" 之外的任何单个字符
\d	匹配一个数字字符。等价于 [0–9]
\D	匹配一个非数字字符。等价于 [^0–9]
\s	匹配任何空白字符，包括空格、制表符、换页符等。等价于 [\f\n\r\t\v]
\S	匹配任何非空白字符。等价于 [^ \f\n\r\t\v]
\w	匹配包括下画线的任何单词字符。等价于'[A–Za–z0–9_]'
\W	匹配任何非单词字符。等价于 '[^A–Za–z0–9_]'

字符串匹配往往涉及从某个位置开始匹配，如行的开头或者结尾，定位字符代表的是一个位置，用于匹配字符串的位置，见表 4–2–2。

表 4–2–2 定 位 字 符

字符	描述
^	匹配字符串的开头
$	匹配字符串的末尾
\b	匹配一个单词边界，即单词和空格间的位置
\B	匹配一个非单词边界

数量匹配字符可以指定重复的次数，见表 4–2–3。例如手机号由 11 位数字组成，匹配手机号的正则表达式即为“\d{11}”，表示数字重复 11 次。

表 4–2–3 数量匹配字符表

字符	描 述
*	匹配前一个字符出现 0 次或无限次
+	匹配前一个字符出现 1 次或无限次
?	匹配前一个字符出现 0 次或 1 次
{m}	匹配前一个字符出现 m 次
{m,}	匹配前一个字符出现至少 m 次
{m,n}	匹配前一个字符出现 $m \sim n$ 次

微课 4.4
正则表达式

4.2.2 正则表达式模块常用方法

（1）re.match()方法

re.match() 尝试从字符串的起始位置匹配一个正则表达式，如果匹配成功则返回匹配对象，如果匹配不成功则返回 None。常用格式如下。

```
re.match(pattern, string, flags=0)
```

pattern 表示匹配的正则表达式；string 表示要匹配的字符串；flags 表示标志位，用于控制正则表达式的匹配方式，缺省默认为 0。具体参数见表 4-2-4。

表 4-2-4 flags 参数

参数	描述
re.I	忽略大小写
re.L	表示特殊字符集 \w, \W, \b, \B, \s, \S 依赖于当前环境
re.M	多行模式
re.S	表示'.'并且包括换行符在内的任意字符（'.'不包括换行符）
re.U	表示特殊字符集 \w, \W, \b, \B, \d, \D, \s, \S 依赖于 Unicode 字符属性数据库
re.X	为了增加可读性，忽略空格和'#'后面的注释

注意

使用正则表达式模块 re 中的 match 和 search 方法，返回结果为匹配对象（re.MatchObject）。使用匹配对象的 group()方法可以返回 re 匹配的字符串。

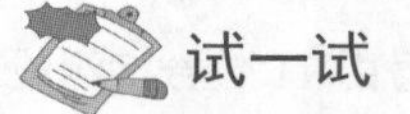

【例 4-2-1】 运用 re.match()方法。

```
import re                              #导入 re 模块
pattern = "w{3}"                       #定义匹配模式变量，"w{3}"表示重复三个 w 即"www"
str1 = "www.cqvie.edu.cn"              #定义被匹配的字符串变量 str1，并对其赋值

#re.match(pattern, str1) 从变量 str1 的开头开始匹配模式 pattern，即是否以 www 开头的字符串
#定义变量 result1,re.match(pattern, str1)结果赋值给该变量
result1 = re.match(pattern, str1)

#re.match("cqvie", str1)从变量 str1 的开头开始匹配"cqvie"，即是否以 cqvie 开头的字符串
#定义变量 result2,re.match("cqvie", str1)结果赋值给该变量
result2 = re.match("cqvie", str1)

#match()返回的结果为匹配对象(re.MatchObject)
```

```
#MatchObject.group()返回匹配的一个或多个组
print("result1:",result1.group())    #result1.group()方法来返回字符串的匹配部分
print("result2:",result2)
```

运行结果如图 4-2-1 所示。

```
ReExpression.py
4   #re.match(pattern, str1) 从变量str1的开头开始匹配模式pattern,即是否以www开头的字符串
5   #定义变量result1,re.match(pattern, str1)结果赋值给该变量
6   result1 = re.match(pattern, str1)
7   #re.match("cqvie", str1)从变量str1的开头开始匹配"cqvie",即是否以cqvie开头的字符串
8   #定义变量result2,re.match("cqvie", str1)结果赋值给该变量
9   result2 = re.match("cqvie", str1)

Run: ReExpression
D:\PycharmProjects\Self\venv\Scripts\python.exe D:/PycharmProjects/Self/ReExpression.py
result1: www
result2: None
```

图 4-2-1
match 函数运行结果

（2）re.search()方法

re.search()方法和 re.match()方法类似，都是将正则表达式与字符串进行匹配，search()方法是扫描整个字符串中并返回第 1 个成功的匹配，若匹配成功则返回匹配对象，若匹配不成功则返回 None。语法格式如下。

```
re.search(pattern, string, flags=0)
```

试一试

【例 4-2-2】 运用 re.search()方法。

```
import re                                  #导入 re 模块
pattern = "cqvie"                          #定义匹配模式变量，"cqvie"
str1 = "www.cqvie.edu.cn"                  #定义被匹配的字符串变量 str1，并对其赋值

#re.search(pattern, str1)在变量 str1 中任一位置匹配"cqvie"，即是否包含 cqvie 字符串
#定义变量 result1,re.search(pattern, str1)匹配成功则返回匹配对象，否则返回 None
result = re.search(pattern, str1)
if result:                                 #判断是否有返回对象，None 的逻辑值为 False
    print(result.group())                  #result.group()返回字符串的匹配部分
else:
    print(result)                          #未匹配则直接输出 None
```

运行结果如图 4-2-2 所示。

（3）re.compile()方法

re.compile()方法用于编译正则表达式，生成一个正则表达式对象，然后使用其对象方法处理字符串。常用格式如下。

```
re.compile(pattern, flags)
```

pattern 表示匹配模式；flags 表示匹配选项，可缺省。具体参数参照表 4-2-4。正则表达式对象方法 match、search 与 re 模块中的对应方法一致。

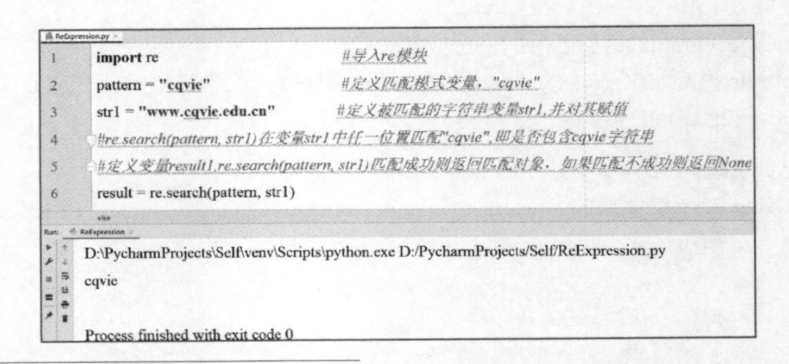

图 4-2-2
search 函数运行结果

```
regex = re.compile(pattern, flags)
regex.match(string,[pos],[endpos])
regex.search(string,[pos],[endpos])
```

pattern 表示匹配模式；string 表示为要匹配的字符串；flags 表示匹配选项，可缺省；pos 和 endpos 表示搜索范围：从 pos 到 endpos-1。

试一试

【例 4-2-3】 匹配文本中的数字。

```
import re                                         #导入 re 模块
regex = re.compile(r'\d+')      #re.compile(r'\d+')创建匹配任务数字的正则表达式对象

#regex.search(string)调用正则表达式对象的 search 方法匹配字符串中的任意数量的任意数字
result = regex.search('The official motto of 2022 Beijing Winter Olympic is " Together for a Shard Future!"')
if result:                                        #判断 result 是否有返回对象
    print(result.group())                         #输出匹配上的数字
else:
    print("没有数字")                              #没有返回对象则输出没有数字
```

提示

① 第 2 行代码 re.compile(r'\d+')中的 r 代表非转义原生字符，以 r 开头说明后面字符串中的字符都是普通字符，即如果是"\n"那么表示一个反斜杠字符，一个字母 n，而不是表示换行符。

② 正则表达式'\d+'，参考表 4-2-1 和表 4-2-3，\d 表示 0～9 数字，+表示前一个字符出现一次或无限次，即正则表达式为用于匹配至少一个数字。

运行结果如图 4-2-3 所示。

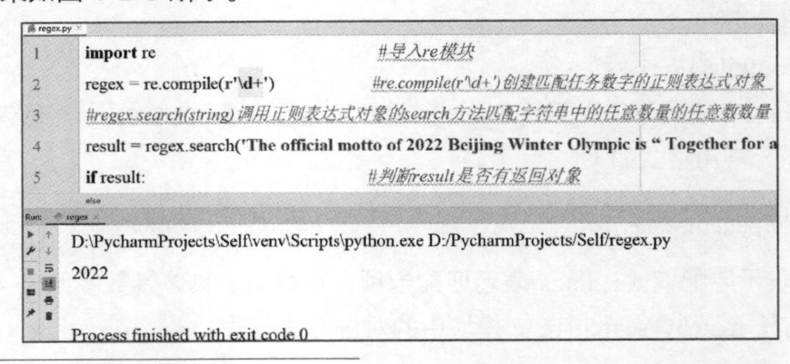

图 4-2-3
compile 函数运行结果

（4）re.sub()方法

re.sub 用于替换字符串中的匹配项。语法如下。

```
re.sub(pattern, repl, string, count=0, flags=0)
```

pattern 表示字符串形式的正则表达式；repl 表示替换的字符串；string 表示要被查找替换的原始字符串；count 表示模式匹配后替换的最大次数，缺省默认 0，表示替换所有的匹配；flags 表示编译时用的匹配模式，可缺省。

试一试

【例 4-2-4】 删除单行代码中的注释。

> **注 意**
>
> Python 中单行注释以#开头。

```
import re                              #导入 re 模块
#定义变量 code, 其值为包含注释的一行代码
code  =  "num1 = num2 + num3           #将 num2 加 num3 的结果赋值给变量 num1
code = re.sub(r'#.*$', '', code)       #将#之后的字符全部替换为空
print ("去除注释后的代码 ：", code)     #输出结果
```

提示 第 4 行代码 re.sub(r'#.*$', '', code)，其中正则表达式为'#.*$'，#为指定字符，表示任意字符；*表示任意多个字符；$表示结尾，也就是从#开始到结尾的任意多个字符都是注释内容；''为空字符，注意中间没有空格。

运行结果如图 4-2-4 所示。

```
sub.py
1  import re                    #导入re模块
2  #定义变量code, 其值为包含注释的一行代码
3  code = "num1 = num2 + num3  #将num2加num3的结果赋值给变量num1"
4  code = re.sub(r'#.*$', '', code)      #将#之后的字符全部替换为空
5  print ("去除注释后的代码：", code)  #输出结果

Run: sub
D:\PycharmProjects\Self\venv\Scripts\python.exe D:/PycharmProjects/Self/sub.py
去除注释后的代码： num1 = num2 + num3

Process finished with exit code 0
```

图 4-2-4
sub 函数运行结果

相关知识

正则表达式 re 模块其他常用方法见表 4-2-5。

表 4-2-5 正则表达式 re 模块其他常用方法

方法名	方法功能
findall(string[, pos[, endpos]]) 参数： string：待匹配的字符串。 pos：可选参数，指定字符串的起始位置，默认为 0。 endpos：可选参数，指定字符串的结束位置，默认为字符串的长度	在字符串中找到正则表达式所匹配的所有子串，并返回一个列表，如果没有找到匹配的，则返回空列表
re.split(pattern, string[, maxsplit=0, flags=0]) 参数： pattern：匹配的正则表达式。 string：要匹配的字符串。 maxsplit：分隔次数，maxsplit=1 分隔一次，默认为 0，不限制次数。 flags：标志位，用于控制正则表达式的匹配方式，如是否区分大小写、多行匹配等	split 方法按照能够匹配的子串将字符串分割后返回列表

练一练

使用正则表达式函数从字符串中清除 HTML 标记，如"<a href="index.html">Welcome to Python!</a>"。提示：HTML 标记正则表达式为"<.+?>"。

4.3 举一反三

4.3.1 字符串应用实例

练一练

任务 4.3.1 生活中人们常常使用手机号进行注册或者验证，在某些面向公众的活动中，为了尊重他人的个人信息会隐藏手机号码的部分内容，即实现手机号中间 4 位隐藏。目前使用的手机号为 11 位数字，将第 4 位～第 7 位号码使用*隐藏（见图 4-3-1）。

图 4-3-1
手机号隐藏

解题步骤

步骤 1：定义变量 number，用于存放手机号。

步骤 2：定义变量 substr，使用字符串切片获取 number 变量的第 4 位～第 7 位字符串，并赋值给 substr。

步骤 3：使用 replace 方法将 number 字符串中的第 4 位～第 7 位替换为“****”。

步骤 4：打印输出结果。

程序代码

```
import re                          #导入 re 模块
```

```
number = "13167632682"              #定义变量 number，赋值为手机号
substr = number[3:7]                #number[3:7]字符串切片获取第 4 位到第 7 位子字符串
result = number.replace(substr, "*"*4)    #replace 函数将原来的子字串替换为 4 个*号
print("遮码效果：", result)          #输出遮码效果
```

运行结果如图 4-3-2 所示。

```
phone.py
1  import re                              #导入re模块
2  number = "13167632682"                 #定义变量number，赋值为手机号
3  substr = number[3:7]                   #number[3:7]字符串切片获取第4位到第7位子字符串
4  result = number.replace(substr, "*"*4)  #replace函数将原来的子字串替换为4个*号
5  print("遮码效果：", result)             #输出遮码效果

Run: phone
D:\PycharmProjects\Self\venv\Scripts\python.exe D:/PycharmProjects/Self/phone.py
遮码效果： 131****2682

Process finished with exit code 0
```

图 4-3-2
任务 4.3.1 运行结果

4.3.2 正则表达式应用实例

练一练

任务 4.3.2 实现邮箱有效性验证功能。通常在使用邮箱进行注册时，会检测用户提供的邮箱是否是合法有效的邮箱地址（见图 4-3-3）。

图 4-3-3
邮箱验证

----------解 题 分 析----------

有效邮箱需满足以下条件。

① @之前必须有内容，且只能是字母（大小写）、数字、下画线（_）、连接符（-）、点（.）。

② @和最后一个点（.）之间必须有内容，且只能是字母（大小写）、数字、点（.）、连接符（-），两个点不能挨着。

③ 最后一个点（.）之后必须有内容且内容只能是字母（大小写）、数字且长度为大于等于 2 个字节，小于等于 6 个字节。

故有效邮箱正则表达式如下。

```
^[a-zA-Z0-9_.-]+@[a-zA-Z0-9-]+(\.[a-zA-Z0-9-]+)*\.[a-zA-Z0-9]{2,6}$
```

----------解 题 步 骤----------

步骤 1：导入 re 模块。

步骤 2：定义变量 pattern，并将有效邮箱正则表达式赋值给 pattern。

步骤 3：定义变量 email，用于存放邮箱地址。

步骤 4：使用 re 模块中的方法匹配邮箱有效性，并将结果赋值给变量 result。

步骤 5：如果 result 为非 None 对象，则将其匹配的邮箱输出。

-------------------------程 序 代 码-------------------------

```
import re
#导入 re 模块
pattern = "^[a-zA-Z0-9_.-]+@[a-zA-Z0-9-]+(\.[a-zA-Z0-9-]+)*\.[a-zA-Z0-9]{2,6}$"
email = input("请输入邮箱：")              #定义变量 email，从键盘输入邮箱字符串
result = re.match(pattern, email)          #判断 email 变量值是否匹配 pattern 模块
if result:
#判断 result 是否有返回对象
    print("%s 是有效邮箱地址。"%result.group())          #格式化输出
else:
    print("%s 是无效邮箱地址。" %email)
```

运行结果如图 4-3-4 所示。

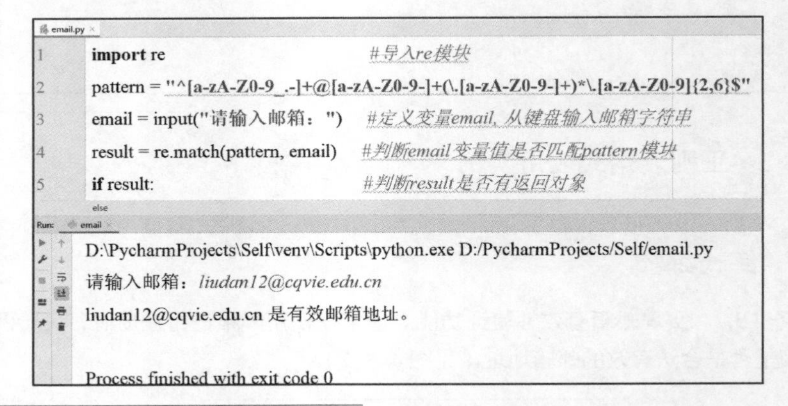

图 4-3-4
任务 4.3.2 运行结果

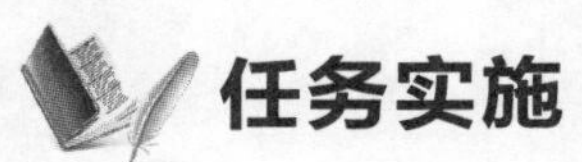

任务实施

4.4 字符串与正则表达式实训

一、实训目的

① 掌握使用 PyCharm 编写、调试、运行程序的方法。
② 掌握字符串变量的定义、赋值及基础使用。
③ 掌握常用字符串方法的使用。
④ 理解正则表达式的作用。
⑤ 掌握常用的正则表达式方法。

二、实训内容

匹配重庆地区座机号码。

三、实训过程

-------------------------任 务 分 析-------------------------

重庆地区座机号码构造规则为 023-[8 位数字]，正则表达式为 023-\d{8}。

---任 务 步 骤---

步骤 1：导入 re 模块。

步骤 2：定义变量 pattern，并将重庆地区座机号码正则表达式赋值给 pattern。

步骤 3：定义变量 email，用于存放邮箱地址。

步骤 4：使用 re.search 方法匹配，并将结果赋值给变量 result。

步骤 5：使用字符串格式化输出信息。

---程 序 代 码---

```
import re                                   #导入 re 模块
number = input("请输入电话号码：")          #定义变量 number，从键盘输入电话号码
pattern = r"023-?\d{8}"                     #定义匹配模式
result = re.match(pattern,number)           #match 方法匹配电话号码是否匹配模式
if result:                                  #判断结果是否有返回结果
    print("{}是重庆地区座机号。".format(result.group()))
else:
    print("%s 不是重庆地区座机号。"%number)
```

重庆地区座机号码运行结果如图 4-4-1 所示，非重庆地区座机号码运行结果如图 4-4-2 所示。

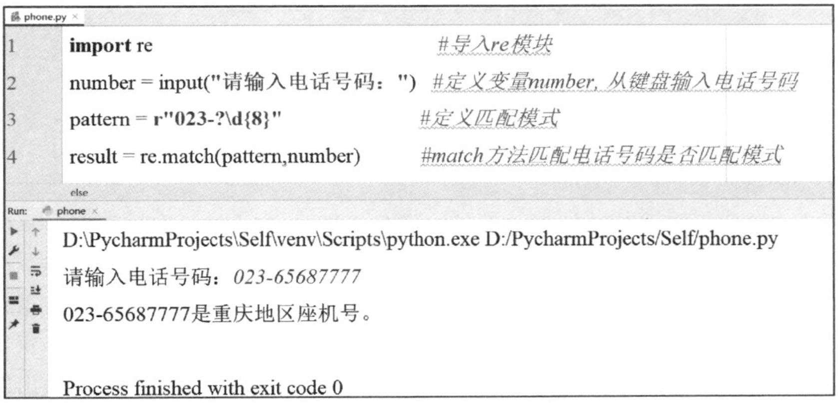

```
phone.py
1  import re                                  #导入re模块
2  number = input("请输入电话号码：")         #定义变量number,从键盘输入电话号码
3  pattern = r"023-?\d{8}"                    #定义匹配模式
4  result = re.match(pattern,number)          #match方法匹配电话号码是否匹配模式
   else
Run: phone
D:\PycharmProjects\Self\venv\Scripts\python.exe D:/PycharmProjects/Self/phone.py
请输入电话号码：023-65687777
023-65687777是重庆地区座机号。

Process finished with exit code 0
```

图 4-4-1
重庆地区座机号码运行结果

```
phone.py
1  import re                                  #导入re模块
2  number = input("请输入电话号码：")         #定义变量number,从键盘输入电话号码
3  pattern = r"023-?\d{8}"                    #定义匹配模式
4  result = re.match(pattern,number)          #match方法匹配电话号码是否匹配模式
   else
Run: phone
D:\PycharmProjects\Self\venv\Scripts\python.exe D:/PycharmProjects/Self/phone.py
请输入电话号码：028-56737382
028-56737382不是重庆地区座机号。

Process finished with exit code 0
```

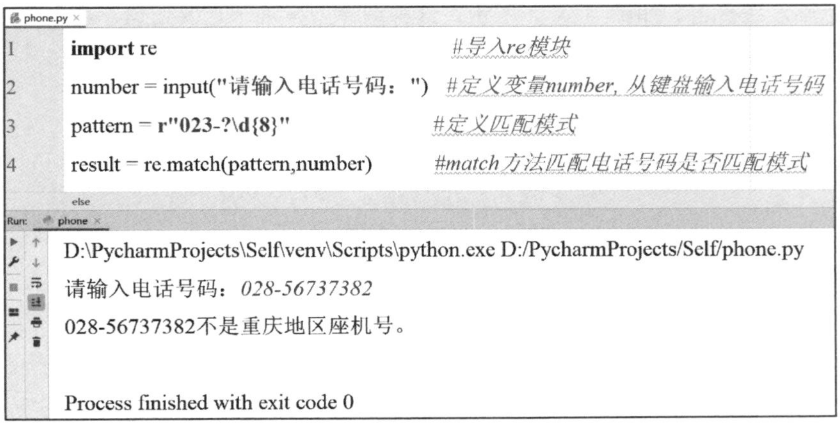

图 4-4-2
非重庆地区座机号码运行结果

4.5 任务反思

一、实训总结

通过实训任务，巩固了字符串的常用操作，如字符串的定义、字符串方法的调用及字符串格式化输出；加深了对正则表达式的理解，并且能够按照字符串的规则去构建正则表达式，使用 re 模块中的正则表达式方法进行字符串的匹配或者替换。

二、常见错误

问题 **4-5-1** 使用程序打印输出中文字符串时遇到如下问题，请打出错误并改正。代码如图 4-5-1 所示，运行结果如图 4-5-2 所示。

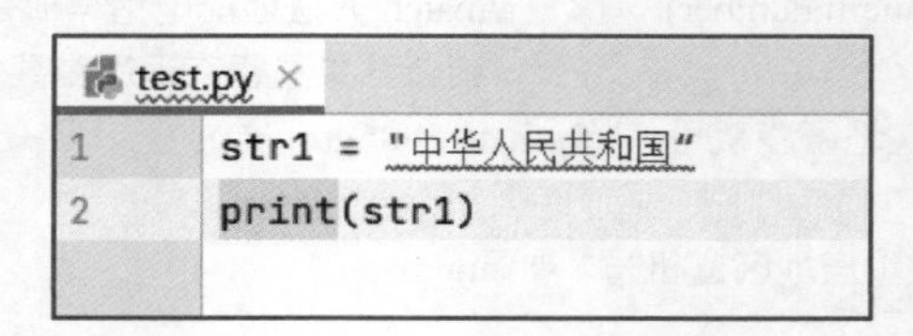

图 4-5-1
问题 4-5-1 程序代码

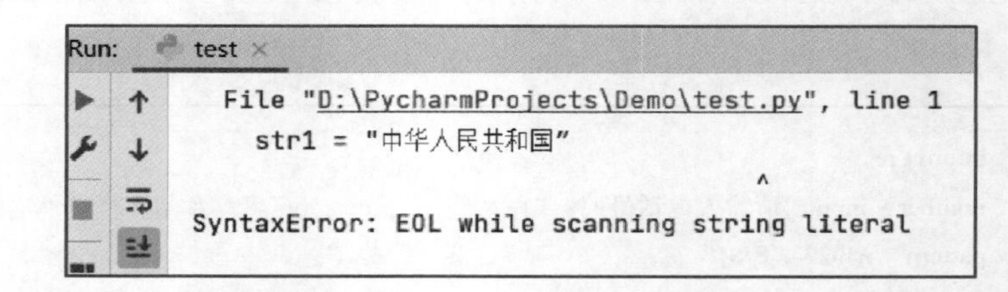

图 4-5-2
问题 4-5-1 错误信息

问题分析：

错误信息提示错误出现在 line 1（第 1 行），即 str1 = "中华人民共和国"。具体的错误信息为"SyntaxError: EOL while scanning string literal"，SyntaxError 表示这是一个语法错误。那么此时回忆下字符串的定义，需要使用在英文输入法下的单引号、双引号或三引号将字符序列包含起来，仔细观察这条赋值语句，不难发现前后双引号是有区别的，因为输入了中文字符，所以在输入结束引号时也是在中文输入法完成的，导致出现语法错误。在使用集成开发环境编辑代码时，集成开发环境会在有错误的代码行下方给出红色波浪线警告，如图 4-5-1 所示，这种编译型异常一定要处理，否则无法正常运行程序。

改正：

将结束引号在英文输入法下输入，如图 4-5-3 所示。

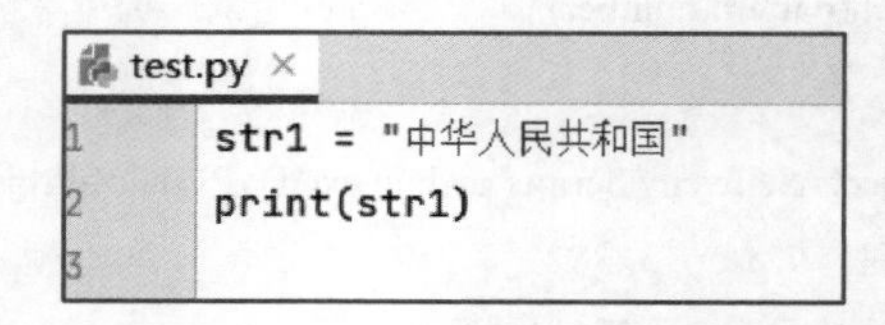

图 4-5-3
问题 4-5-1 改正后代码

问题 **4-5-2** 修改字符串中的字符，代码如图 4-5-4 所示，赋值时将字符串中的 hello 误拼写成了 hella，于是使用字符串索引的方式修改索引位的字符，出现错误如图 4-5-5 所示。

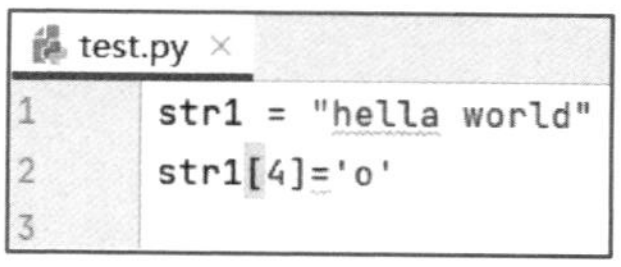

```
1  str1 = "hella world"
2  str1[4]='o'
3
```

图 4-5-4
修改字符

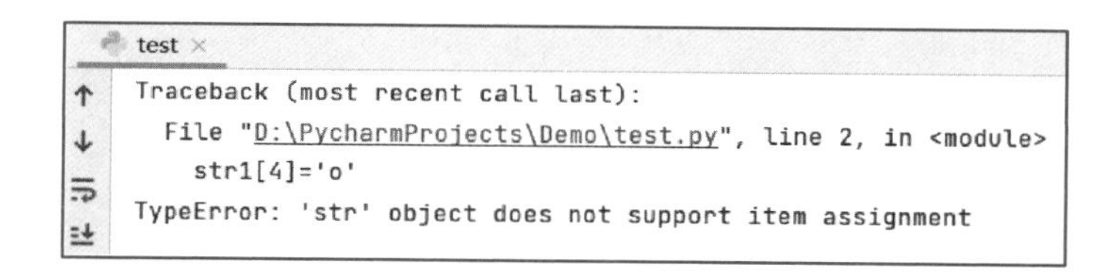

图 4-5-5
修改字符错误信息

问题分析：

错误信息提示错误出现在 line 2（第 2 行），即 str1[4]='o'。具体的错误信息为"TypeError: 'str' object does not support item assignment"，即类型错误为字符串对象不支持赋值。字符串是不可变对象，一旦定义好就不能修改，可以使用索引获取字符，但不能对字符进行修改。所以此案例中可以重新给变量 str1 赋正确的值。

改正：

```
str1 = "hello world"
```

技能测试

一、填空题

1. 使用________函数可以查看字符串的长度。
2. 字符串中从左往右的第一个字符索引为________。
3. 表达式"helloworld"[-5:]的结果为________。
4. 表达式"helloworld"[-5]的结果为________。
5. 正则表达式模块 re 的____________方法用来在整个字符串中进行指定模式的匹配。

二、编程题

1. 请使用字符串格式化的方式写一个新年问候语模板。
2. 将一串字符串中以.com 或.cn 为域名后缀的 URL 网址匹配出来，过滤掉其他无关信息，如<a href='www.baidu.com'>百度</a>。

单元 5 组合数据类型

任务引导

在实际编程项目中，只有变量、数字、字符串及表达式等，不能对实际问题进行全方位描述，还必须要有其他多种数据类型的支持。Python 不仅提供了丰富的基础数据类型及常用方法，还提供了功能强大的组合数据类型及常用方法，可以实现归类整理，提高代码的可阅读性。本任务将按以下 4 个步骤开始学习 Python 组合数据类型。

第 1 步：学习组合数据类型之列表。

第 2 步：学习组合数据类型之元组。

第 3 步：学习组合数据类型之字典。

第 4 步：学习组合数据类型之集合。

学习目标

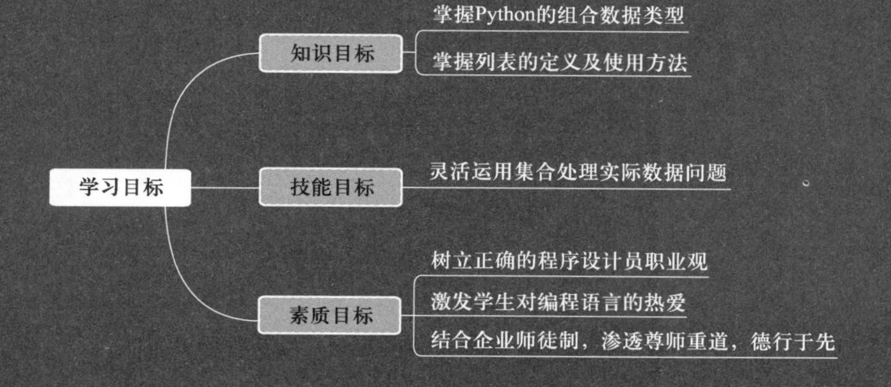

知识准备

想一想

如果程序中需要定义一种如上的数据类型，用来存储全国的省份和城市，那么选择什么样的数据类型来存储呢？

笔记

5.1 列表

列表是程序中较常用的数据类型，最常见的是字符串或者数值列表，如需要使用一个字符串列表来存储全国各省份的名称。又如，有的学校教务处需要一个数值列表来存储全校学生的成绩等。本节内容的目标是掌握列表数据的定义和使用。

5.1.1 序列与索引

列表是 Python 中最基本的组合数据类型，它由一组序列构成，值得说明的是，Python 中列表的数据项不需要具有相同的类型。

1. 创建一个列表

在 Python 中，要完成一个列表的创建，只需要把逗号分隔的不同数据项使用方括号括起来即可。

试一试

【例 5-1-1】 创建两个列表变量，要求至少包含整型和字符串两种数据类型，并完成列表的打印和判断其中一个列表的类型。

解题步骤

步骤 1：定义变量 list_example1、list_example2，要求满足列表定义的格式。

步骤 2：初始化列表的元素初始值，包含整型和字符串两种类型。

步骤 3：打印 list1 的元素。

步骤 4：调用 type()函数，可打印判断列表的类型。

程序代码

```
list_example1 = ['python', 'english', 'math', 1999, 2021]    #等号加中括号
#定义一个包含字符串和数字类型元素的列表 list1
list_example2 = [1, 2, 3, 4, 3, 4, 2]  #等号加中括号定义一个仅包含数字类型元素的列表 list2
print(list_example1)            #等号加中括号定义一个仅包含数字类型元素的列表 list2
print(type(list_example1))      #使用 type()方法打印列表 list1 的类型
```

程序运行结果如图 5-1-1 所示。

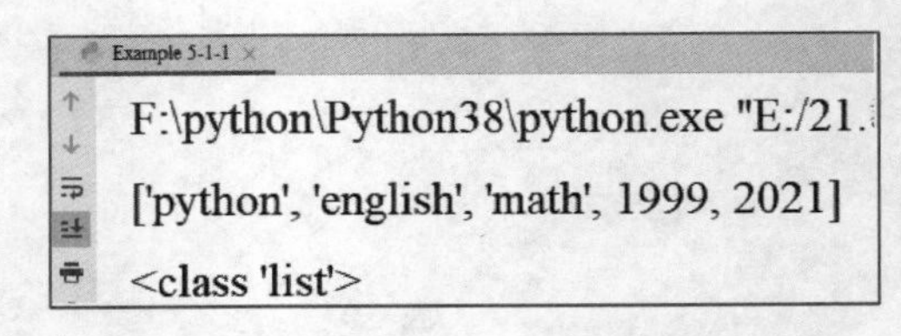

图 5-1-1
整型和字符串变量的使用

提示

本例调用了 type()函数，该函数是一个内置函数，用来检查括号内变量或参数的类型。如结果显示，list1 返回的类型是一个名称为 list 的数据类型。

小经验

列表类型是 Python 中的 list 类实例。列表的元素可以不是一种数据类型，也可以重复。

想一想

创建好列表后，有没有什么方法能访问列表中的元素呢？

2. 索引

当然，列表创建好后，可以直接访问列表的元素，这里需要引入一个新的概念——下标索引，下标索引可简称为下标或者索引。列表中的每个元素都被分配了一个数字，该数字就是它的位置或者下标索引，索引通常用来访问列表中的值。从左到右，索引从 0 开始，依次叠加。

试一试

【例 5-1-2】 创建列表 list_example3，访问并打印 list_example3 的第 1 个元素；创建一个新的列表 list_example4，访问并打印其第 3 个～第 6 个元素。

解题步骤

步骤 1：定义变量 list_example3，满足列表定义的格式，可沿用例 5-1-1 的数据。

步骤 2：通过下标索引访问列表 list1 的第一个元素，写法为 list1[0]。

步骤 3：定义变量 list_example4，包含多个整型元素。

步骤 4：使用冒号访问索引的区间，打印元素即可。

程序代码

```
    list_example3 = ['python', 'english', 'math', 1999, 2021]        #等号加中括号定义一个包含字
 # 符串和数字类型元素的列表 list_example3
    print ("list_example3[0]: ", list_example3[0])          #打印列表第一个元素的值
    list_example4 = [1, 2, 3, 4, 3, 4, 2]                  #定义列表
    print ("list_example4[2:5]: ", list_example4[2:5])      #使用冒号 2:5 访问索引区间第 3 个～
#第 6 的元素并打印
```

程序运行结果如图 5-1-2 所示。

```
Example 5-1-2
F:\python\Python38\python.exe
list_example3[0]:  python
list_example4[2:5]:  [3, 4, 3]
```

图 5-1-2
列表的使用

如果要同时访问多个列表元素，可以在索引间加上冒号来访问多个元素，这在很多场景下被称为切片。

想一想

除了列表元素的简单访问外，还有没有关于列表更高阶的用法呢？

5.1.2 列表内置函数

当然，Python 内置了许多函数来方便使用列表，这些函数包括确定序列的长度，确定最大和最小元素等。

1. 更新列表

在 Python 中，可以对列表的数据项进行修改或更新，也可以使用 append()方法来添加列表项。

【例 5-1-3】 创建列表 list1 并修改列表的第 3 个元素，打印查看结果。

----解 题 步 骤----

微课 5.1
列表与列表函数

步骤 1：定义变量 list1，满足列表定义的格式，可沿用例 5-1-2 的数据。

步骤 2：打印列表 list1 的第 3 个元素的值。

步骤 3：修改数据项。

步骤 4：打印修改后的元素。

----程 序 代 码----

```
list1 = ['history', 'english', 'math', 1999, 2019]    #等号加中括号定义一个包含字符串和数字
#类型元素的列表 list1
print("Value available at index 2: ")                  #打印提示语句
print(list1[2])                                        #打印列表第 3 个元素的值
list1[2] = 'chemistry'                                 #对列表的第 3 个元素重新赋值
print("New value available at index 2: ")              #打印提示语句
print(list1[2])                                        #打印列表修改数据项后第 3 个元素的值
```

程序运行结果如图 5-1-3 所示。

```
Example 5-1-3
F:\python\Python38\python.exe "
Value available at index 2:
math
New value available at index 2:
chemistry
```

图 5-1-3
列表 append()方法的使用

append()方法可以添加列表项，请在例 5-1-3 的基础上为 list1 添加一个元素到末尾。

提示 可以使用 list1.append()来让列表 list1 调用 append()方法。

2．删除列表元素

Python 中可以使用 del 语句来删除列表元素。

试一试

【例 5-1-4】 使用 del 语句删除列表元素。

---------------------解 题 步 骤---------------------

步骤 1：定义变量 list1，满足列表定义的格式，可沿用例 5-1-3 数据。

步骤 2：打印列表 list1 的所有元素。

步骤 3：使用 del 语句来删除列表元素。

步骤 4：再次打印列表，查看是否删除成功。

---------------------程 序 代 码---------------------

```
list1 = ['history', 'english', 'chemistry', 1999, 2019]     #定义列表 list1
print(list1)                                                #打印列表 list1
del list1[2]                                                #删除列表 list1 第 3 个元素
print("After deleting value at index 2: ")                  #打印提示语句
print(list1)                                                #打印列表 list 的新元素
```

程序运行结果如图 5-1-4 所示。

```
Example 5-1-4
F:\python\Python38\python.exe "E:/21.教材
['history', 'english', 'chemistry', 1999, 2019]
After deleting value at index 2:
['history', 'english', 1999, 2019]
```

图 5-1-4
列表 del 方法的使用

3．列表操作的联合

Python 中可以使用“+”来连接多个列表。

试一试

【例 5-1-5】 编码完成两个列表的连接操作。

---------------------解 题 步 骤---------------------

步骤 1：定义两个列表变量 list1 和 list2。

步骤 2：列表连接可使用“+”号连接。

步骤 3：查看结果。

---------------------程 序 代 码---------------------

```
list1 = ["a", "b"]            #定义列表 list1
list2 = ["c", "d"]            #列表 list2 的定义同列表 list1
list3 = list1 + list2         #+号连接 list1 和 list2 完成连接运算
print(list3)                  #打印 list3 的元素
```

程序运行结果如图 5-1-5 所示。

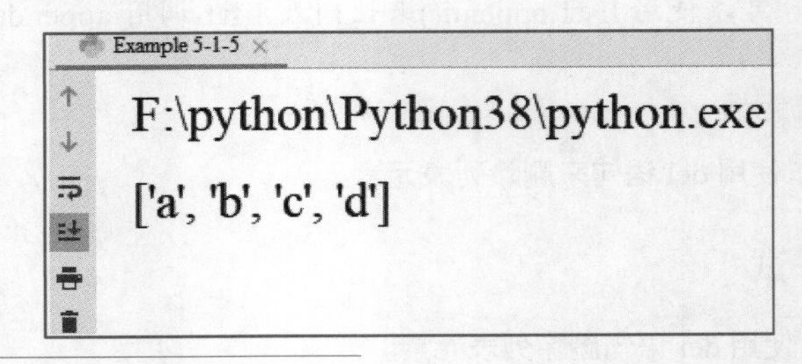

图 5-1-5
列表连接方法的使用

步骤 4：判断一个元素是否在列表中。

Python 中可以使用 in 或者 not in 操作，判断一个元素在或者不在指定列表中。

【例 5-1-6】 判断元素是否包含在指定列表中。

---解 题 步 骤---

步骤 1：定义列表变量 list。

步骤 2：判断元素是否包含在指定列表中，用 in 或者 not in 语句来判断。

步骤 3：查看结果。

---程 序 代 码---

```
list = ['a', 'b', 'c', 'd']     #等号加中括号定义一个包含字符串的列表变量 list
print('a' in list)              #断言元素 'a' 在列表中，打印断言结果
print('A' in list)              #断言元素 'A' 在列表中，打印断言结果
print('A' not in list)          #断言元素 'A' 不在列表中，打印断言结果
```

程序运行结果如图 5-1-6 所示。

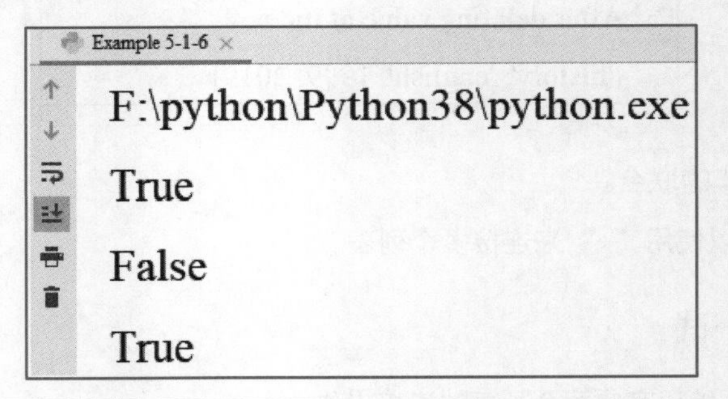

图 5-1-6
判断元素是否包含在列表中

提示 断言，简而言之就是一个判断，输出结果为布尔类型。

5.2 元组

在程序中求一组值的最大值或者最小值时常用的操作如下。

```
def max(a, b):
    if a>b:
        return a
    else:
        return b
```

本例可以计算两者之间的最大值，但是 3 个参数的最大值就无法计算。

能不能设计一个 max 函数计算任意多个数的最大值呢?

5.2.1 元组与列表

要实现以上函数的设计，首先要掌握元组的概念。

元组也是 Python 中常用的一种数据类型，描述为 tuple 类的类型，其与列表几乎相似，但也有细小区别，具体如下。

① 元组的所有元素都放在圆括号()中来定义，如 t = ('a', 'b', 'c')。

② 元组中的元素不能改变，只能读取。

因此可以简单理解元组就是只读列表，除了不能改变外，其他特性与列表完全一样。

Python 的元组与列表类似，不同之处在于元组的元素不能修改。元组使用小括号，列表使用方括号。元组创建很简单，只需要在括号中添加元素，并使用逗号隔开即可。

【例 5-2-1】 创建空元组和只包含一个元素的元组。

解 题 步 骤

步骤 1：使用等号和圆括号实现元组的定义。

步骤 2：空元组的定义方法只需留空数据即可。

步骤 3：单个元素的元组定义需注意保留逗号。

程 序 代 码

```
tuple1 = ()
tuple2 = (50, )
```

注 意

元组中只包含一个元素时，需要在元素后面添加逗号。

提示

元组与列表类似，下标索引从 0 开始，可以进行截取、组合等。

5.2.2 元组内置函数

微课 5.2
元组与元组函数

1. 访问元组

与列表的访问操作一样，元组可以使用下标索引来访问元组中的值。

【例 5-2-2】 定义两个元组，通过下标索引访问元组 1 的第 1 个元素和元组 2 的第 2

个～第 6 个元素。

----------解 题 步 骤----------

步骤 1：使用等号和圆括号实现元组 1 和元组 2 的定义，数据项可以自己构造。

步骤 2：下标索引可直接访问元组的单个数据项。

步骤 3：参考列表的切片，来访问元组的多个数据项。

----------程 序 代 码----------

```
tup1 = ('physics', 'chemistry', 1997, 2000)        #等号加圆括号定义一个包含字符串和数字
                                                   #的元组变量 tup1
tup2 = (1, 2, 3, 4, 5, 6, 7 )              #等号加圆括号定义一个包含数字的元组变量 tup2
print("tup1[0]: ", tup1[0])                #索引直接访问单个数据项并打印
print("tup2[1:5]: ", tup2[1:5])            #索引切片，用冒号连接，用于访问多个数据项
```

程序运行结果如图 5-2-1 所示。

```
Example 5-2-2
F:\python\Python38\python.exe
tup1[0]:  physics
tup2[1:5]:  (2, 3, 4, 5)
```

图 5-2-1
元组的定义

提示 元组与列表的使用相似，举一反三可以帮助理解。

2．修改元组的元素

元组中的元素值是不允许修改的，但可以对元组进行连接组合。

试一试

【例 5-2-3】 两个元组的组合操作实现。

----------解 题 步 骤----------

步骤 1：使用等号和圆括号实现元组 1 和元组 2 的定义，数据项可以自己构造。

步骤 2：直接修改元组的元素。

步骤 3：参考列表的切片，访问元组的多个数据项。

----------程 序 代 码----------

```
tup1 = (12, 34.56)        #等号加圆括号定义一个包含数字的元组变量 tup1
tup2 = ('abc', 'xyz')     #等号加圆括号定义一个包含字符串的元组变量 tup2
# tup1[0] = 100           #直接修改元组元素操作是非法的
tup3 = tup1 + tup2        #+号连接两个元组并赋值给新的元组 tup3
print(tup3)               #打印元组 tup3 的所有元素
```

程序运行结果如图 5-2-2 所示。

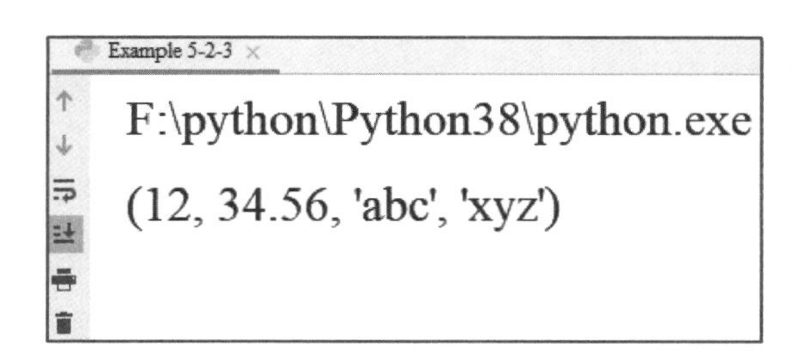

图 5-2-2
两个元组的组合

提示 调试代码时可以先去掉第 3 行的#号，查看错误后再注释运行代码。

3．删除元组

既然元组不能直接修改元素，那么元组中的元素值是不允许删除的，但可以使用 del 语句来删除整个元组。

试一试

【例 5-2-4】 删除元组。

--解 题 步 骤--

步骤 1：使用等号和圆括号实现元组 1 的定义，数据项可以自己构造。

步骤 2：直接修改元组的元素。

步骤 3：参考列表的切片，访问元组的多个数据项。

--程 序 代 码--

```
tup = ('physics', 'chemistry', 1997, 2000)  #等号加圆括号定义一个包含字符串和数字的元
                                            #组变量 tup
print(tup)                                  #打印元组 tup 的所有元素
del tup                                     #del 语句删除 tup 元组
print("After deleting tup : ")              #打印提示语句
print(tup)                                  #打印删除操作后元组 tup 的所有元素
```

提示 以上实例元组被删除后，输出变量会有异常信息。

输出结果如图 5-2-3 所示。

```
Example 5-2-4
F:\python\Python38\python.exe "E:/21.教材/教材代码/5/Example 5-2-
Traceback (most recent call last):
('physics', 'chemistry', 1997, 2000)
  File "E:/21.教材/教材代码/5/Example 5-2-4.py", line 5, in <module>
After deleting tup :
    print(tup)
NameError: name 'tup' is not defined
```

图 5-2-3
删除元组

提示 删除元组后，输出该元组 tup 未定义。

4. 元组类型的使用

【例 5-2-5】 建立一个代表星期的元组表，输入一个 0～6 的整数，输出对应的星期名称。

----------解 题 步 骤----------

步骤 1：星期一～星期天是一个相对固定的时间序列，首先要想到元组的数据类型最适合。

步骤 2：使用等号和圆括号实现元组 week 的定义，数据项可以为“一”到“日”的字符。

步骤 3：控制台接收用户输入并判断输入，完成对应星期名称的打印。

----------程 序 代 码----------

```
week = ("日", "一", "二", "三", "四", "五", "六") #等号加圆括号定义一个包含字符串 “一”
#到 “日” 的元组变量 week
print(week)                              #打印元组 week 的所有元素
w = input("Enter an integer(0～6):")     #input 接收控制台标准输入
w = int(w)                               #将输入的内容转化为整型数据类型
if w>0 and w<=6:                         #if…else…语句判断其范围
    print("星期" + week[w])              #打印相应的星期名称
else: # if…else…语句续
    print("错误输入")                    #错误输入范围返回提示
```

运行结果如图 5-2-4 所示。

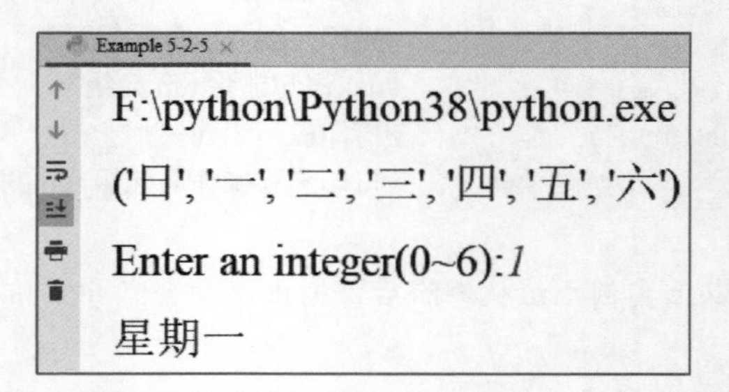

图 5-2-4
元组类型的使用

5. 元组可变参数的函数

如果在函数参数的末尾使用“*”参数，那么该参数是可以变化的，一般标注为*args 参数，在函数中成为一个元组，注意这样的*args 参数必须放在函数参数末尾。

【例 5-2-6】 定义一个可变参数的函数。

----------解 题 步 骤----------

步骤 1：可变参数函数的定义方法是在函数的形式参数列表最后增加*args 参数。

步骤 2：尝试不同参数个数的调用。

步骤 3：分析其调用结果。

程 序 代 码

```
def fun(x, y, *args):           #def 关键字定义 fun()函数，参数列表最后增加参数
                                #*args，表示该函数为一个可变参数的函数
    print(x, y)                 #打印前两个参数 x，y 的值
    print(args)                 #打印前两个参数 x，y 的值
fun(1,2)                        #调用 fun(1,2)
fun(1,2,3)                      #调用 fun(1,2,3)
fun(1,2,3,4)                    #调用 fun(1,2,3,4)
```

运行结果如图 5-2-5 所示。

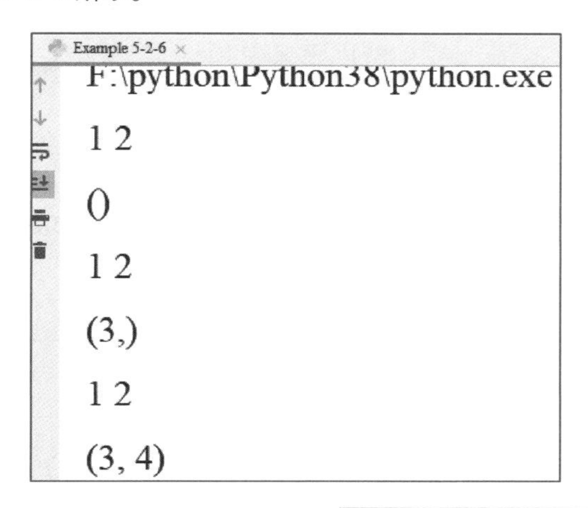

图 5-2-5
可变参数的函数定义

思考

是否可以利用该种方法完成任意多个参数求最大/最小值的运算?

5.3 字典

想一想

在 Python 程序中经常会遇到键值对的问题，即给定一个键 key，其对应的值 value 是多少？例如，一个同学的姓名（key）是什么（value）？性别（key）是什么（value）？

5.3.1 数据结构中的键值对

在解决以上数据模型的问题中，需要引入 Python 中的字典，字典是另一种可变容器模型，可存储任意类型对象。本节目标是掌握这种字典的应用，实现用列表和字典存储一组学生的信息，方便使用时查找。

字典的每个键值 key=>value 对用冒号 “:” 分割，每个键值对之间用逗号 “,” 分割，整个字典包括在花括号{}中，格式如下。

```
d = {key1 : value1, key2 : value2 }
```

键一般是唯一的，如果重复，最后的一个键值对会替换前面的，值不需要唯一。值

可以取任意数据类型，但键必须是不可变的，如字符串、数字或元组。

【例 5-3-1】 构建一个字典数据类型，打印其类型。

解 题 步 骤

步骤 1：采用上面字典的定义格式构造模型，数据自定义。

步骤 2：使用 type()函数打印类型。

程 序 代 码

```
dict = {'name': 'Alice', 'age': 18}      #等号加花括号定义一个包含两个键值对的字典模型
print(type(dict))                        #打印字典的类型
```

运行结果如图 5-3-1 所示。

图 5-3-1
字典 type 函数的使用

由结果可见，字典类型是一个类名称为 dict 的对象类型。

5.3.2 字典内置函数

微课 5.3
字典与字典函数

1. 访问字典内的值

字典值的访问很容易，把相应的键放入熟悉的方括弧即可。

【例 5-3-2】 完成以下字典内值的访问。

解 题 步 骤

步骤 1：采用字典的定义格式构造模型，数据自定义。

步骤 2：通过 Name 键访问对应值。

步骤 3：通过 Age 键访问对应值。

步骤 4：通过不存在的 Alice 键访问对应值。

程 序 代 码

```
dict = {'Name': 'Zara', 'Age': 7, 'Class': 'First'}    #等号加花括号定义一个包含两个键值对
                                                       #的字典模型
print("dict['Name']: ", dict['Name'])                  #打印字典键为 Name 的对应值
print("dict['Age']: ", dict['Age'])                    #打印字典键为 Age 的对应值
print("dict['Alice']: ", dict['Alice'])                #打印字典键为 Alice 的对应值
```

运行结果如图 5-3-2 所示。

```
Example 5-3-2 ×
F:\python\Python38\python.exe "E:/21.教材/教材代码/5/Example 5-3-
Traceback (most recent call last):
dict['Name']:  Zara
  File "E:/21.教材/教材代码/5/Example 5-3-2.py", line 4, in <module>
dict['Age']:  7
    print("dict['Alice']: ", dict['Alice'])
KeyError: 'Alice'
```

图 5-3-2
字典元素的访问

提示 如果用字典中没有的键访问数据，会输出异常错误 KeyError。

2. 修改字典

向字典添加新内容的方法是增加新的键/值对，修改或删除已有键/值对。

试一试

【例 5-3-3】 完成以下字典值的修改和增加。

---解 题 步 骤---

步骤 1：采用字典的定义格式构造模型，数据自定义。
步骤 2：尝试直接对字典中已存在的某个键重新赋值。
步骤 3：尝试直接对字典中未存在的键赋值。

---程 序 代 码---

```
dict = {'Name': 'Zara', 'Age': 7, 'Class': 'First'}    #等号加花括号定义一个包含 3 个键值对
                                                        #的字典模型
dict['Age'] = 8                                         #对字典中已存在的 Age 键重新赋值
    dict['School'] = "CQVIE"                            #对字典中不存在的 School 键赋值
    print ("dict['Age']: ", dict['Age'])                #打印 Age 键的值
print ("dict['School']: ", dict['School'])             #打印 School 键的值
```

运行结果如图 5-3-3 所示。

```
Example 5-3-3 ×
F:\python\Python38\python.exe
dict['Age']:  8
dict['School']:  CQVIE
```

图 5-3-3
向字典中添加新的内容

提示 如果一个键值已经存在，可以修改它的值；如果一个键值不存在，可以增加。

3．删除字典元素

【例 5-3-4】 用 del 命令删除一个字典的条目或所有字典。

----------解 题 步 骤----------

步骤 1：定义字典。

步骤 2：利用 del 语句删除字典中单个元素。

步骤 3：利用 del 语句删除整个字典。

步骤 4：利用 clear()函数清空字典全部内容。

----------程 序 代 码----------

```
dict = {'Name': 'Zara', 'Age': 7, 'Class': 'First'}    #等号加花括号定义一个包含 3 个键值对的
                                                       #字典模型，条目可自定义
del dict['Name']   #del 语句加字典的某个键，用于删除键是 Name 的条目
del dict           #del 语句加字典名称，用于删除字典
dict.clear()       #字典调用 clear()方法，用于清空字典中所有条目
```

提示 本示例运行中若出现 TypeError: descriptor 'clear' of 'dict' object needs an argument 的错误，请注意代码第 3 行与第 4 行，当 del 语句不给具体的字段时，代表删除的是整个字典，因此在执行第 3 行语句后，dict 变量已不存在，所以在运行第 4 行时会出现报错信息。

5.3.3 字典与函数

1．字典作为函数参数

在实际使用中，可以使用字典作为函数的参数。需要注意的是，如果在函数中改变了字典，那么调用的字典同时也被改变。也就是说，调用处的实际参数与函数的形式参数是同一个变量，这一点与普通的整数、浮点数、字符串变量不同。

【例 5-3-5】 使用字典作为函数的参数，并在函数内容对字典的某个键进行重新赋值。

----------解 题 步 骤----------

步骤 1：定义一个简单的函数，使用字典作为形式参数。

步骤 2：在调用该函数时，在不同的位置分别打印提示和字典的条目。

----------程 序 代 码----------

```
def fun(dict):                #def 关键字定义一个简单的函数，形式参数是一个字典
    dict["name"]= "aaa"       #函数内部修改 dict 字典中键 name 的值为 aaa
    print("inside: ", dict)   #打印提示语句 inside，表示在函数内部，并打印 dict 的条目
dict = {"name": "xxx", "age":30} #函数外定义一个字典用于测试函数
print("before", dict)         #打印提示语句 before，表示在调用函数之前，打印 dict 的条目
fun(dict)                     #调用函数 fun，实际参数为第 4 行定义的字典
print("after", dict)          #打印提示语句 after，表示在调用函数之后，打印 dict 的条目
```

运行结果如图 5-3-4 所示。

```
Example 5-3-5
F:\python\Python38\python.exe
before {'name': 'xxx', 'age': 30}
inside:  {'name': 'aaa', 'age': 30}
after {'name': 'aaa', 'age': 30}
```

图 5-3-4
字典作为参数

提示 在上例的输出结果中，函数调用前和调用后有明显的区别，即在函数内部修改字典后会持久地影响字典的数据条目。

2．函数返回字典

同理，字典也可以作为函数返回值。

试一试

【例 5-3-6】 使用字典作为函数的返回值，要求在函数内部构造字典并返回，并定义一个函数来遍历字典中所有的键和值。

解 题 步 骤

步骤 1：定义一个简单的函数 fun()，在字典内部定义字典并用 return 返回。

步骤 2：定义一个 show()函数，用于遍历字典中所有的键和值，可使用 for 循环实现。

程 序 代 码

```
def fun():                    #def 关键字定义一个简单的函数 fun()
    dict = {}                 #fun 函数内部定义一个空字典 dict
    dict["name"] = "aaa"      #fun 函数内部为 dict 添加键 name，且对应的值为 aaa
    dict["age"] = 30          #fun 函数内部为 dict 添加键 age，且对应的值为 30
    dict["gender"] = "male"   #fun 函数内部为 dict 添加键 gender，且对应的值为 male
    return dict               #fun 函数内部返回字典 dict
def show(dict):               #def 关键字定义一个函数 show()
    keys = dict.keys()
    for key in keys:          #show 函数内通过 keys()函数取出 dict 的所有键
        print(key, dict[key]) #show 函数内打印键和对应的值
dict = fun()                  #show 函数内打印键和对应的值
print(dict)                   #打印字典的所有条目
show(dict)                    #调用 show 函数
```

运行结果如图 5-3-5 所示。

注 意

字典的遍历是处理字典数据类型的常用方法，一定要掌握键、值或字典内所有条目的遍历方法。

```
F:\python\Python38\python.exe "E:/21
{'name': 'aaa', 'age': 30, 'gender': 'male'}
name aaa
age 30
gender male
```

图 5-3-5
使用字典作为返回值

5.4 集合

集合（set），是一种集合类型，可以理解为数学中所学习的集合。它是一个可以表示任意元素的集合，其索引可以通过另一个任意键值的集合进行，它可以无序排列、哈希。

集合分为可变集合（set）和不可变集合（frozenset）两类。

- 可变集合：在被创建后，可以通过很多种方法被改变，如 add()、update()等。
- 不可变集合：由于其不可变特性，它是可哈希的（hashable，意为一个对象在其生命周期中，其哈希值不会改变，并可以和其他对象做比较），也可以作为一个元素被其他集合使用，或者作为字典的键。

想一想

集合和其他的组合数据类型列表、元组、字典有什么区别？

5.4.1 集合的创建与使用

使用大括号{}或者 set()创建非空集合，格式如下。

```
sample_set = {值 1, 值 2, 值 3, ……, 值 n}
```

或

```
sample_set = set([值 1, 值 2, 值 3, ……, 值 n])
```

创建一个不可变集合，格式为：

```
sample_set = frozenset([值 1, 值 2, 值 3, ……, 值 n])
```

集合是无序的，因此没有“索引”或者“键”来指定调用某个元素，但可以使用 for 循环输出集合的元素。

【例 5-4-1】 创建包含不同数据元素的集合。

解题步骤

步骤 1：掌握集合的两种创建方法。

步骤 2：掌握不可变集合的创建，即 frozenset 方法的使用。

程序代码

```
sample_set1 = {1, 2, 3, 4, 5}           #定义一个包含 5 个整数类型元素的集合
sample_set2 = {'a', 'b', 'c', 'd', 'e'}     #定义一个包含 5 个字符类型元素的集合
sample_set3 = {'Beijing', 'Tianjin', 'Shanghai', 'Nanjing', 'Chongqing'} #定义另一个包含 5 个
                                                    #字符类型元素的集合
```

```
sample_set4 = set([11, 22, 33, 44, 55])       #set 方法定义一个包含 5 个整数类型元素的集合
sample_set5 = frozenset(['CHS', 'ENG', '', '', '',]) #frozenset 方法定义一个创建不可变集合
```

注 意

如果要创建一个空集合，必须使用 set()，格式为 emptyset = set()。

试一试

【例 5-4-2】 定义一个包含重复元素的集合。

解 题 步 骤

步骤 1：集合的简单创建。

步骤 2：打印集合的元素。

程 序 代 码

```
sample_set6 = {1, 2, 3, 4, 5, 1, 2, 3, 4,}    #创建一个包含重复元素的集合
print (sample_set6)                           #打印集合元素
len(sample_set6)                              #len()求集合的元素长度
for x in sample_set6:
    print (x)
```

运行结果如图 5-4-1 所示。

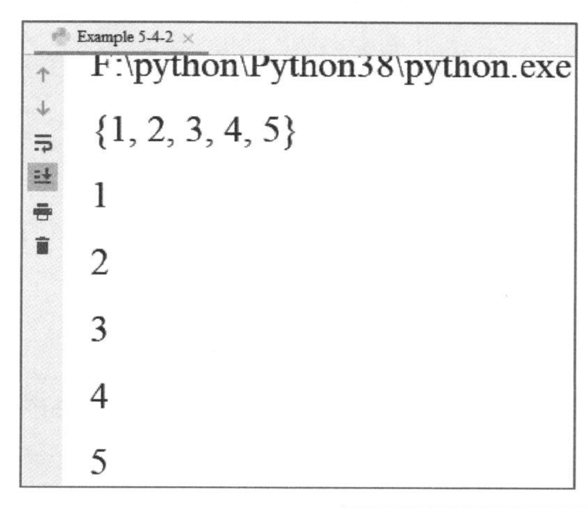

图 5-4-1
定义包含重复元素的集合

注 意

① 集合本身自带去除重复数据的功能，这是由集合的数学定义决定的。

② 第 2 行集合的元素长度，是去掉重复元素之后的数量。

③ 第 3 行输出的集合元素，也是去掉重复元素之后的。

向集合中添加一个元素，可以使用 add()方法，即把需要添加的内容作为一个元素（整体），加入到集合中，格式如下。

```
setname.add(元素)
```

向集合中添加多个元素，可以使用 update()方法，将另一个类型中的元素拆分后，添加到原集合中，格式如下。

```
setname.update(others)
```

以上两种增加集合元素的方法，对可变集合有效。

试一试

【例 5-4-3】 使用 add 和 update 来增加集合的元素。

----------解 题 步 骤----------

步骤 1：集合的简单创建。

步骤 2：使用 add 向集合中添加元素。

步骤 3：使用 update。

----------程 序 代 码----------

```
sample_set1 = {1, 2, 3, 4, 5}                          #定义一个包含 5 个整数类型元素的集合
sample_set1.add(6)                                     #add 方法添加元素到集合
print ("after being added, the set is: ", sample_set1)  #打印添加元素后的集合
sample_set1.update('python')                           #使用 update 方法添加另一个集合
print ("after being updated, the set is:", sample_set1) #打印添加其他集合后的集合
```

运行结果如图 5-4-2 所示。

```
Example 5-4-3 ×
F:\python\Python38\python.exe "E:/21.教材/教材代码/5/Exampl
after being added, the set is:  {1, 2, 3, 4, 5, 6}
after being updated, the set is: {1, 2, 3, 4, 5, 6, 'o', 'y', 't', 'n', 'h', 'p'}
```

图 5-4-2 集合的 add 和 update 方法

集合可以用来做成员测试，使用 in 或 not in 检查某个元素是否属于某个集合，具体如下。

```
sample_set1 = {3, 'c'}          #声明 sample_set1 为一个集合
print(3 in sample_set1)         #判断 3 是否在集合中，是则返回 True
print('c' not in sample_set1)   #判断“c 没有在集合中”，如果 c 在该集合中，返回 False，
                                #否则返回 True
```

集合之间可以做集合运算，求差集（difference）、并集（union）、交集（intersection）、对称差集（symmetric difference）。

试一试

【例 5-4-4】 定义两个集合，分别求差集、并集、交集、对称差集。

----------解 题 步 骤----------

步骤 1：集合的简单创建。

步骤 2：差集即两个集合的减法运算。

步骤 3：并集使用符号 | 。

步骤 4：交集使用符号&。

步骤 5：对称差集使用符号^。

------------------------------程序代码------------------------------

```
sample_set7 = {'C', 'D', 'E', 'F', 'G'}                          #定义两个集合
sample_set8 = {'E', 'F', 'G', 'A', 'B'}
difference_set = sample_set7 - sample_set8                       #求差集
print(difference_set)                                            #打印差集集合
union_set = sample_set7 | sample_set8                            #求并集
print(union_set)                                                 #打印并集集合
intersection_set = sample_set7 & sample_set8                     #求交集
print(intersection_set)                                          #打印交集集合
symmetric_difference_set = sample_set7 ^ sample_set8             #求对称差集
print(symmetric_difference_set)                                  #打印对称差集集合
```

运行结果如图 5-4-3 所示。

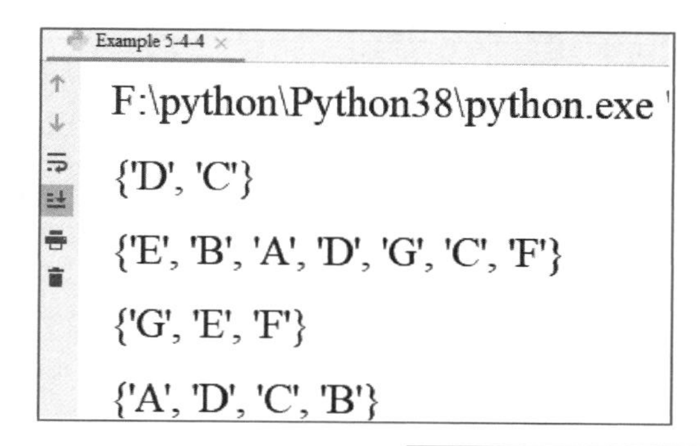

图 5-4-3
集合差集、并集、交集、对称差集的使用

可以使用 remove()方法删除集合中的元素，格式如下。

```
setname.remove(元素)
```

可使用 del 方法删除集合，格式如下。

```
del setname
```

试一试

【例 5-4-5】 定义集合，试着删除元素和集合。

------------------------------解题步骤------------------------------

步骤 1：集合的创建。

步骤 2：删除集合元素使用 remove()方法。

步骤 3：删除集合使用 del 语句。

步骤 4：清空集合元素使用 clear()方法。

步骤 5：对称差集使用符号^。

------------------------------程序代码------------------------------

```
sample_set1 = {1, 2, 3, 4, 5}                #定义集合
sample_set1.remove(1)                        #使用 remove 方法删除元素
print (sample_set1)                          #打印集合
sample_set1.clear()                          #clear 用于清空集合中的元素
print (sample_set1)                          #打印集合
```

```
del sample_set1                    #del 语句用于删除集合
print (sample_set1)                #打印集合
```

运行结果如图 5-4-4 所示。

微课 5.4
集合与集合函数

```
F:\python\Python38\python.exe "E:/21.教材/教材代码/5/Example 5-4-
{2, 3, 4, 5}
Traceback (most recent call last):
set()
  File "E:/21.教材/教材代码/5/Example 5-4-5.py", line 7, in <module>
    print(sample_set1)
NameError: name 'sample_set1' is not defined
```

图 5-4-4
删除集合中的元素

注 意

clear 清空后返回结果为空集合，即 set()。del 语句删除集合后，系统报告该集合未定义，并抛出异常。

5.4.2 集合内置函数

可变集合与不可变集合都具有以下方法，见表 5-4-1，其中 ss 为集合的名称。

表 5-4-1 集合的内置方法

方法	说明
len(ss)	返回集合的元素个数
x in ss	测试 x 是否是集合 ss 中的元素，返回 True 或 False
x not in ss	如果 x 不在集合 ss 中，返回 True，否则返回 False
ss.isdisjoint(otherset)	当集合 ss 与另一集合 otherset 不相交时，返回 True，否则返回 False
ss.issubset(otherset)或 ss<= otherset	如果集合 ss 是另一集合 otherset 的子集，返回 True，否则返回 False
ss < otherset	如果集合 ss 是另一集合 otherset 的真子集，返回 True，否则返回 False
ss.issuperset(otherset)或 ss>= otherset	如果集合 ss 是另一集合 otherset 的父集，返回 True，否则返回 False
ss > otherset	如果集合 ss 是另一集合 otherset 的父集，且 otherset 是 ss 的子集，则返回 True，否则返回 False
ss.union(*othersets)或 ss | otherset1 | otherset2 …	返回 ss 和 othersets 的并集，包含有 set 和 othersets 的所有元素
ss.intersection(*othersets)或 ss & otherset1 & otherset2 …	返回 ss 和 othersets 的交集，包含在 ss 并且也在 othersets 中的元素
ss.difference(*othersets)或 ss-otherset1-otherset2 …	返回 ss 与 othersets 的差集，只包含在 ss 中但不在 othersets 中的元素
ss.symmetric_difference(otherset) 或 set ^ otherset	返回 ss 与 otherset 的对称差集，只包含在 ss 中但不在 othersets 中，和不在 ss 中但在 othersets 中的元素
ss.copy()	返回集合 ss 的复制结果

可变集合有以下特有的方法，见表 5-4-2，其中 ss 为集合的名称。

表 5-4-2 可变集合的其他方法

方法	说明
ss.update(*othersets) 或 ss |= otherset1 | otherset2 …	将另外的一个集合或多个集合元素，添加到集合 ss 中
ss.intersection_update(*othersets)或 set &= otherset1 & otherset2 …	在 ss 中保留它与其他集合的交集
ss.difference_update(*othersets)或 ss -= otherset1 | otherset2 …	从 ss 中移除它与其他集合的交集，保留不在其他集合中的元素
ss.symmetric_difference_update(otherset)或 ss ^= otherset	集合 ss 与另一集合 otherset 交集的补集，将结果返回到 ss
ss.add(元素)	向集合 ss 中添加元素
ss.remove(元素)	从集合 ss 中移除元素，如果该元素不在 ss 中，则报告 KeyError
ss.discard(元素)	从集合 ss 中移除元素，如果该元素不在 ss 中，则什么都不做
ss.pop()	移除并返回集合 ss 中的任一元素，如果 ss 为空，则报告 KeyError
ss.clear()	清空集合 ss 中所有元素

5.5 举一反三

5.5.1 列表应用实例

练一练

【例 5-5-1】 使用列表 provinces 存储部分省份名称，再使用另外一个列表 cities 存储对应省份的城市，并实现省份与城市的查找。

----------解 题 步 骤----------

步骤 1：分别定义两个列表 provinces 和 cities，实现省份与城市的查找。

步骤 2：输入省份查找城市的实现。

步骤 3：输入城市查找省份的实现。

----------程 序 代 码----------

① 输入省份查找城市的实现。

```
    provinces = ["广东", "四川", "贵州"]
    cities = [["广州", "深圳", "惠州", "珠海"], ["成都", "内江", "乐山"], ["贵阳", "六盘水",
#"遵义"]]
    p = input("输入省份：")
    found = False
    for i in range(len(provinces)):
```

```
        if provinces[i] == p:
            print(provinces[i], end=":")
            for j in range(len(cities[i])):
                print(cities[i][j], end="")
            found = True
            break
    if not found:
        print("没有这个省份")
```

提示

程序中 cities 是一个二维列表，即 cities 本身是一个列表，其每个元素也是一个列表。

② 输入城市查找省份。

```
provinces = ["广东", "四川", "贵州"]
cities = [["广州", "深圳", "惠州", "珠海"], ["成都", "内江", "乐山"], ["贵阳", "六盘水",
#"遵义"]]
def search(c):
    for i in range(len(cities)):
        for x in cities[i]:
            if x==c:
                print (c, "在", provinces[i] + "省")
                return
    print ("没有查到")
c = input("输入城市: ")
search(c)
```

说明

以上代码中设计 search(c)函数查找 c 城市的省份，第 1 个 i 循环遍历所有 cities 中的元素，第 2 个循环中 cities[i]又是一个列表，在此循环中查找城市，如果查找成功，那么 provinces[i]就是该城市所在的省份。

5.5.2 元组应用实例

【例 5-5-2】 设计一个通用的最大值函数 max，要求可以计算出任意个数的最大值。

解题步骤

步骤 1：设计一个通用的最大值函数 max，函数设计成带任意参数*args 的形式 def max(*args)。

步骤 2：函数内部对任意参数的元组进行最大值的求解。

步骤 3：调用函数，查看其运算结果。

程序代码

```
def max(*args):
    print(args)
    m = args[0]
```

```
    for i in range(len(args)):
        if m < args[i]:
            m = args[i]
    return m
print(max(1, 2))
print(max(1, 2, 0, 3))
```

运行结果如图 5-5-1 所示。

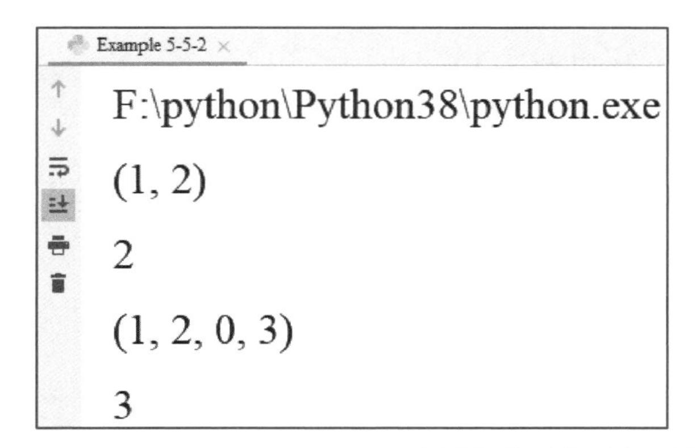

图 5-5-1
*args 的参数使用

本例第 8 行，在调用 max(1,2)时，1、2 都传递给 args 参数，args=(1,2)成为一个元组，同样，第 9 行调用 max(1,2,0,3)时，args=(1,2,0,3)成为一个元组。

5.5.3 集合应用实例

【例 5-5-3】创建一个集合 num 存储 10 个 200 以内的随机生成数，然后求出最大值、最小值以及总和，并将这些随机数从小到大排序，最后将结果输出。

---解 题 步 骤---

步骤 1：使用随机数生成需要导入 random 模块，使用 import random。

步骤 2：range 可用于生成随机数。

步骤 3：求最大值使用 max 方法。

步骤 4：求最小值使用 min 方法。

步骤 5：求和使用 sum 方法。

步骤 6：排序使用 sorted 方法。

---程 序 代 码---

```
import random                              #import 导入模块 random
num = random.sample(range(200),10)         #使用 num 集合接收生成的 200 以内的 10 个随机数
print("10 个随机数为：\n", num)             #打印集合
print("其中最大的数为：", max(num))         #输出最大值
print("其中最小的数为：", min(num))         #输出最小值
print("总和为：", sum(num))                 #输出总和
print("从小到大的顺序为：\n", sorted(num))            #输出从小到大的序列
```

运行结果如图 5-5-2 所示。

```
Example 5-5-3
F:\python\Python38\python.exe "E:/21.教材/
10个随机数为:
 [145, 151, 65, 9, 148, 172, 135, 0, 123, 108]
其中最大的数为: 172
其中最小的数为: 0
总和为: 1056
从小到大的顺序为:
 [0, 9, 65, 108, 123, 135, 145, 148, 151, 172]
```

图 5-5-2
创建 10 个 200 以内的随机数

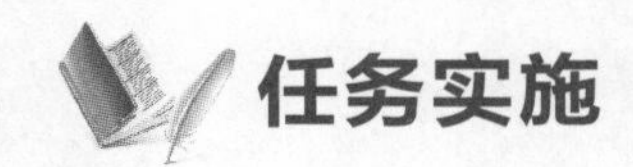
任务实施

5.6 组合数据类型实训

一、实训目的

① 掌握 Python 的组合数据类型。
② 掌握列表的定义及使用方法。
③ 掌握字典的定义及使用方法。

二、实训内容

使用列表与字典存储学生信息，方便使用时查找，学生信息包括姓名、性别、年龄等。

三、实训过程

----------实 训 步 骤----------

步骤 1：定义字典存储单个学生信息。

步骤 2：定义列表存储多个学生信息，每个列表的元素是一个学生的字典对象。

----------程 序 代 码----------

```
stu = []
def getStudents():
    global stu
    stu = []
    stu.append({"name": "张三", "gender": "男", "age":20})
    stu.append({"name": "李四", "gender": "女", "age":20})
    stu.append({"name": "王五", "gender": "男", "age":21})
def seekStudent(Name):
    for s in st:
        if s["name"] == name:
            print(s["name"], s["gender"], s["age"])
```

```
            return
        print("没有姓名是", name, "的学生")

getStudents()
seekStudent("张三")
seekStudent("张四")
```

运行结果如图 5-6-1 所示。

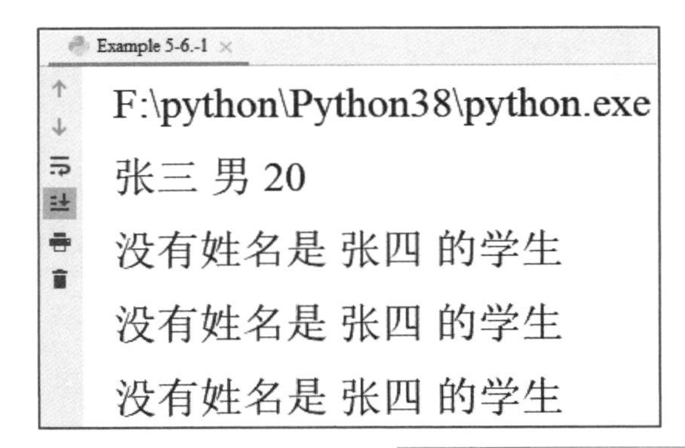

图 5-6-1
字典储存学生信息

5.7 任务反思

一、实训总结

该实训中，巩固了列表与字典的用法，并将字典作为列表的元素。Python 组合数据类型的使用灵活多变，可以任意地组合使用，在本实训后要求具备组合数据类型的基本使用能力，遇到实际编程问题，能快速找到最佳的数据模型，并进行数据构建和函数使用。

二、错误分析

问题 **5-7-1**　引用超过 list 最大索引，导致“IndexError: list index out of range”。

该错误发生在如图 5-7-1 所示的代码中，报错信息如图 5-7-2 所示。

```
1  spam = ['cat', 'dog', 'mouse']
2  print(spam[6])
```

图 5-7-1
问题 5-7-1 程序代码

```
Example 5-7-1
F:\python\Python38\python.exe "E:/21.教材/教材代码/5/Example 5-7-
Traceback (most recent call last):
  File "E:/21.教材/教材代码/5/Example 5-7-1.py", line 2, in <module>
    print(spam[6])
IndexError: list index out of range
```

图 5-7-2
问题 5-7-1 错误信息

问题分析：

该错误提示代码的第 2 行“列表索引超出范围”。原因是使用下标索引时，索引范围已经由列表元素的个数所限定，在使用下标索引时一定要在该范围内，该范围的计算公式为-len(arrayList) <= index < len(arrayList)，len()函数为求列表长度的内置函数，index 为列表下标，arrayList 表示为声明好的列表。如以上程序代码中，索引可用 0，1，2，-1，-2，-3。

改正：

使用正确的下标索引访问列表的元素，如图 5-7-3 所示。正确结果如图 5-7-4 所示。

```
1  spam = ['cat', 'dog', 'mouse']
2  # print(spam[6])
3  print(spam[-3]) # 或者是-3~2范围内的任意下标
```

图 5-7-3
问题 5-7-1 改正后代码

```
Example 5-7-1
F:\python\Python38\python.exe
cat
```

图 5-7-4
列表元素正确访问结果

问题 5-7-2　使用不存在的字典键值，导致“KeyError: 'zebra'”。该错误发生在如图 5-7-5 所示的代码中，报错信息如图 5-7-6 所示。

```
1  spam = {'cat': 'Zophie', 'dog': 'Basil', 'mouse': 'Whiskers'}
2  print('The name of my pet is ' + spam['zebra'])
```

图 5-7-5
问题 5-7-2 程序代码

```
Example 5-7-2
F:\python\Python38\python.exe "E:/21.教材/教材代码/5/Example 5-7-
Traceback (most recent call last):
  File "E:/21.教材/教材代码/5/Example 5-7-2.py", line 2, in <module>
    print('The name of my pet is ' + spam['zebra'])
KeyError: 'zebra'
```

图 5-7-6
错误信息

问题分析：

字典通过键 key 去访问值，如果 key 不存在就会在访问时报如上错误，所以在访问字典时可以先遍历其键，再去访问。

改正：

通过正确的键去访问字典元素或值。访问的代码如图 5-7-7 所示。

```
1  spam = {'cat': 'Zophie', 'dog': 'Basil', 'mouse': 'Whiskers'}
2  print('The name of my pet is ' + spam['cat'])
```

图 5-7-7
修改后代码

问题 5-7-3　尝试使用 range()创建整数列表，导致“TypeError: 'range' object does not support item assignment”。该错误发生在如图 5-7-8 所示的代码中，报错信息如图 5-7-9 所示。

```
1  spam = range(10)
2  spam[4] = -1
```

图 5-7-8
问题 5-7-3 程序代码

```
Example 5-7-3
F:\python\Python38\python.exe "E:/21.教材/教材代码/5/E
Traceback (most recent call last):
  File "E:/21.教材/教材代码/5/Example 5-7-3.py", line 2, i
    spam[4] = -1
TypeError: 'range' object does not support item assignment
```

图 5-7-9
问题 5-7-3 错误信息

问题分析：

有时想要得到一个有序的整数列表，range()看上去是生成此列表的不错方式。然而，需要记住 range()返回的是“range object”，而不是实际的 list 值。

改正：

修改时把生成的整数放在列表中，作为列表的元素即可，如图 5-7-10 所示。

```
1  spam = list(range(10))
2  spam[4] = -1
```

图 5-7-10
问题 5-7-3 修改后代码

技能测试

一、简答题

1. 能直接修改字符串的某个字符吗？如 s="abc"，s[0]= "1"。
2. 元组和列表有什么不同？
3. 用一个字典描述一个日期，包含年（year）、月（month）、日（day）的键值。

二、编程题

1. 设计一个字符串函数 reverse(s)，其返回字符串 s 的反串，如 reverse("abc")返回 “cba”。
2. 写出下列程序执行的结果。

```
d={"students":[{"name": "A", "sex": "M"},{"name": "B", "sex": "C"}]}
    for k1 in d.keys():
            for k2 in d[k1]:
            for k3 in d2.keys():
                print(k3,k2[k3])
```

单元 6

Python 函数与模块

任务引导

在实际程序开发过程中，通常在不同模块会涉及完全相同或者类似的操作，这就会在程序中的不同位置出现相同代码，即使用循环以及组合数据类型也不能消除这种重复。实际情况中，一组相同的代码可能会在程序中出现几十上百次，如果需要修改，那么工作量大，且容易出错。如果将需要重复使用的语句封装成一个有名字的语句块，在需要时按要求去调用它，不仅可以简单重复使用该语句块，还能增加代码的灵活性，提高代码的复用率，这就是函数与模块。本任务将按以下 3 个步骤开始学习 Python 函数与模块。

第 1 步：学习 Python 自定义函数。

第 2 步：学习 Python 变量范围。

第 3 步：学习 Python 模块创建及使用。

学习目标

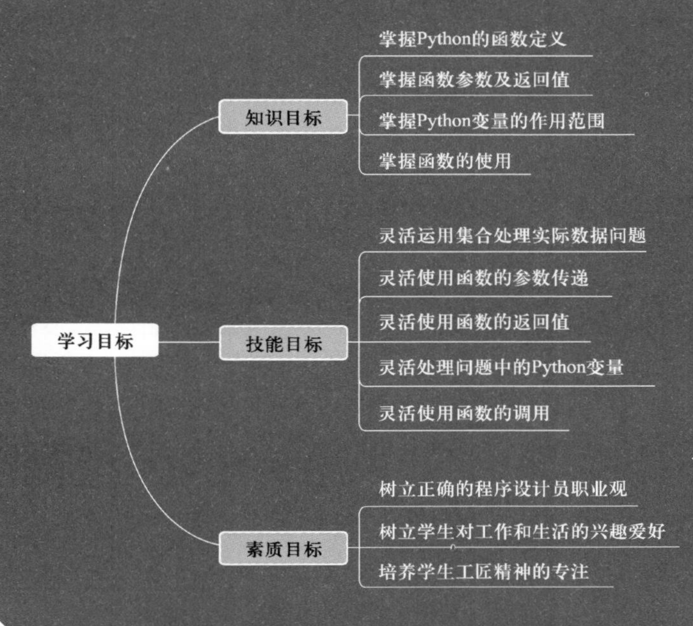

6.1 Python 函数

函数是程序中的一个重要组成部分。Python 语言中有大量的内部函数，程序的主体主程序就是一个函数。此外，用户还可以自定义函数来解决编程中遇到的具体问题。

想一想

数学问题中输入两个正整数，求出它们的最大公约数与最小公倍数是一个很常见的问题，如果在编程中遇到，如何用 Python 来实现呢？

6.1.1 函数定义

Python 语言中有大量的内部函数，程序的主体就是函数。此外，在程序中还可以自定义函数。函数的基本定义格式如下。

```
def 函数名称(参数 1,参数 2 …… 参数 N):
    函数体
```

函数名称是用户自己定义的名称，与变量的命名规则相同。用字母开始，后面跟若干字母、数字等。

函数可以有很多参数，每个参数都有一个名称，它们是函数的变量，不同变量对应的函数值往往不同，这是函数的本质所在，这些参数称为函数的形式参数（简称“形参”）。

函数体是函数的程序代码，它们保持缩进。函数被设计为完成某一个功能的一段程序代码或模块。Python 语言把一个问题划分成多个模块，分别对应一个个函数。一个 Python 语言程序往往由多个函数组成。

6.1.2 函数参数与返回值

微课 6.1
函数的参数与返回值

1. 函数参数

在调用函数时，形参规定了函数需要的数据个数，实际参数（简称“实参”）必须在数目上与形参相同，一般规则如下。

- 形参是函数的内部变量，有名称。形参出现在函数定义中，在整个函数体内都可以使用，但离开该函数则不能使用。
- 实参的个数必须与形参一致，实参可以是变量、常数、表达式，甚至是一个函数。
- 当实参是变量时，它不一定要与形参同名称，实参变量与形参变量是不同的内存变量，它们其中一个值的变化不会影响另外一个变量。
- 函数调用中发生的数据传送是单向的，即只能把实参的值传送给形参，而不能把形参的值反向传送给实参，因此在函数调用过程中，形参的值发生改变，而实参中的值不会变化。
- 函数可以没有参数，但此时圆括号不可或缺。

2. 函数返回值

函数的值是指函数被调用之后，执行函数体中的程序段所取得的并返回给主调函数的值。一般，函数计算后总有一个返回值，通过函数内部的 return 语句来实现这个返回值，格式如下。

```
return 表达式
```

return 返回一个数据类型与函数返回类型一致的表达式，该表达式的值就是函数的返回值。return 语句执行后函数即结束，即使下面还有别的语句也不再执行。

试一试

【例 6-1-1】 定义一个函数，实现当参数小于 0 时直接返回，大于 0 时求平方。

解 题 步 骤

步骤 1：定义函数使用 def 关键字。

步骤 2：if 用于做判断分支。

步骤 3：return 用于标记返回。

程 序 代 码

```
def   fun(x):                #def 关键字定义函数 fun，形式参数 x
    print (x)                #打印 x 的值
    if x<0:                  #if 判断 x 的值是否小于 0
        return               #判断为 True 时 return 直接返回
    print(x*x)               #输出 x 的平方
fun(-2)                      #调用函数 fun，实际参数为-2
```

运行结果如图 6-1-1 所示。

```
Example 6-1-1
F:\python\Python38\python.exe
-2
```

图 6-1-1 使用 if 用于做判断分支

注 意

因为 x<0 成立后执行了 return 语句，函数返回并结束，后面的 print(x*x)不再执行。

思考

如果调用函数时传入一个正数 2，语句如下。

```
fun(2)
```

那么输出结果会如何呢?

一般情况下，函数会一直执行到最后一条语句后结束。

注 意

只要一执行 return 语句，函数就结束并且返回，无论 return 处于什么位置，哪怕是在一个循环中。

试一试

【例 6-1-2】 编写一个函数 IsPrime，测试参数 m 是否是素数。

解 题 步 骤

步骤 1：def 关键字定义函数 IsPrime，形式参数为 m。

步骤 2：素数是指除了 1 和本身之外，不能分解因式的整数。

程 序 代 码

```
def IsPrime(m):                  #def 关键字编写函数 IsPrime，形式参数为 m
    print("start")               #打印提示语句
    for i in range(2,m):         #for 循环，让 m 与 2-m 之间的数取余
        print(i)                 #输出 i 的值
        if m%i==0:               #判断是否能被整除
            return 0             #被整除，return 返回 0
print("OK")                      #输出提示语句
IsPrime(9)                       #调用 IsPrime 函数，传入参数 9
```

在 9 传入 m 后，当 i=3 时满足条件，执行 return，那么函数返回 0 即结束，剩余的循环及语句也不再执行。

3．没有返回值的函数

函数也可以没有返回值，Python 的默认值是 None，例如下面的函数：

```
def SayHello():
    print("Hello,everyone")
```

没有返回类型的函数中，也可以有 return 语句，但 return 后面不可以有任何表达式，例如：

```
def  fun(x):
    print(x)
    if (x<0):
        return                   #在 x<0 时结束函数并返回
```

4．函数调用

函数调用比较简单。调用自己编写的函数就像调用 Python 语言的内部函数一样。有返回值的函数可以放在任何一个合适的表达式中去计算，当然也可以单独作为一条语句执行。而没有返回值的函数不能用在任何一个表达式中去参加计算，只能作为单独一条语句执行。但 Python 语言中规定，函数必须先定义才可以调用，即在调用函数时，编译器必须事先知道该函数的参数构造，否则编译会出错误。在学习函数调用前，先学习变量的范围。

提示 了解一下数学中最大公约数和最小公倍数的求解步骤。

（1）最大公约数求解分析

根据穷举法的思想，要求 a、b 的最大公约数 d，那么设置 m=min(a,b)，一定 d<=m，

即 d 不大于 a、b 中最小的数，于是可以从序列 m, m−1, m−2, … , 2,1 中寻找能被 a、b 除尽的数 d，找到的第一个 d 就是 a 和 b 的最大公约数，最坏的情况是 d=1。

（2）最小公倍数求解分析

求 a、b 的最小公倍数 c，那么设置 m=max(a,b)，一定 c>=m，即 c 不小于 a、b 中最大的数，于是可以从序列 m, m+1, m+2, … , a*b 中寻找能被 a、b 除尽的数 c，找到的第一个数就是 a 与 b 的最小公倍数，最坏的情况是 c=a*b。

6.2 Python 变量范围

Python 的主程序中包含函数，函数内部有自己的变量，主程序也有自己的变量。那么，这些变量是什么关系呢？怎样在函数内部使用主程序的变量？本节目标就是分清这些变量的性质，掌握局部变量和全局变量的使用方法。

6.2.1 局部变量

局部变量也称为内部变量，是在函数内作为定义说明的，其作用域仅限在函数内，离开该函数后再使用这种变量是非法的。

【例 6-2-1】 定义一个求和函数，判断其中使用的变量的范围。

--解 题 步 骤--

步骤 1：定义函数使用 def 关键字。

步骤 2：函数内完成参数的求和。

步骤 3：主程序中完成函数的调用。

--程 序 代 码--

```
def sum(m):                  #def 关键字编写函数 sum，形式参数为 m
    s = 0                    #定义变量 s，从 0 开始
    for p in range(m + 1):   #for 循环，让变量生成从 0 到 m+1 的所有数
        s = s + p            #计算累加值 (1+2+…+m)的和
    return s                 #返回 s 的值
m = 10                       #主程序中定义变量 m
s = sum(m)                   #调用求和累加函数，实际参数为 m
print(s)                     #输出打印 s 的值
```

其中，函数内部的 m、p、s 变量都是局部变量。

局部变量的作用域说明如下。

① 函数中定义的变量只能在函数中使用，不能在其他函数中使用。同时，一个函数中也不能使用其他函数中定义的变量。各个函数之间是平行关系，每个函数都封装了一块

自己的区域，互不相干。

② 形参变量是属于被调函数的局部变量，而实参变量是属于主调函数的局部变量。

③ 允许在不同的函数中使用相同的变量名，它们代表不同的对象，分配不同的存储单元，互不干扰，也不会发生混淆。本例中 sum 函数的 m、s 变量与主程序的 m、s 变量同名，但它们是不同的变量。

【例 6-2-2】 定义包含两个参数的函数，打印其值，进一步理解变量的范围。

----解 题 步 骤----

步骤 1：定义函数使用 def 关键字。

步骤 2：完成变量的打印。

----程 序 代 码----

```
def fun(x, y):        #定义 fun 函数
    print("In fun: ", x, y)      #打印传入函数的 x 与 y 的值
x=1                   #声明 x 并初始化为 1
y=2                   #声明 y 并初始化为 2
x=100                 #x 重新赋值为 100
y=200                 #y 重新赋值为 200
fun(x, y)             #调用 fun 函数并传入
```

运行结果如图 6-2-1 所示。

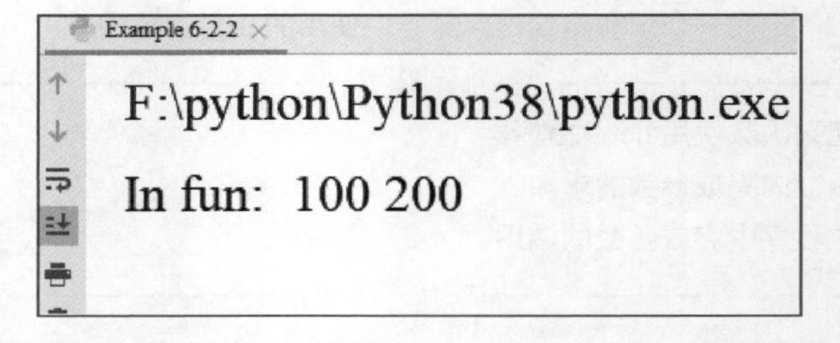

图 6-2-1
理解变量的范围

结果说明：

主程序中的 x、y 变量是主程序的局部变量，fun 函数中的 x、y 变量是 fun 函数的局部变量，所以主程序中的 x 与 fun 函数中的 x 不同，主程序中的 y 与 fun 函数中的 y 不同，所以在调用 fun 函数后，主程序的 x、y 值不变。

6.2.2 全局变量

1. 全局变量的作用域

如果一个函数内部要用到主程序的变量，那么可以在该函数内部声明这个变量为 global 变量，这样函数内部使用的这个变量就是主程序的变量。当在函数中改变了全局变量的值时，会直接影响主程序中该变量的值。

【例 6-2-3】定义包含两个参数的函数，设置其中一个变量为全局变量，打印变量的值。

---解 题 步 骤---

步骤 1：定义函数使用 def 关键字。

步骤 2：全局变量在变量名前使用 global 关键字定义。

---程 序 代 码---

```
def fun(x):        #定义 fun 函数
    global y       #全局声明 y
    y = 0          #重新赋值 y 值
    x = 0          #声明局部变量 x 并初始化为 0
x=1                #声明变量 x 并初始化为 1
y=2                #声明变量 y 并初始化为 2
fun(x)             #调用 fun 函数并传递
print(x, y)        #打印 x 和 y 的值
```

运行结果如图 6-2-2 所示。

微课 6.2
全局变量与局部变量

图 6-2-2
全局变量的使用方法

在以上代码的基础上做以下变形，在 fun 函数中使用 global y 声明 fun 函数中使用的 y 不是 fun 函数本地的 y 变量，而是主程序的 y 变量。

```
def A(x):          #定义函数 A
    global y       #声明变量 y 为全局变量
    y = 0          #变量 y 赋值 0
    x = 0          #声明局部变量 x 赋值 0

def B(x):          #定义函数 B
    global y       #声明变量 y 为全局函数
    y = 10         #变量赋值 y 为 10
    x = 0          #声明局部变量 x 为 0
x=1                #声明变量 x 并赋值为 1
y=2                #声明变量 y 并赋值为 2
A(x)               #调用函数 A 并传递参数 x
B(x)               #调用函数 B 并传递参数 x
print(x, y)        #打印 x 和 y 的值
```

运行结果如图 6-2-3 所示。

图 6-2-3
global 关键字的使用

在 A、B 函数中使用 global y 声明 A、B 函数中使用的 y 不是本地的变量 y，而是主程序中的变量 y。

笔 记

2．全局变量与局部变量

全局变量的作用域为整个程序内，它在程序开始时就存在，任何函数都可以访问它，而且所有函数访问的同名称的全局变量是同一个变量，全局变量只有在程序结束时才会销毁。

局部变量的作用域是函数内部，当执行该函数时才生效，退出函数后局部变量就销毁。不同函数之间的局部变量是不同的，就算名字一样也不相干。

局部变量具有局部性，这使得函数具有独立性，函数与外界的接口只有函数参数与它的返回值，使得程序的模块化更加突出，这样更有利于开发大型的程序。

全局变量具有全局性，是实现函数之间数据交换的公共途径，但是大量使用全局变量则会破坏函数的独立性，导致程序的模块化程度降低。因此要尽量减少全局变量的使用，而多使用局部变量，函数之间应尽量保持其独立性，建议在函数之间只通过接口参数来传递数据。

练一练

【例 6-2-4】 编写两个函数，一个函数用来输入省份和城市，另一个函数用来显示。

解 题 步 骤

步骤 1：设计一个输入函数 enter，用于输入 province 和 city。

步骤 2：设计另一个函数 show 来显示它们。

步骤 3：由于 enter 要返回省份和城市两个数据，暂时还没有办法做到，因此将 province 和 city 设计成全局变量。

程 序 代 码

```
def enter():                    #定义函数 enter
    global province             #声明变量 province 为全局变量
    global city                 #声明变量 city 为全局变量
    province=input("省份：")#调用 input 内置方法并将获取到的值赋值给变量 province
    city = input("城市：")      #调用 input 内置方法并将获取到的值赋值给变量 city
def show():                     #定义函数 show
    print("省份: " + province + "城市: " + city) #打印变量 province 与变量 city
province=""                     #声明变量 province 并赋值为空字符串
city=""                         #声明变量 city 并赋值为空字符串
enter()                         #调用函数 enter
show()                          #调用函数 show
```

运行后参考结果如图 6-2-4 所示。

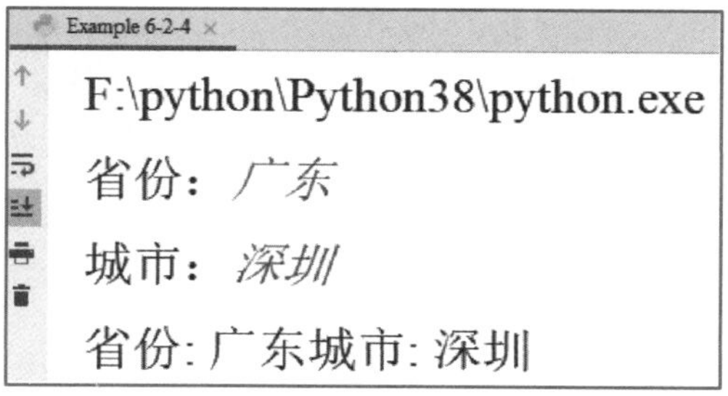

```
Example 6-2-4
F:\python\Python38\python.exe
省份：广东
城市：深圳
省份:广东城市:深圳
```

图 6-2-4
输入和输出方法的使用

6.3 Python 模块

想一想

在计算一个数的平方根时使用了语句：

```
import math
```

其目的是什么呢?

6.3.1 模块概述

模块即是一个保存了 Python 代码的文件。模块的概念能帮助定义函数、类和变量。本节的目标是编写属于自己的模块并使用，从而加深对系统模块的认识。

Python 模块 (Module)，是一个 Python 文件，以 .py 结尾，包含了 Python 对象定义和 Python 语句。

模块让用户能够有逻辑地组织自己的 Python 代码段，把相关的代码分配到一个模块里能让代码更好用，更易懂。

模块能定义函数、类和变量，模块里也能包含可执行的代码。

微课 6.3
模块及其使用

6.3.2 模块使用

试一试

【例 6-3-1】 自定义一个模块求两个数的最大最小值。

解题步骤

步骤 1：设计一个程序 myModule.py，包含两个函数 myMin 和 myMax。

步骤 2：设计另一个程序 abc.py，保存到相同的目录，在 abc.py 中引入 myModule.py。

程序代码

① 设计一个程序 myModule.py，它包含两个函数 myMin 和 myMax：

```
def myMin(a,b):  #定义函数 myMin 并接受 a 和 b 两个参数
    c=a          #将传递进来的 a 数据赋值给变量 c
    if a>b:      #判断 a 是否大于 b
        c=b      #将 b 的值赋值给 c
```

```
        return c            #返回变量 c 的值
def myMax(a,b):             #定义函数 myMax 并接受 a 和 b 两个参数
    c=a                     #将 a 的值赋值给变量 c
    if a<b:                 #判断 a 是否小于 b
        c=b                 #将 b 的值赋值给 c
        return c            #返回变量 c 的值
```

把程序保存到本地某个目录。

② 设计另外一个程序 abc.py，保存到相同的目录，在 abc.py 中引入 myModule.py。

```
import myModule
print(myModule.myMin(1,2),myModule.myMax(1,2))
```

或者

```
from myModule import myMin,myMax
print(myMin(1,2), myMax(1,2))
```

执行 abc.py 结果如下。

```
1 2
```

6.3.3 第三方模块安装方式

Python 模块是设计完成的 Python 程序。Python 中的模块一般放在安装目录的 lib 文件夹下。用户自己写的任意模块均可以放置进去，然后通过上述两种方法加以引入使用。

6.4 举一反三

任务 **6.4.1** 输入两个正整数，求出它们的最大公约数和最小公倍数

--------------------解 题 步 骤--------------------

步骤 1：求最大公约数和最小公倍数的方法很多，一个比较直观的方法是采取穷举法，又称逐个尝试法。

步骤 2：函数定义，即返回值的练习。

步骤 3：函数返回值的使用，即 return 关键字的使用。

--------------------程 序 代 码--------------------

```
#最大公约数函数
#d 最小为 1，必定会返回
def maxDivider(a,b):
    c=a
    if b<a:
        c=b
    for d in range(c, 0, -1):
        if a%d==0 and b%d==0:
```

```
        return d
#最小公倍数函数
#d 最多为 a*b，必定返回
def minMultiplier(a,b): #定义函数 minMultiplier 并接受 a 和 b 两个变量
    c=a           #将 a 赋值给变量 c
    if b>a:       #判断 b 是否大于 a
        c=b       #将 b 的值赋值给 c
    m=a*b         #定义变量 m 并赋值为 a*b 的结果
    for d in range(c, m+1, 1):
        if d%a==0 and d%b==0:
            return d
#主程序
a=input("a=")
b=input("b=")
a=int(a)
b=int(b)
print("最大公约数", maxDivider(a,b))
print("最小公倍数", minMultiplier(a,b))
```

任务实施

6.5 函数与模块实训

一、实训目的

① 掌握模块的使用。

② 掌握第三方模块的安装方式。

二、实训内容

测试 Python 模块的位置。

Python 的模块是 Python 的重要部分。安装一个 Python 程序包就是安装一个文件夹，该文件夹中有很多模块，这个程序包或者模块的位置十分重要。

三、实训过程

---------------实 训 步 骤---------------

步骤 1：查看 Python 中存放模块的目录使用 sys.path。

步骤 2：使用前需要导入对应的模块 sys。

步骤 3：分别在 Python 的命令行与 PyCharm 中编写代码。

---------------程 序 代 码---------------

① 一般而言，Python 中能存放模块的目录可以通过 sys.path 得到，在 Python 的命令行中输入。

```
>>>import sys
>>>sys.path
```

② 可以看到 sys.path 都有哪些目录，模块可以放在 sys.path 包含的任意一个目录中。

③ 参考代码如下。

```
import sys
paths=sys.path
for p in paths:
    print(p)
```

执行该程序，在 Anaconda 环境下可以看到结果如下。

```
C:\untitled
C:\ProgramData\Anaconda3\python36.zip
C:\ProgramData\Anaconda3\DLLs
C:\ProgramData\Anaconda3\lib
C:\ProgramData\Anaconda3
C:\ProgramData\Anaconda3\lib\site-packages
C:\ProgramData\Anaconda3\ lib\site-packages\Sphinx-1.5.1-py3.6.egg
C:\ProgramData\Anaconda3\ lib\site-packages\win32
C:\ProgramData\Anaconda3\ lib\site-packages\win32\lib
C:\ProgramData\Anaconda3\ lib\site-packages\Python\win
C:\ProgramData\Anaconda3\ lib\site-packages\setuptools-27.2.0-py3.6.egg
```

6.6 任务反思

一、实训总结

实训中使用系统模块 sys，然后遍历所有目录。在自定义模块时可以参考例 6-3-1，模块的使用在 Python 编码工作中很常见，也可以作为项目成员分工协作的参考。按实际功能模块去开发程序，会使得代码的可读性更强，独立性也更强。

二、错误分析

问题 **6-6-1** 在定义局部变量前在函数中使用局部变量（此时有与局部变量同名的全局变量存在），导致“UnboundLocalError: local variable ' someVar' referenced before assignment”。该错误发生在如图 6-6-1 所示的代码中，报错信息如图 6-6-2 所示。

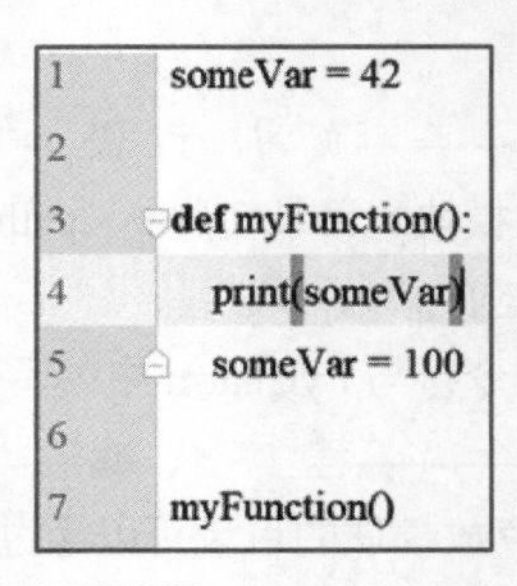

图 6-6-1
问题 6-6-1 程序代码

问题分析：

在函数中使用局部变量而同时又存在同名全局变量时是很复杂的，使用规则是：如果在函数中定义了任何东西，如果它只是在函数中使用，它就是局部的，反之就是全局变量。这意味着不能在定义它之前将其作为全局变量在函数中使用。

```
F:\python\Python38\python.exe "E:/21.教材/教材代码/6/Example 6-6.py"
Traceback (most recent call last):
  File "E:/21.教材/教材代码/6/Example 6-6.py", line 7, in <module>
    myFunction()
  File "E:/21.教材/教材代码/6/Example 6-6.py", line 4, in myFunction
    print(someVar)
UnboundLocalError: local variable 'someVar' referenced before assignment
```

图 6-6-2
问题 6-6-1 错误信息

改正：

遇到该问题时，在局部变量的作用域中尽量先避免同名全局变量的使用，注释掉 print 打印语句，如图 6-6-3 所示。

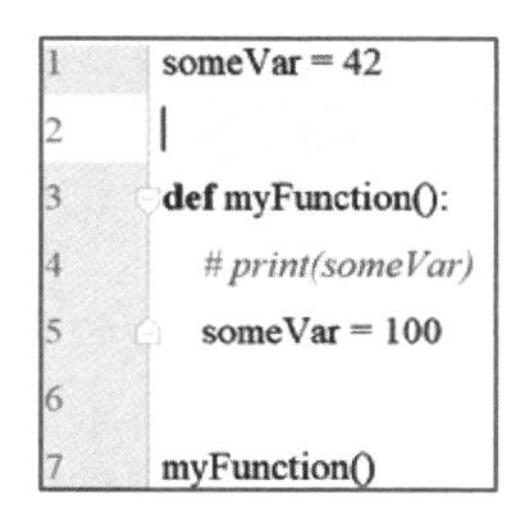

```
1  someVar = 42
2  
3  def myFunction():
4      # print(someVar)
5      someVar = 100
6  
7  myFunction()
```

图 6-6-3
问题 6-6-1 修改后代码

问题 **6-6-2**　频繁使用全局变量。

问题分析：

作为 Python 的初学者，都喜欢定义全局变量，并在函数中改变全局变量，不可否认的是某些地方需要在函数中改变全局变量，但是这会对程序带来伤害，程序的安全性会变得脆弱。读者需要在平时的编程中改变这种习惯，如图 6-6-4 所示。

```
1  num = 100
2  def changeNum():
3      global num
4      num += 23
5  # changeNum()
6  # print(num)
7  def changeNum1(number):
8      num = 0
9      num += number
10     num += 23
11     return num
12 num1 = changeNum1(num)
13 print("此时的全局变量num为：", num)
14 print(num1)
```

```
F:\python\Python38\python.exe E:/21.教材/教材代码/6/6-6-4.py
此时的全局变量num为： 100
123
```

图 6-6-4
全局变量的使用

技能测试

编程题

1. 编程计算 1+2+4+…+100 的和。

2. 从键盘输入一个字符串，直到按 Enter 键结束，统计字符串中的大、小写英文字母各有多少个。

3. 小华今年 12 岁，他妈妈比他大 20 岁，编写程序计算多少年后他妈妈年龄比他大一倍。

4. 目前世界人口是 60 亿，如果每年按 1.5%的比例增长，那么多少年后是 80 亿？

5. 一个球从 80 米高空自由下落，每次落地后返回原高度的一半，再落下。求：它在第 10 次落地时共经过多少米？第 10 次反弹多高？

单元 7 Python 面向对象

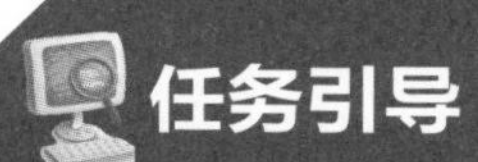

任务引导

Python 是一种面向对象的开发语言，Java、C++都是面向对象语言的典型代表，那么它们之间在设计和使用上又有哪些区别和联系呢？本单元学习 Python 面向对象的一些高级特性，让我们一起来领略其魅力吧。本任务将按以下 3 个步骤学习 Python 面向对象。

第 1 步：学习类与对象。

第 2 步：学习类的属性与方法。

第 3 步：学习编写类。

学习目标

- 学习目标
  - 知识目标
    - 掌握Python面向对象高级特性
    - 掌握面向对象相关技术定义
    - 掌握Python类与对象的定义及使用方法
    - 掌握Python类的属性和方法的定义及使用方法
  - 技能目标
    - 熟练使用Python类与对象的定义及使用
    - 熟练使用Python类的属性和方法的定义及使用
  - 素质目标
    - 树立正确的程序设计员职业观
    - 养成艰苦奋斗，孜孜不倦的学习习惯
    - 丰富和培养大国工匠精神
    - 培养细节决定成败，积少成多的科学学习观

知识准备

7.1 类与对象

在编程中，经常遇到类似的问题，如工资系统对员工薪酬的管理、教务管理系统对学生成绩的管理。这类问题，是大多数面向对象程序语言处理的特长。

想一想

大家都使用过学生成绩管理系统，你知道它可以利用 Python 面向对象的特性来编程实现吗？在其他编程语言的世界里，面向对象到底又是什么呢？

7.1.1 类与对象概述

面向对象语言具有一些基本特征，本节首先了解类与对象。

1. 类

类（class）在面向对象的技术中是用来描述具有相同的属性和方法的对象的集合。通常，类定义了该集合中每个对象所共有的属性和方法。

2. 对象

对象是类的实例。在面向对象编程中，万物皆可为对象。例如，地球上所有的生物，凡是活的、可动的、具有某种生命象征的，皆属于该范畴，它就可以被视为一个对象。

总而言之，对象是对客观事物的抽象。例如，人是客观存在的，人也可以被视为一个对象。

3. 类和对象的关系

对象是对客观事物的抽象，类是对对象的抽象，类是一种抽象的数据类型。还可以从两者的关系来加深对类和对象的理解，如图 7-1-1 所示。

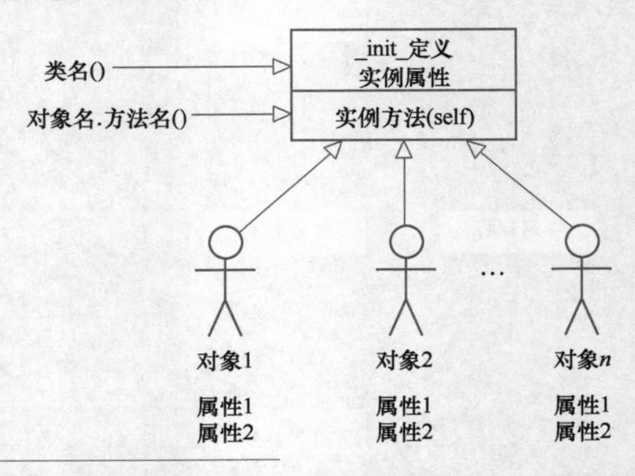

图 7-1-1
类和对象实例

它们的关系是，对象是类的实例，而类是对象的模板。类和对象是两种以计算机为载体的计算机语言的合称。

在基本掌握两者的定义后，来学习类和对象在 Python 编程中的实例。

类的创建：在 Python 中，使用 class 关键字来创建一个新类，class 之后是类的名称并以冒号结尾。

```
class ClassName():
'类的帮助信息'          #类文档说明
    class_suite         #类体
```

类的帮助信息可以通过 ClassName._doc_查看。class_suite 由类成员、方法、数据属性组成。

以 User 用户类为例，可以轻松地给出用户类 User 的定义如下。

```
class User():
        pass
```

类名一般约定使用大写字母开头，这里的 pass 表示为空类，说明暂时还没有准备好类的内容。

7.1.2 类的方法和属性

在学习类和对象的定义后，再来学习类的属性和方法，类的属性和方法同样是面向对象的重要特征。

微课 7.1
类的方法和属性

1. 类的方法

在类的定义中，类其实是定义了该集合中每个对象所共有的属性和方法。以上用户类实例中，可以为其定义一个输出打印的方法 say。

```
class User():
    def say(self) -> None:
        print ('hello')
```

以上实例中 say 方法的功能是打印字符串 hello，这样使用起来特别方便。值得一提的是，say 方法有一个 self 参数。实际上 Python 方法的定义可以有 0 到多个参数，第 1 个参数是必须有的，第 1 个参数有约定俗成的名字叫 self。在对象上调用一个方法时，不需要手动为 self 提供一个值，原因是解释器会自动将调用对象实例作为第 1 个参数，赋值给各个方法的 self 参数。

2. 类的属性

类的属性通常通过类中定义的变量或者参数来体现。

【例 7-1-1】 定义一个简单的 User 类。

解 题 步 骤

步骤 1：类的定义使用 class 关键字。

步骤 2：构造函数使用__init__作为函数名称。

步骤 3：无返回值的函数可以用-> None。

步骤 4：返回一个字符串的函数可以写成-> str。

--程 序 代 码--

```
class User():                                   #class 关键字用来创建一个类 User
    def _init_(self, name: str) -> None:        #创建构造函数_init_，无返回值
        self.name = name                        #表示添加了属性 name
    def say(self) -> str:                       #创建普通方法 say，返回值的类型为 str 类型
        print ('我的名字是：', self.name)        #输出打印姓名
```

以上实例的功能是输出该用户的名字，用构造方法_init_初始化属性，在方法中用 self.属性名访问。

7.1.3 类的访问权限

在 Python 中，class 内部可以有属性和方法，而外部代码可以通过直接调用实例变量的方法来操作数据，这样，就隐藏了内部的复杂逻辑。但是，外部代码还是可以自由修改一个实例的属性。例如，例 7-1-1 中的类属性的 User，尝试以下代码。

```
bart = User('zhangsan')
bart.name

bart.name = 'lisi'
bart.name
```

注 意

bart 是 User 的一个实例，外部代码自由修改该实例的 name 属性，可以看到，通过赋值语句 bart.name = 'lisi'，可以成功修改。

如果要让内部属性不被外部访问，可以在属性名称前加上两个下画线_，在 Python 中，实例的变量名如果以_开头，就变成了一个私有变量，只有内部可以访问，外部不能访问，尝试以下代码。

```
bart = User('zth',90)
bart._name
```

这样就确保了外部代码不能随意修改对象内部的状态，通过访问限制的保护，代码更加健壮。可以给 User 类增加 get_name 这样的方法来获取外部代码中的 name。

在 Python 中，通过定义私有变量和对应的 set 方法可以帮助进行参数检查，避免传入无效参数。

【例 7-1-2】 对 User 类做以下更改，实现一个更加健壮的 User 类。

--解 题 步 骤--

步骤 1：类的定义使用 class 关键字。

步骤 2：构造函数使用__init__作为函数名称。

步骤 3：无返回值的函数可以用-> None。

步骤 4：返回一个字符类型值的函数可以写成->str。

步骤 5：构造函数的属性添加 set 和 get 方法可以更加完善。

---程 序 代 码---

```
class User(object):                          #定义类 User
    def __init__(self, name, age):           #构造函数
        self.__name = name
        self.__age = age
    def get_name(self):                      #name 的 get 方法
        return self.__name
    def get_age(self):                       #age 的 get 方法
        return self.__age
    def set_age(self, age):
        if 0<= age <=100:
            self.__age = age
        else:
            raise ValueError('Error    age')
zth = User('zth',80.5)                       #类属性值的获取
print("姓名：%s"%zth.get_name())
print("修改前年龄：%s"%zth.get_age())
zth.set_age(90)                              #类属性值的修改
print("修改后年龄：%s"%zth.get_age())
```

在原有的 User 类基础上，以上代码增加了 age 参数，并为 name 定义了 get 方法，为 age 定义了 get 及 set 方法。

以上代码的执行结果如图 7-1-2 所示。

```
Example 7-1-2
F:\python\Python38\python.exe
姓名：zth
修改前年龄：80.5
修改后年龄：90
```

图 7-1-2
User 类增加 age 参数并添加 name 的 get、set 方法

以上是类的私有属性，同理，类也有私有方法。例如：

```
class PrivateMethod(object):
    def __foo(self):                         #私有方法
        print("这里是私有方法")

    def foo(self):                           #公有方法
        print("这里是公有方法")
```

```
            print("公有方法里调用私有方法")
            self.__foo()
            print("公有方法调用结束")

zth = PrivateMethod()
zth.foo()
zth.__foo()
```

7.2 对象初始化

在面向对象的程序语言中，对象实例化往往要对实例做一些初始化的工作，如前面例子中，设置实例名字的初始值，这些工作都是 Python 自动完成的，因此会有默认的方法被调用，这个默认方法就是构造函数，与之对应的叫析构函数。本节的目标就是要掌握构造与析构函数的使用，为学生类进行初始化。

想一想

在实现成绩管理系统的过程中，除定义好用户（学生）的实体类，数据应该如何处理呢？

7.2.1 构造与析构方法

Python 中有一些内置方法，这些方法的命名比较特殊。通常，方法名以 2 个下画线开始并以 2 个下画线结束。在一个基础类中，最常用的就是构造与析构方法。

构造方法__init__(self,……)在生成对象时被调用，可以用来进行初始化操作，不需要编程人员显性地调用，系统会默认执行。当然，用户也可以重新定义构造方法，如果用户没有自定义，则系统自动默认执行构造方法。

析构方法__del__(self)在释放对象时被调用，可以在里面进行一些释放内存资源等操作，同样也不需要显性地调用。

试一试

【例 7-2-1】 在学生类中，实现构造方法和析构方法的定义。

--------------------解 题 步 骤--------------------

步骤 1：类的定义使用 class 关键字。

步骤 2：__init__是一个构造函数，用于定义属性。

步骤 3：__del__是一个析构函数，用于释放属性资源。

步骤 4：对象初始化即用类构造一个具体的对象。

--------------------程 序 代 码--------------------

```
class Student:                          #定义类 Student
    def __init__(self, name):           #构造函数
        print("__init__", self,name)
        self.name = name
    def __del__(self):                  #析构函数
```

```
        print("__del__", self)
    def show(self):                          #show()函数
        print(self, self.name)
s=Student("Tom")                             #对象初始化
s.show()                                     #调用 show 方法
print(s)                                     #打印 s 变量
```

执行结果如图 7-2-1 所示。

```
Example 7-2-1
F:\python\Python38\python.exe "E:/21.教材/教材代码/7/Example 7-
__init__ <__main__.Student object at 0x00000202640869A0> Tom
<__main__.Student object at 0x00000202640869A0> Tom
<__main__.Student object at 0x00000202640869A0>
__del__ <__main__.Student object at 0x00000202640869A0>
```

图 7-2-1
实现构造和析构方法

结果说明

在执行 s=Student()语句时建立一个 Student 类的对象实例 s，会自动调用__init__函数，并向该函数传递了两个参数，第一个对象实例 s 传递给了 self，第二个字符串“Tom”传递给了 name 参数，于是在__init__中可以看到：

```
_init__ <__main__.Student object at 0x00000015C4DA72E8> Tom
```

0x00000015C4DA72E8 是 s 对象的内存地址。

接着执行 s.show()，它是实例 s 调用的，于是会把 s 实例传递给 self 参数，于是在 show 中可以看到：

```
<__main__.Student object at 0x00000015C4DA72E8> Tom
```

这个 self 地址与 s 实例的地址是一样的，是同一个对象。在执行 print(s)时也可看到：

```
<__main__.Student object at 0x00000015C4DA72E8>
```

主程序中的 s 对象也是这个地址。

程序结束时自动销毁对象 s，于是看到__del__函数执行：

```
del__ <__main__.Student object at 0x00000015C4DA72E8>
```

7.2.2 对象的初始化

构造函数__init__是创建对象实例时自动调用的，可以在该函数中为实例对象的属性进行初始化。

试一试

【例 7-2-2】 在以上的学生类 Student 中完善姓名、性别、年龄属性，并实现初始化，构建一个学生对象 Tom。

微课 7.2
对象初始化

----------解 题 步 骤----------

步骤 1：类的定义使用 class 关键字。

步骤 2：_init_是一个构造函数，用于定义属性。

步骤 3：定义一个 show()函数，用于显示对象的属性。

----------程 序 代 码----------

```
class Student:                                  #定义类 Student
    def _init_(self,name,gender,age):            #构造函数
        self.name=name
        self.gender=gender
        self.age=age
    def show(self):                              #show 方法，name、age 的 get 方法
        print(self.name, self.gender, self.age)
s=Student("Tom", "male", 19)                     #初始化学生对象 Tom
s.show()                                         #调用类的 show 方法
```

执行结果如图 7-2-2 所示。

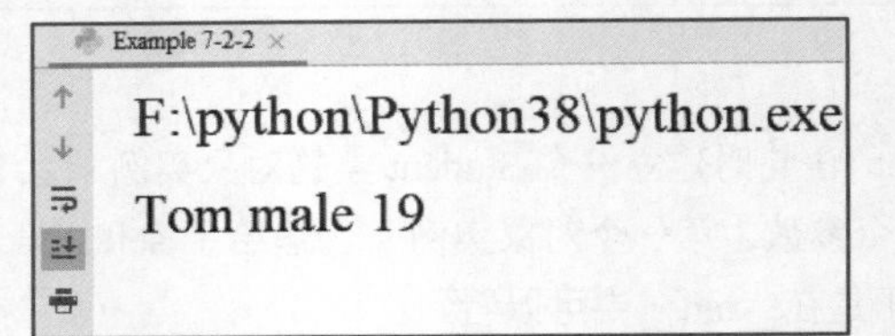

图 7-2-2
Student 类完善属性

注 意

在 Python 中只有一个_init_函数，通过修改_init_函数参数默认值为 self 的方法，则可以实现方法的重载。

例如：

```
s=Student("Tom")
```

是错误的，因为_init_需要 4 个参数（包括 self），这里只提供了 2 个参数，因此是不合法的。修改_init_的定义，使它带默认参数即可。

试一试

【例 7-2-3】 完善 Student 类，使它带有默认的 name、gender、age 的属性值。

----------解 题 步 骤----------

步骤 1：类的定义使用 class 关键字。

步骤 2：_init_是一个构造函数，用于定义属性，并可以给出属性的初始值。

步骤 3：定义一个 show()函数，用于显示对象的属性。

----------程 序 代 码----------

```
class Student:                                                  #定义类 Student
    def _init_(self, name="", gender="male", age="18"):         #构造函数
        self.name=name
        self.gender=gender
```

```
        self.age=age
    def show(self):                                  #show 方法，name、age 的 get 方法
        print(self.name, self.gender, self.age)
s1=Student("Tom", "male",19)                         #初始化学生对象 s1
s2=Student("Tom",   "female")                        #初始化学生对象 s2
s3=Student("Tom")                                    #初始化学生对象 s3
s1.show()                                            #学生对象 s1 调用 show 方法
s2.show()                                            #学生对象 s2 调用 show 方法
s3.show()                                            #学生对象 s3 调用 show 方法
```

以上 s1、s2、s3 的初始化均正确，如图 7-2-3 所示为输出结果。

```
Example 7-2-3
F:\python\Python38\python.exe
Tom male 19
Tom female 18
Tom male 18
```

图 7-2-3
完善 Student 类属性值

7.2.3 实例方法的理解与使用

通过对以上知识的理解，类在实例方法中至少带有一个参数，并且第 1 个参数通常被命名为 self，在实例对象调用该方法时会把实例自己传递给该 self 参数。

【例 7-2-4】 尝试打印 self 参数。

-------------------------解 题 步 骤-------------------------

步骤 1：类的定义使用 class 关键字。

步骤 2：_init_是一个构造函数，用于定义属性，并可以给出属性的初始值。

步骤 3：定义一个 show()函数，用于显示对象的属性。

-------------------------程 序 代 码-------------------------

```
class Student:                                          #定义类 Student
    def _init_(self,name="",gender="" ,age=18):        #构造函数
        self.name=name
        self.gender=gender
        self.age=age
    def show(self):             #show 方法，打印 self 参数，打印对应的 3 个属性
        print(self)
        print(self.name,self.gender,self.age)
s=Student("Tom",   "male",   21)                        #初始化 Tom 的学生对象
Student.show(s)                 #用类来调用 show 方法，s 对象作为参数传入
s.show()                        #对象调用类的 show 方法
```

程序运行后输出结果如图 7-2-4 所示。

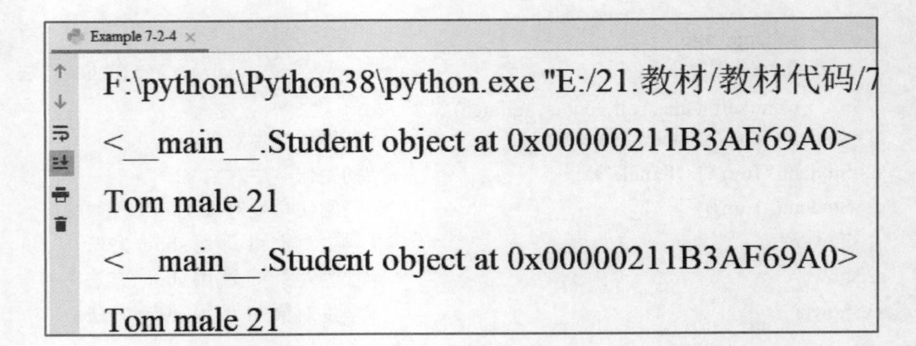

图 7-2-4
打印 self 参数

可以看到，Student.show(p)和 s.show()是一样的，只是前者直接把实例 p 传递给 self 参数，而后者调用时，p 默认自动传递给 show 的是 self，因此在 show 中都可以使用 self.name、self.gender、self.age 去访问对象 p 的属性。

7.3 类的继承与多态

继承与多态是面向对象的特点之一。例如，要编写毕业生类，包含姓名、性别、专业、系别、就业单位、就业时间等属性，就没有必要重新开始，只需要从 Student 类派生出 Graduate，在派生的过程中增加系别、就业单位和时间等属性即可。本节目标是掌握派生与继承的方法，从 Student 类派生出 Graduate 类。

想一想

对于有相关关系的实体类，是否需要每次单独定义不同的类呢？如用户 User 类，以及用户包含的教师 Teacher 类、学生 Student 类。

7.3.1 派生与继承

派生与继承是一组对应的概念，在面向对象编程中有一个很重要的概念，就是子类和父类（或称为基类）。而派生与继承实际上就是用来描述子类与父类的关系，父类派生出子类，子类的属性和方法继承于父类。

【例 7-3-1】 在 7.2 节 Student 类的定义基础上，定义一个毕业生类 Graduate，包含姓名、性别、年龄，还包含所学专业 major、所在学院 dept、就业单位 address、就业时间 time。不需要重新定义，要求从已经定义的 Student 类派生与继承。

解 题 步 骤

步骤 1：类的定义使用 class 关键字。

步骤 2：继承只需要在定义子类时在子类名称后面添加括号和父类名。

程 序 代 码

```
class Student:                                  #定义类 Student
```

```
        def __init__(self,name,gender,age):            #构造函数
            self.name=name
            self.gender=gender
            self.age=age
        def show(self, end='\n'):                      #对象初始化
            print(self.name,self.gender,self.age,end=end)
class Graduate(Student):
        def __init__(self,name,gender,age,major,dept,address,time):
            Student.__init__(self,name,gender,age)
            self.major=major
            self.dept=dept
            self.address=address
            self.time=time
        def show(self):                                #调用 show 方法
            Student.show(self, ' ')
            print(self.major, self.dept,self.address,self.time)
g=Graduate("Tom",  "male",  21,  "Cloud Computing", "Computer", "重庆", 2019-6-20)
g.show()
```

程序运行结果如图 7-3-1 所示。

```
Example 7-3-1
F:\python\Python38\python.exe "E:/21.教材/教材代码
Tom male 21 Cloud Computing Computer 重庆 1993
```

图 7-3-1
类继承的使用

说明

首先，把之前定义的 Student 类拿过来，然后派生出 Graduate 类，并在原来姓名、性别、年龄等属性的基础上增加了专业、学院、就业地址、就业时间等属性。在本例中，Student 被称为是 Graduate 的基类，Graduate 被称为 Student 的派生类。它们的关系是 Student 派生出 Graduate，Graduate 继承自 Student。

7.3.2 多态

在刚接触多态的概念时，可能有点难以理解。多态实际上就是指事物的多种形态，只不过在 Python 中，有特定的体现形式。Python 中的多态是指一类事物有多种形态。

试一试

【例 7-3-2】 定义动物父类，定义子类猫、猪、狗等。

解 题 步 骤

步骤 1：类的定义使用 class 关键字。

步骤 2：继承只需要在定义子类的时候在子类名称后面添加括号和父类名。

微课 7.3
多态

程 序 代 码

```
import abc                                     #导入模块 abc
class Animal(metaclass=abc.ABCMeta):           #同一类事物：动物，父类 Animal
```

```
    @abc.abstractmethod
    def talk(self):
        pass
class Cat(Animal):                    #动物的形态之一：猫
    def talk(self):
        print('say miaomiao')
class Dog(Animal):                    #动物的形态之二：狗
    def talk(self):
        print('say wangwang')
class Pig(Animal):                    #动物的形态之三：猪
    def talk(self):
        print('say aoao')
```

Python 的多态性是指，在不考虑实例类型的情况下使用实例，也就是说不同类型的实例有相同的调用方法。例如，猪、猫、狗等只要是继承了 animal，就可以直接调用其 talk()方法。

```
cat = Cat()                 #cat 对象初始化
dog = Dog()                 #dog 对象初始化
pig = Pig()                 #pig 对象初始化
cat.talk()                  #cat 对象调用 talk 方法
dog.talk()                  #dog 对象调用 talk 方法
pig.talk()                  #pig 对象调用 talk 方法
```

注 意

cat、dog、pig 都是动物，只要是动物肯定有 talk 方法，于是可以不用考虑它们三者的具体类型，而直接使用。

进一步，可以定义一个统一接口来使用：

```
def func(obj):
    obj.talk()
```

这样做的好处如下。

① 增加了程序的灵活性。以不变应万变，不论对象如何变化，都是以同一种形式去调用，如 func(animal)。

② 增加了程序的可扩展性。通过继承 animal 类创建了一个新类，用户无须更改自己的代码，还是使用 func(animal)去调用。

7.4 举一反三

练一练

任务 7.4.1 编写程序，满足如下 **3** 点要求

① 自定义用户信息数据结构，写入文件，然后读取内容，利用 json 模块进行数据的

序列化和反序列化。

② 定义用户类 User，定义方法 db()，如执行 obj.db()可以拿到用户的数据结构。

③ 在该类中实现用户登录、退出方法，登录成功将状态（status）修改为 True，退出将状态修改为 False（退出要判断是否处于登录状态）。密码输入错误 3 次，将设置锁定时间（下次登录的时间和当前时间比较，若小于 30 秒，则不允许登录）。

用户的数据结构如下。

```
user_info: {
    "zhangsan":{"password":"123",'status':False,'timeout':0},
    "lisi":{"password":"456",'status':False,'timeout':0},
}
```

--解 题 步 骤--

步骤 1：构造以上用户的数据结构文件 user_info。

步骤 2：自定义用户类，完成用户信息的初始化、序列化、获取用户数据、数据结构、登录退出等函数的定义。

步骤 3：定义函数 handle 处理用户输入命令。

--程 序 代 码--

```
import json
import time


class User:
    """用户类"""

    def __init__(self):
        self.user_dic = self.read()          #初始化时将用户信息读取出来
        self.username = ""                   #记录当前登录用户

    def write(self):
        """序列化"""
        with open("user_info", "w", encoding="utf-8") as f:
            json.dump(self.user_dic, f)  #序列化

    def read(self):
        """拿到用户数据"""
        with open("user_info", "r", encoding="utf-8") as f:
            user_dic = json.load(f)          #反序列化
            return user_dic

    def db(self):
        print("用户数据结构：", self.user_dic)

    def login(self):
```

```
        """登录"""
        i = 0
        while i < 3:
            username = input("username:").strip()
            password = input("password:").strip()
            if username in self.user_dic and password == self.user_dic[username]
["password"]:
                time_now = time.time()        #获取当前时间
                period = time_now - self.user_dic[username]["timeout"]
                #时间差
                if period >= 30:               #判断时间间隔是否满足登录条件
                    print("------%s 登录成功-----" % username)
                    self.username = username
                    self.user_dic[username]["status"] = True #记录用户登录状态
                    self.write()               #将修改保存到文件
                    break
                else:
                    print("用户处于锁定状态，请%s S 后再试" % (30 - period))
                    break
            else:
                print("用户名或密码错误！")
                i += 1
                if i == 3 and username in self.user_dic:
                    self.user_dic[username]["timeout"] = time.time()
                      #记录 3 次登录失败的时间点
                    self.write()   #将修改保存到文件
                    exit("退出")

    def exit(self):
        """退出"""
        if self.username:      #用户处于登录状态
            self.user_dic[self.username]["status"] = False   #修改用户登录状态
            self.write()       #将修改保存到文件
            exit("用户%s 退出登录" % self.username)

    def help_info(self):
        """帮助信息"""
        print("""命令列表：
         查看数据结构：db
         登录：login
         退出登录：exit""")

    def handle(self):
        """处理用户输入命令"""
        while True:
            cmd = input("请输入命令:").strip()
```

```
            cmd = cmd.split()
            if hasattr(self, cmd[0]):              #使用反射
                func = getattr(self, cmd[0])   #拿到方法名
                func()
            else:
                self.help_info()               #打印帮助信息


user = User()
if __name__ == "__main__":
    user.handle()
```

输出结果如下。

```
请输入命令:login
username:zhangsan
password:123
------zhangsan 登录成功-----
请输入命令:exit
用户 zhangsan 退出登录
```

任务实施

笔 记

7.5 面向对象实训

一、实训目的

① 熟练使用 Python 类与对象的定义及使用。

② 熟练使用 Python 类的属性和方法的定义及使用。

③ 掌握 Python 类的继承。

④ 掌握实现方法重载。

二、实训内容

定义一个毕业生类 Graduate，包含姓名、性别、年龄，还包含所学专业 major、所在学院 dept、就业单位 address、就业时间 time。不需要重新定义，要求从已经定义的 Student 类派生与继承。

三、实训过程

--解 题 步 骤--

步骤 1：在 Pycharm 中新创建一个 python 文件。

步骤 2：新建 Student 类。

步骤 3：在 Student 基础上新建 Graduate 类，并完成属性的添加和已有属性方法的继承。

步骤 4：运行该文件。

程 序 代 码

```
class Student:                                    #定义 Student 类
    def __init__(self, name, gender, age):        #声明 Student 类的构造函数
        self.name=name                            #将构造函数中传递的 name 进行赋值
        self.gender=gender                        #将构造函数中传递的 gender 进行赋值
        self.age=age                              #将构造函数中传递的 age 进行赋值
    def show(self, end='\n'):          #定义函数 show 打印 Student 实例对象的成员变量
        print(self.name, self.gender, self.age, end=end)
class Graduate(Student):               #定义 Graduate 并将 Student 类作为形参传入
    def __init__ (self,name, gender, age, major, dept, address, time): #构造函数
        Student.__init__(self, name, gender, age)     #调用 Student 的构造函数
        self.major=major
        self.dept=dept
        self.address=address
        self.time=time
    def show(self):                    #定义函数 show 打印 Graduate 实例对象的成员变量
        Student.show(self, '')
        print(self.major, self.dept, self.address, self.time)
```

7.6 任务反思

一、实训总结

本单元首先介绍了类与对象的定义，然后介绍了对象初始化及初始化过程中的注意事项，最后介绍了类的继承与多态。

该实训定义了一个学生 Student 类，然后使用构造函数__init__定义了 name、gender、age 这 3 个属性，并使用 show 函数打印对应的属性值。又继承自学生 Student 类，定义了一个毕业生 Graduate 类，然后在子类的构造函数__init__中增加了 major、dept、address、time 等属性的定义。并使用 show 函数先调用父类的 show 函数打印父类中对应的属性值，新增属性的打印。通过该实训加深了对类的定义以及类之间继承关系的代码表示。

二、错误分析

问题 **7-6-1** 忘记为方法的第 1 个参数添加 self 参数，导致“TypeError: myMethod() takes 0 positional arguments but 1 was given”。该错误发生在如图 7-6-1 所示的代码中，报错信息如图 7-6-2 所示。

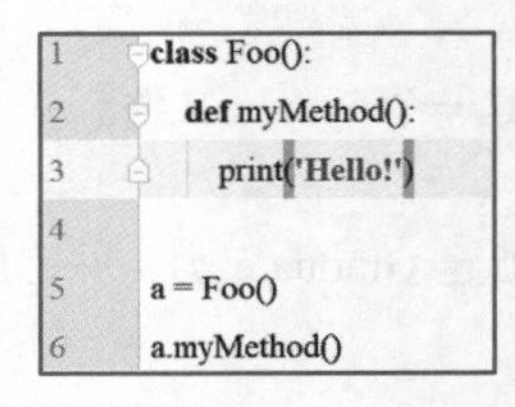

图 7-6-1
问题 7-6-1 代码示例

```
Example 7-6 ×
F:\python\Python38\python.exe "E:/21.教材/教材代码/7/Example 7-6
Traceback (most recent call last):
  File "E:/21.教材/教材代码/7/Example 7-6.py", line 6, in <module>
    a.myMethod()
TypeError: myMethod() takes 0 positional arguments but 1 was given
```

图 7-6-2
问题 7-6-1 错误信息

问题分析：

Foo 类中的 myMethod()方法未添加参数 self。

改正：

修改代码时为 myMethod()方法添加参数 self 即可，如图 7-6-3 所示。

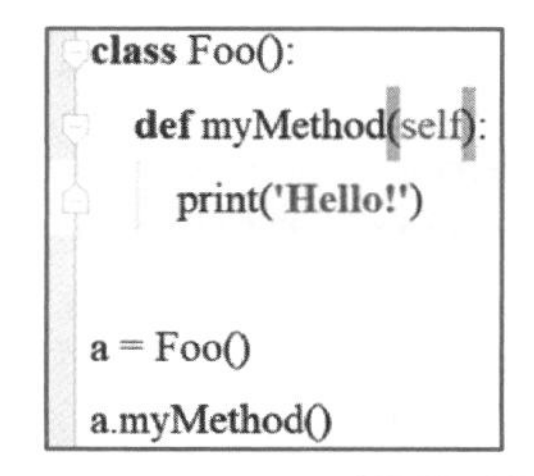

图 7-6-3
问题 7-6-1 修改后代码

问题 **7-6-2** 以下是错误范例，请仔细甄别。

```
class Person:
    def __int__(self):
        self.__name = "haha"
        self.age = 22
    def get_name(self):
        return self.name
    def get_age(self):
        return self.age
person = Person()
print(person.get_age())
print(person.get_name())
```

运行该程序后报错如下。

```
'Person' object has no attribute 'age'
#对象 Person 没有属性 age
```

问题分析：

出现错误的原因为：数据类型 int 与方法__init__混淆，在对实例对象属性进行初始化时，注意方法__init__的拼写。

改正：

正确的范例如下。

```
class Person:
```

```
        def __init__(self):  #记住这里不要写成 __int__
            self.name = "haha"
            self.age = 22
        def get_name(self):
            return self.name
        def get_age(self):
            return self.age
person = Person()
print(person.get_age())
print(person.get_name())
```

技能测试

编程题

1. 定义一个数学中的复数类 Complex，它有一个构造函数与一个显示函数，建立一个 Complex 对象，调用该函数并显示。

2. 定义一个计算机类 MYComputer，它包含 CPU 类型（String 类型）、RAM 内存大小（Integer 类型）、HD 硬盘大小（Integer 类型），设计它的构造函数，并设计一个显示函数，建立一个 Complex 对象，调用该函数并显示。

3. 设计一个整数类 MYInteger，它有一个整数变量，并有一个 Value 属性，可以通过为 Value 存取该变量的值，还有一个转二进制字符串的成员函数 toBin，以及转十六进制字符串的成员函数 toHex。

4. 建立一个普通人员类 Person，包含姓名（m_name）、性别（m_gender）、年龄（m_age）成员变量。

① 建立 Person 类，包含 Private 成员 m_name、m_sex、m_age 变量。

② 建立 Person 的构造函数。

③ 建立一个显示过程 Show()，显示该对象的数据。

④ 派生一个学生类 Student，增加班级（m_class）、专业（m_major），设计这些类的构造函数。

⑤ 建立 m_class、m_major 对应的属性函数 sClass()、sMajor()。

⑥ 建立显示成员函数 Show()，显示该学生对象所有成员的数据。

5. 建立一个时间类 Time，它包含时（hour）、分（minute）、秒（second）的实例属性。

① 设计时间显示函数 show(self)。

② 设计两个时间大小比较函数 compare(self,t)，其中 t 是另外一个时间。

单元 8 异常与异常处理

任务引导

在掌握 Python 语法格式、流程控制结构、函数、类与对象等知识和技能的基础上，读者可以利用 Pycharm 集成开发工具进行程序编写与调试。但在运行 Python 代码时，常常会遇到运行出错或者结果出错的情况。当程序出现错误时，会影响程序正常执行，并抛出异常信息。程序运行过程中出现异常有没有相应的办法来应对呢？本任务将按以下 4 个步骤学习异常与异常处理。

第 1 步：学习异常概念。

第 2 步：学习异常处理。

第 3 步：学习异常抛出。

第 4 步：学习自定义异常。

学习目标

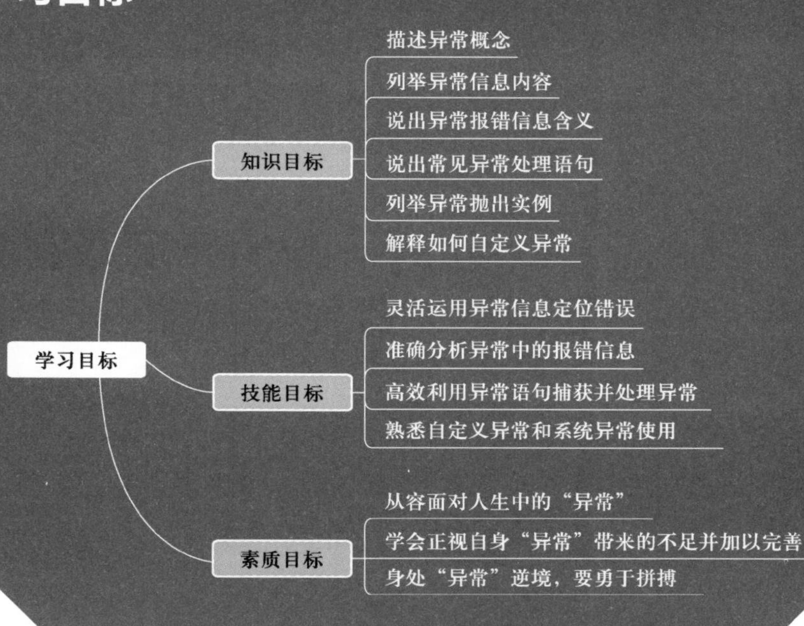

知识准备

8.1 异常

程序运行时，如果遇到错误影响了程序的正常执行，无法对错误进行处理，系统会提示错误信息，就称为异常。

想一想

生活中经常会发生各种突发状况，打乱原定的计划，导致计划执行失败。例如，正要出门却下起了大雨，准备刷卡支付却发现余额不足。在 Python 的世界里也会出现各种各样的问题，常见的情况就是程序无法运行和程序运行有误。

程序运行中出现的错误是以异常方式呈现出来，了解异常对于学习 Python 代码、处理业务逻辑和提高编程能力有很大的帮助。

8.1.1 异常概述

程序在运行时，如果 Python 解释器遇到一个错误会停止程序的执行，并提示一些错误信息，这就是异常。异常是一个事件，该事件会在程序执行过程中发生，影响程序的正常执行。

【例 8-1-1】 访问未声明变量异常。

----------解 题 步 骤----------

步骤 1：定义两个变量并赋值。

步骤 2：打印 3 个变量，其中一个变量未定义。

----------程 序 代 码----------

```
cqvie1 = "天行健君子以自强不息"        #定义变量 cqvie1
cqvie2 = "地势坤君子以厚德载物"        #定义变量 cqvie2
print(cqvie1,cqvie2,cqvie3)            #打印变量 cqvie1、cqvie2、cqvie3 的值
```

提示　由于变量 cqvie3 没有进行初始化，程序无法执行上述操作，系统打印红色错误提示信息。显示包括异常追踪信息、报错行数、报错语句、异常类、异常值等信息。

程序运行结果如图 8-1-1 所示。

小经验

控制台打印错误信息包含异常追踪信息、报错行数、报错语句、异常类、异常值等信息。通过对错误信息的分析，能够帮助开发者准确定位错误的位置和原因，对于进行代码调试和修改很有帮助，以保证程序的正常执行。

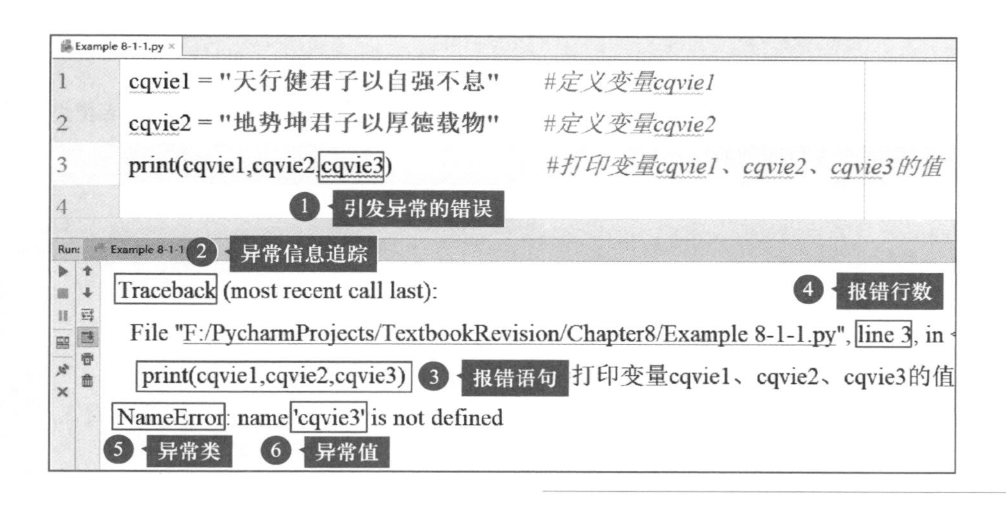

图 8-1-1
访问未声明变量
异常错误信息

【例 8-1-2】 索引越界异常。

解 题 步 骤

步骤 1：定义整数型列表。

步骤 2：获取整个列表元素和单个列表元素。

程 序 代 码

```
numList = list(range(5))          #产生一个列表，元素为 0 到 4 的整数
print(numList)                    #打印整个列表
print(numList[5])                 #打印列表中的第 6 个元素
```

提示

由于变量 numList 中只有 5 个元素，列表的下标是从 0 开始，numList[5]表示获取列表中的第 6 个元素，当然无法获取，系统打印红色错误提示信息。

程序运行结果如图 8-1-2 所示。

图 8-1-2
索引越界异常错误信息

1. range()函数

Python3 中 range()函数返回的是一个可迭代对象（类型是对象），而不是列表类型，所以打印时不会打印列表。

（1）函数语法

```
range(stop)
range(start, stop[, step])
```

（2）参数说明

- start：计数从 start 开始。默认是从 0 开始，如 range(5)等价于 range(0,5)。
- stop：计数到 stop 结束，但不包括 stop，如 range(0,5)是[0, 1, 2, 3, 4]，不包含 5。
- step：步长，默认为 1，如 range(0,5)等价于 range(0, 5, 1)。

试一试

【例 8-1-3】 range()函数使用。

解 题 步 骤

步骤 1：通过 range()函数产生整型数据。

步骤 2：利用 for 循环遍历每个元素。

程 序 代 码

```
print(range(5))          #通过 range 函数产生 0 到 4 的整数，默认返回对象
for i in range(5):       #通过 for 循环遍历元素
    print(i)             #打印每个元素
```

程序运行结果如图 8-1-3 所示。

```
Example 8-1-3.py
1  print(range(5))     #通过range函数产生0到4的整数，默认返回对象
2  for i in range(5):  #通过for循环遍历元素
3      print(i)        #打印每个元素

Run: Example 8-1-3
range(0, 5)
0
1
2
3
4
```

图 8-1-3
range()函数元素打印

2. list()函数

Python3 中 list()函数是对象迭代器，可以把 range()返回的可迭代对象转为一个列表，返回的变量类型为列表。

试一试

【例 8-1-4】 list()函数使用。

--------解 题 步 骤--------

步骤 1：通过 range()函数产生数据并输出结果。

步骤 2：利用 list()函数进行数据转换，输出转换结果。

--------程 序 代 码--------

```
#打印元素在 0 到 5 之间，但不包含 5 的整数列表
print(list(range(5)))
#打印元素在 0 到 30 之间，但不包含 30，元素间隔为 5 的整数列表
print(list(range(0, 30, 5)))
```

程序运行结果如图 8-1-4 所示。

```
Example 8-1-4.py
1   print(list(range(5)))          #打印元素在0到5之间，但不包含5的整数列表
2   print(list(range(0, 30, 5)))  #打印元素在0到30之间，但不包含30，元素间隔为5的整数列表

Run: Example 8-1-4
F:\PycharmProjects\venv\Scripts\python.exe "F:/PycharmProjects/TextbookRevision/Chapter8/Ex
[0, 1, 2, 3, 4]
[0, 5, 10, 15, 20, 25]
```

图 8-1-4
list()函数使用

练一练

运行下面程序代码，观察字典取值问题，掌握问题修复方法。

```
myDict = {'name':'zhangsan','sex':'female'}
print(myDict['age'])
```

提示 运行程序时系统会产生 KeyError 异常，当在字典中查找一个不存在的 key 时引发此异常，可以将 key 替换为字典中存在的 key，即可解决此问题。

8.1.2 异常处理

想一想

面对突发情况，往往需要及时采取措施进行处理，以达到特定的目的。例如，上班错过公交车时有发生，可以选择乘坐出租车，以防上班迟到。

程序中发生异常会影响程序正常执行，必须对其进行处理，如何对异常进行处理是 Python 开发者必须掌握的内容。

1. 异常捕获语句

发生异常时需要对异常进行识别，根据实际业务流程对其进行相应处理。Python 异常捕获常用 try/except 结构，把可能发生错误的语句放在 try 模块中，用 except 来处理异常，

微课 8.1
异常捕获

每一个 try 都必须至少对应一个 except。

Python 中异常处理基本形式如下。

```
try:
    执行代码语句
except 异常类 as e:
    发生异常时执行代码
else:
    无异常发生时执行代码
finally:
    无论是否有异常都会执行的代码
```

注 意

① 注意 except as e 的写法，e 是一个变量，记录了异常对象，通过它可以打印异常信息。

② except 后面紧跟异常类，常用 Exception 类，可以处理任何异常。

③ 如果程序执行没有异常，执行 else 模块中的代码语句。

【例 8-1-5】 异常捕获初印象。

解 题 步 骤

步骤 1：接收用户数据输入。

步骤 2：进行数据运算。

步骤 3：输出处理结果。

步骤 4：处理异常信息。

程 序 代 码

```
#1.接收用户输入
#从键盘接收第一个整数字符串，利用 int()函数将其转换为数字类型
num1 = int(input("请输入第一个整数："))
#从键盘接收第二个整数字符串，利用 int()函数将其转换为数字类型
num2 = int(input("请输入第二个整数："))

#2.异常处理
try:
    result = num1/num2                    #两数字做除法运算
    print("运算结果为：",result)           #打印运算结果
except Exception as e:
    print("检测到异常，提示信息为：",e)    #处理异常，打印捕获的异常信息
finally:
    print("无论异常是否发生都会执行。")    #执行打印语句，表示程序运行结束
```

提示

从键盘接收两个输入值，当输入均为数字时，且除数不为 0，程序无异常发生。当输入的除数为 0 时，由于除数不能为 0，因此运行上述程序时会有异常发生，同时会捕获异常。对异常进行处理，系统打印异常提示信息，即除数为 0。

当无异常发生时，程序运行结果如图 8-1-5 所示。

```
Example 8-1-5
F:\PycharmProjects\venv\Scripts\python.exe
请输入第一个整数：40
请输入第二个整数：5
运算结果为： 8.0
无论异常是否发生都会执行。
```

图 8-1-5
无异常发生

当异常发生时，程序运行结果如图 8-1-6 所示。

```
Example 8-1-5
F:\PycharmProjects\venv\Scripts\python.exe "F
请输入第一个整数：25
请输入第二个整数：0
检测到异常，提示信息为： division by zero
无论异常是否发生都会执行。
```

图 8-1-6
ZeroDivisionError 异常捕获

提示

“division by zero”表示除数为 0，由于利用异常捕获语句对此异常进行了处理，所以系统不会直接抛出异常错误，而是打印异常信息。除数为 0 是由 ZeroDivisionError 异常引发。

注意

在编写程序的过程中，尽量避免犯一些低级错误，从而提高开发效率和程序的可靠性。

① 语法错误：程序不能运行，系统以红色下画波浪线提示。

② 常识错误：除数不能为 0，非数字之间不能进行加、减、乘、除运算等。

相关知识

Python 异常相关关键字见表 8-1-1。

表 8-1-1 Python 异常相关关键字

关键字	含义说明
try/except	捕获异常并处理
pass	忽略异常
as	定义异常实例（except MyError as e）
else	没有异常时执行的代码
finally	无论异常是否发生都会执行
raise	主动抛出或引发异常

在 Python 中，try 语句主要用于处理程序正常执行过程中出现的一些异常情况，如语法错误（Python 作为脚本语言没有编译环节，在执行过程中对语法进行检测，出错后抛出异常信息）、数据除零错误、未定义变量取值等问题。

try 语句可细分为以下 4 种模式。

- try/except 语句。
- try/except/finally 语句。
- try/except/else 语句。
- try (with)/except 语句。

（1）try/except 语句

语法格式如下。

```
try:
    执行代码
except Exception[as reason]:
    发生异常时执行的代码
```

注 意

在 try-except 语句中，“[语句块]”属于 try 语句的检测范围，它类似于 while 循环、for 循环、if/else 语句。“except”后面跟上一个异常的名称，“as reason”提供异常的具体内容，并输出异常详细信息。“出现异常（exception）后的处理代码”部分是用户对出现异常后编写处理代码的地方。

【例 8-1-6】 try/except 语句类型转换异常应用。

解 题 步 骤

步骤 1：定义列表。

步骤 2：遍历列表元素。

步骤 3：数据类型转换。

步骤 4：输出处理结果。

步骤 5：处理异常信息。

程 序 代 码

```
#1.定义列表
numList = ['5', '10', '-5', 'hello','world']

#2.循环遍历列表元素
for num in numList:
    try:
        #利用 int()函数将变量 num 的值转化为 int 类型
        result = int(num)
        print("无异常运算结果：",result)            #打印转换结果
    except Exception as e:
        print("异常提示信息：",e)                  #打印捕获的异常信息
```

提示

利用 try/except 语句成功捕获异常，根据异常信息提示，利用 int()函数无法将非数字的字符串转换为 int 类型，这属于类型转换异常。

运行结果如图 8-1-7 所示。

```
Example 8-1-6
F:\PycharmProjects\venv\Scripts\python.exe "F:/PycharmProj
无异常运算结果： 5
无异常运算结果： 10
无异常运算结果： -5
异常提示信息： invalid literal for int() with base 10: 'hello'
异常提示信息： invalid literal for int() with base 10: 'world'
```

图 8-1-7
类型转换异常捕获

注 意

except 语句捕获异常时，这里指定的异常类型为 Exception 类，利用 as 关键字给它取一个别名为 e，e 表示异常对象，对象中包含异常的详细信息，通过 print()函数打印其对象，获取异常信息，这可以帮助开发者分析产生异常的原因，定位错误，修改出错代码。

（2）try/except/finally 语句

语法格式如下。

```
try:
    [语句块]
except Exception[as reason]:
    出现异常（exception）后的处理代码
finally:
    无论如何都会被执行的代码
```

注 意

如果一旦检测到 try 语句块中有任何异常，程序就会根据异常类型跳转到 except 处执行对应异常类型的处理代码，最后再跳转到 finally 处执行其中的代码。如果在 try 语句块中没有检测到任何异常，程序在执行完 try 语句块里的代码后，跳过 except 中的语句块，最后跳转到 finally 处执行其中的代码。

【例 8-1-7】 try/except/finally 语句幂运算异常应用。

解 题 步 骤

步骤 1：接收用户输入。

步骤 2：元素类型判断。

步骤 3：元素类型转换。

步骤 4：输出运算结果。

步骤 5：处理异常信息。

-----程 序 代 码-----

```
#1.从键盘接收两个数
num1 = input("请输入第一个正整数：")
num2 = input("请输入第二个正整数：")

#2.利用 try/except/finally 语句进行异常处理
try:
    if num1.isdigit() and num2.isdigit():          #判断输入的两个数是否均为数字
        num1 = int(num1)                           #将数字字符串 num1 转化为数字类型
        num2 = int(num2)                           #将数字字符串 num2 转化为数字类型
    print(num1,"的",num2,"次方为：",num1**num2)      #进行幂运算
except Exception as e:
    print("检测到异常，提示信息为：",e)               #打印异常信息
finally:
    print("两数之间的幂运算程序执行完毕！")            #程序运行结束
```

提示

默认情况下，input()函数接受一个标准输入数据，返回为 string 类型。即使从键盘输入的是数字，也是字符串类型，案例如下。

-----解 题 步 骤-----

步骤 1：接收用户输入。

步骤 2：输出用户输入数据。

步骤 3：输出用户输入数据的类型值。

-----程 序 代 码-----

```
content = input("请输入一个数字：")   #从键盘接收一个值的输入
print(content)                        #打印输入的值
print(type(content))                  #打印输入值的类型
```

该运行结果如图 8-1-8 所示。

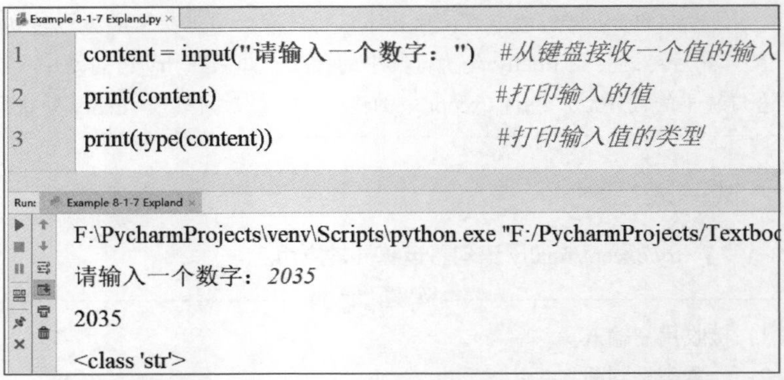

```
Example 8-1-7 Expland.py
1   content = input("请输入一个数字：")  #从键盘接收一个值的输入
2   print(content)                       #打印输入的值
3   print(type(content))                 #打印输入值的类型

Run: Example 8-1-7 Expland
F:\PycharmProjects\venv\Scripts\python.exe "F:/PycharmProjects/Textboc
请输入一个数字：2035
2035
<class 'str'>
```

图 8-1-8
输入类型判断

运行程序，当输入内容均为数字，利用 int()函数将其转换为数字类型时，幂运算被成功执行。当输入的类型不同且不全为数字时，显而易见，这种操作是不被允许的，系统会成功捕获异常信息，幂运算操作失败，最后不管是否发生异常，finally 语句中的代码都会被成功执行。

当 num1 输入数字、num2 输入非数字时，运行结果如图 8-1-9 所示。

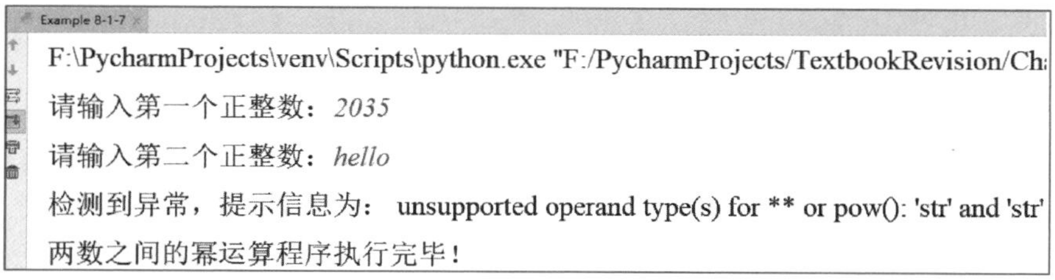

```
Example 8-1-7
F:\PycharmProjects\venv\Scripts\python.exe "F:/PycharmProjects/TextbookRevision/Ch
请输入第一个正整数：2035
请输入第二个正整数：hello
检测到异常，提示信息为： unsupported operand type(s) for ** or pow(): 'str' and 'str'
两数之间的幂运算程序执行完毕！
```

图 8-1-9
num1 数字及 num2
非数字操作异常

当 num1 输入非数字、num2 输入数字时，运行结果如图 8-1-10 所示。

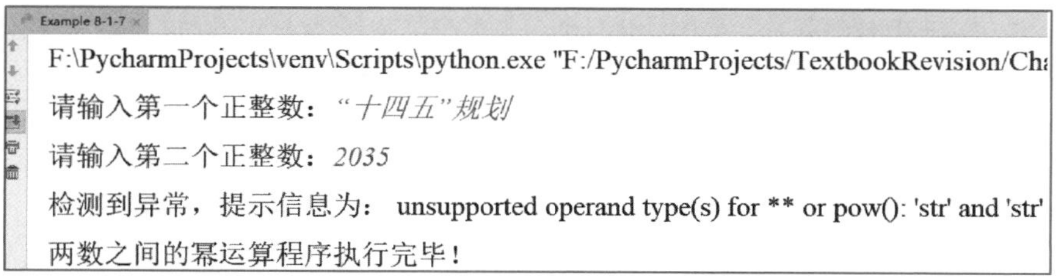

```
Example 8-1-7
F:\PycharmProjects\venv\Scripts\python.exe "F:/PycharmProjects/TextbookRevision/Ch
请输入第一个正整数："十四五"规划
请输入第二个正整数：2035
检测到异常，提示信息为： unsupported operand type(s) for ** or pow(): 'str' and 'str'
两数之间的幂运算程序执行完毕！
```

图 8-1-10
num1 非数字及 num2
数字操作异常

当 num1、num2 输入均为非数字时，运行结果如图 8-1-11 所示。

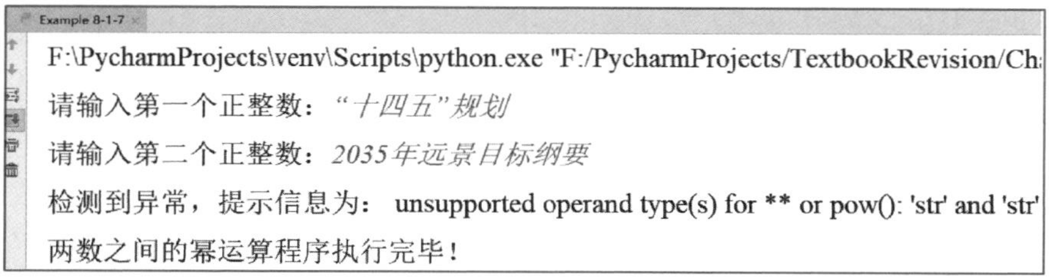

```
Example 8-1-7
F:\PycharmProjects\venv\Scripts\python.exe "F:/PycharmProjects/TextbookRevision/Ch
请输入第一个正整数："十四五"规划
请输入第二个正整数：2035年远景目标纲要
检测到异常，提示信息为： unsupported operand type(s) for ** or pow(): 'str' and 'str'
两数之间的幂运算程序执行完毕！
```

图 8-1-11
num1 和 num2 均
为非数字操作异常

当 num1、num2 输入均为数字时，运行结果如图 8-1-12 所示。

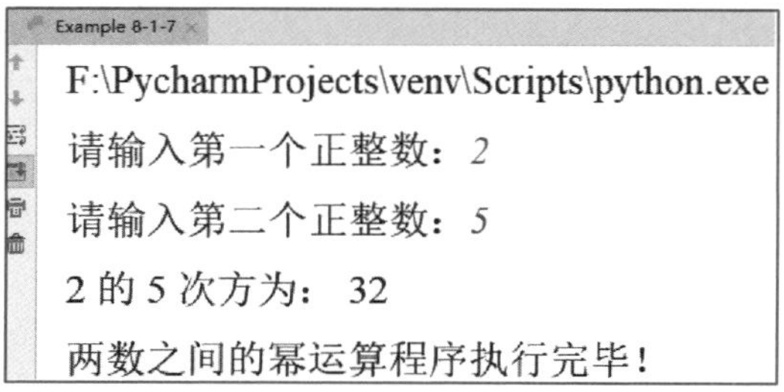

```
Example 8-1-7
F:\PycharmProjects\venv\Scripts\python.exe
请输入第一个正整数：2
请输入第二个正整数：5
2 的 5 次方为： 32
两数之间的幂运算程序执行完毕！
```

图 8-1-12
幂运算成功执行

思考

当输入的数字不是正整数而是负整数时，如 num1=−5、num2=2 或者 num1=5、num2=2，又会发生怎样的情况呢？重新运行程序，输入上述值进行结果验证。

小经验

不同的数据类型一般是无法直接进行相互操作的，当然对于一些特性相近的类型，利用系统提供的函数可以进行相互转换。例如，字符串'2050'，可以利用 int()函数将其转换为数字 2050。

（3）try/except/else 语句

语法格式如下。

```
try:
    [语句块]
except Exception[as reason]:
     出现异常（exception）后的处理代码
else:
     没有异常后被执行的代码
```

注 意

如果一旦检测到 try 语句块中有任何异常，程序就会根据异常类型跳转到 except 处执行对应异常类型的处理代码，最后终止程序的执行。如果在 try 语句块中没有检测到任何异常，程序在执行完 try 语句块中的代码后，跳转到 else 处执行其中的代码。

试一试

【例 8-1-8】 利用 try/except/else 语句捕获数字转换异常。

解 题 步 骤

步骤 1：定义列表。

步骤 2：接收用户输入列表下标。

步骤 3：获取列表单个元素。

步骤 4：处理异常信息。

程 序 代 码

```
#1.定义列表
data = ['2035', '2036', '2037', '2038']

#2.处理异常
try:
    dataIndex = int(input("请输入列表元素下标（0-3）：")) #接收输入的元素下标
    result = data[dataIndex]                           #根据下标获取列表中的元素
except Exception as e:
    print("检测到异常，提示信息为：",e)     #打印异常信息
else:
    print("获取列表中的元素为：",result)    #打印列表元素值
```

未按照提示输入，输入值为非数字字符串，运行结果如图 8-1-13 所示。

```
Example 8-1-8
F:\PycharmProjects\venv\Scripts\python.exe "F:/PycharmProjects/Textbo
请输入列表元素下标（0-3）：创新
检测到异常，提示信息为： invalid literal for int() with base 10: '创新'
```

图 8-1-13
int()函数转换异常

按照提示输入，输入的下标超过列表元素个数，运行结果如图 8-1-14 所示。

```
Example 8-1-8
F:\PycharmProjects\venv\Scripts\python.exe "F:/Pych
请输入列表元素下标（0-3）：8
检测到异常，提示信息为： list index out of range
```

图 8-1-14
索引越界异常

按照提示输入，输入正确下标值，运行结果如图 8-1-15 所示。

```
Example 8-1-8
F:\PycharmProjects\venv\Scripts\python.exe
请输入列表元素下标（0-3）：2
获取列表中的元素为： 2037
```

图 8-1-15
成功获取列表元素

注 意

情况 1：发生异常。

运行程序提示输入下标值，输入内容为 list，从控制台接收的输入内容默认情况下为字符串类型，由于需要利用下标获取列表中的元素，因此需要利用 int()函数将其转换为 int 类型才能运算。由于 list 不是数字类型的字符串，利用 int()函数无法将其转换成功，此时程序成功捕获异常，执行 except 语句中的内容，异常信息被打印到控制台，else 语句块中的内容不会被执行。

运行程序提示输入下标值，输入内容为"8"，利用 int()函数成功将其转换为数字类型。通过观察，定义的列表长度为 4，显然数字 8 已经超过了列表长度，下标越界，此时程序成功捕获异常，异常信息被打印到控制台，else 语句块中的内容也不会被执行。

情况 2：无异常发生。

当输入下标值为 2 时，由于列表长度为 4，利用此下标访问元素，此时无异常发生，不会触发 except 语句执行。相反，else 语句块会被执行，列表中的第 3 个元素被成功打印到控制台。

小经验

try/except/else 语句是在 try/except 语句结构基础上，增加了一个 else 语句块，else 有什么作用呢？else 语句块的作用是指定 try 语句块中没有发现异常时要执行的语句。换句话说，当 try 语句块中发现异常，执行 except 语句中的内容，当 try 语句块中无异常发生时，执行 else 语句块中的语句。通过观察可以发现，这其实就是程序执行选择的过程。

（4）try (with)/except 语句

语法格式如下。

```
try:
    with <语句> as name:
    [语句块]
except Exception[as reason]:
    出现异常（exception）后的处理代码
```

注 意

with 语句是从 Python 2.5 引入的一个新的语法，用于简化 try/except/finally 语句的处理流程，with 语句可以很好地处理上下文环境产生的异常。存在一些任务，可能事先需要设置，事后需要进行清理工作。对于这种情况，Python 中的 with 语句提供了一种非常方便的处理方式，常见的应用就是文件处理。

试一试

【例 8-1-9】 利用 try(with)/except 语句捕获访问不存在文件异常。

解题步骤

步骤 1：接收用户输入文件路径。

步骤 2：打开文件。

步骤 3：读取文件内容。

步骤 4：处理异常信息。

程序代码

```
#1.获取文件路径
filePath = input("请输入需要获取数据的文件路径：")

#2.读取文件内容，同时处理过程中的异常发生
try:
    #使用 with 语句打开文件，as 关键字设置 with 语句别名为 f
    with open(filePath) as contents:
        for content in contents:              #通过 for 循环遍历文件中的内容
            print(content,end="")             #按行打印文件内容
except Exception as e:
    print("检测到异常，提示信息为：", e)    #打印异常信息
```

提示 如果文件存在，并且输入的文件路径正确，程序成功读取文件中的数据，并将其打印到控制台。如果输入的路径不正确或者文件不存在，系统捕获异常，打印异常信息，提示文件或目录不存在，文件内容读取失败。

文件存在，同时文件路径正确时，运行结果如图 8-1-16 所示。

```
Example 8-1-9
F:\PycharmProjects\venv\Scripts\python.exe "F:
请输入需要获取数据的文件路径：d:\test.txt
第一节 加强关键数字技术创新应用
第二节 加快推动数字产业化
第三节 推进产业数字化转型
```

图 8-1-16
文件内容读取成功

路径不正确或者文件不存在时，运行结果如图 8-1-17 所示。

```
Example 8-1-9
F:\PycharmProjects\venv\Scripts\python.exe "F:/PycharmProjects/TextbookRevisi
请输入需要获取数据的文件路径：d:\content.txt
检测到异常，提示信息为：[Errno 2] No such file or directory: 'd:\\content.txt'
```

图 8-1-17
文件内容读取异常

相关知识

1. end 关键字

print()函数默认是打印一行信息，结尾会执行换行操作。利用 end=""告诉程序，末尾不执行换行操作。

2. open()函数

open()函数用于打开一个文件，在对文件进行处理过程中都需要使用该函数，如果该文件无法被打开，则会抛出异常，终止后续操作。使用过程中文件路径是必须传入的参数，作用是指定文件所属位置。

小经验

Python 中的 with 语句提供了一个有效机制，让代码更简练，同时在异常产生时，清理工作更简单。with 语句适用于对资源进行访问的场合，确保不管程序运行过程中是否发生异常都会执行必要的“清理”操作，释放资源，如文件使用后自动关闭、数据库连接、共享资源的访问控制等。

2. Python 标准异常

学一学

在程序执行时可能会遇到不同类型的异常，需要针对不同类型的异常做出不同的响应，有针对性地处理这些异常，这就需要对错误类型进行匹配和处理。

常见 Python 标准异常类型见表 8-1-2。

表 8-1-2 Python 标准异常类型

异常类型	描述
ImportError	导入模块失败
SyntaxError	语法错误
TypeError	不同类型间的无效操作
IndexError	索引超出序列的范围
AttributeError	尝试访问未知的对象属性
ValueError	传入无效的参数
NameError	尝试访问一个不存在的变量
MemoryError	内存溢出
IOError	输入/输出操作失败
KeyError	字典中查找一个不存在的关键字
ZeroDivisionError	除法运算中除数为 0 引发此异常

标准异常类型使用的语法基本形式如下。

```
try:
    #尝试执行的代码
    pass
except 错误类型 1:
    #针对错误类型 1，对应的代码处理
    pass
except (错误类型 2, 错误类型 3):
    #针对错误类型 2 和 3，对应的代码处理
    pass
except Exception as result:
    print("未知错误：",result)
```

小经验

Python 中关键字 pass 属于占位关键字，一般是在开发中利用它占据函数体，确定整个模块的基本框架和结构，当需要实现具体功能时，删除关键字 pass 填充函数体。关键字 pass 的合理使用可以方便开发者组织程序，当程序运行到 pass 时，不会执行任何操作。

试一试

【例 8-1-10】 根据索引访问列表元素，匹配和处理多个异常。

----------解 题 步 骤----------

步骤 1：定义字符串列表。

步骤 2：根据索引获取列表元素。

步骤 3：处理异常信息。

----------程 序 代 码----------

```
#1.定义一个字符串列表
strList = ['hello','world','python','is','so','easy']

#2.获取列表元素，如发生异常则进行处理
try:
    strIndex = int(input("请输入列表元素索引：")) #接收列表索引
    print(strList[strIndex])                     #根据下标获取列表元数
except IndexError:                               #索引超出序列范围引发的异常
    print("提示：索引超出列表的范围")
except ValueError:                               #传入无效参数引发的异常
    print("提示：输入的索引无效")
```

输入合理索引，无异常发生，运行结果如图 8-1-18 所示。

```
Example 8-1-10
F:\PycharmProjects\venv\Scripts\python.exe
请输入列表元素索引：2
python
```

图 8-1-18
列表元素获取成功

输入无效索引，引发异常，运行结果如图 8-1-19 所示。

```
Example 8-1-10
F:\PycharmProjects\venv\Scripts\python.exe
请输入列表元素索引：a
提示：输入的索引无效
```

图 8-1-19
输入无效参数异常

输入索引超出列表范围，引发异常，运行结果如图 8-1-20 所示。

```
Example 8-1-10
F:\PycharmProjects\venv\Scripts\python.exe
请输入列表元素索引：8
提示：索引超出列表的范围
```

图 8-1-20
索引越界异常

注 意

情况 1：无异常。

根据系统提示，输入索引数字 2，由于列表长度为 6，并未超过最大范围，无异常发生，成功获取列表中的第 3 个元素。

情况 2：ValueError 异常。

根据系统提示，输入字符串 “a”，利用索引访问列表。索引必须是数字，所以引发 ValueError 异常，利用 try/except 语句成功捕获此异常，打印提示信息。

情况 3：IndexError 异常。

根据系统提示，输入索引数字 8，由于列表长度为 6，已超过最大范围，所以引发 IndexError 异常，利用 try/except 语句成功捕获此异常，打印提示信息。

相关知识

执行 try 下的语句，如果引发异常，则执行过程会跳到第 1 个 except。如果第 1 个 except 中定义的异常与引发的异常匹配，则执行该 except 中的语句。如果引发的异常不匹配第 1 个 except，则会搜索第 2 个 except，允许编写的 except 数量没有限制。如果所有的 except 都不匹配，则异常会传递到下一个调用该代码的最高层 try 代码中。

小经验

处理用户输入数据或业务逻辑时，可能引发多种类型异常，每种类型异常需要单独处理，此时就需要多个 except 子句来帮忙。一个 try 语句可以匹配多个 except 子句，以指定不同异常的处理程序。

练一练

定义一个函数实现两数相除，对各种错误输入进行处理，同时进行友好提示。根据程序提示输入被除数和除数，当输入除数为 0 时，提示信息为“注意：除数不能为 0”。

当被除数和除数输入有字符串时，提示信息为“注意：请输入正确的整数”。最后还要保证不管程序是否出现异常都必须执行一条打印语句，内容为“该程序运行结束”。

调用该函数，第1次执行数字2035和5相除，第2次执行数字2035和0相除，第3次执行字符串“2035”和字符串“hello”相除，运行结果如图8-1-21～图8-1-23所示。

```
Example 8-1-11
F:\PycharmProjects\venv\Scripts\python.exe
请输入被除数：2035
请输入除数：5
407.0
该程序运行结束
```

图 8-1-21
除法运算成功执行

```
Example 8-1-11
F:\PycharmProjects\venv\Scripts\python.exe
请输入被除数：2035
请输入除数：0
注意：除数不能为0
该程序运行结束
```

图 8-1-22
除数为 0

```
Example 8-1-11
F:\PycharmProjects\venv\Scripts\python.exe
请输入被除数：2035
请输入除数：hello
注意：请输入正确的整数
该程序运行结束
```

图 8-1-23
输入类型错误

8.2 异常应用

想一想

掌握了异常的概念、异常语句、异常处理，如何合理使用异常变得尤为重要。有效处理异常可以增加程序的健壮性，减少程序出错的次数并在出错后仍能保证程序正常执行。

实际开发中，系统提供的异常类型不能完全满足开发的需求，开发者可以定义属于自己的异常类来解决这类问题。

8.2.1 抛出异常

Python 程序运行时，代码执行出现错误，Python 解释器会抛出异常。根据应用程序特有的业务需求，在程序的某些地方也会主动抛出异常，通知调用该代码的程序有错误发生。异常可以作为代码运行的标志，通过主动触发异常可以改变代码的运行路线，从而提高代码的健壮性。

微课 8.2
raise 语句使用

Python 允许开发者在程序中手动设置异常，使用 raise 语句即可。初学者可能会感到疑惑，因为从程序运行角度来说，保证程序的顺利执行和正常运行是程序可靠的前提，为什么还要手动设置异常呢？首先要分清楚程序发生异常和程序执行错误是有区别的。程序由于错误导致的运行异常，是需要开发者想办法解决的，但还有一些异常，是程序正常运行的结果，以达到特定的目的，程序中常常利用 raise 语句手动引发的异常。

raise 语法格式如下。

```
raise [exceptionName [(reason)]]
```

注 意

其中，用[]括起来的为可选参数，其作用是指定抛出的异常名称，以及异常信息的相关描述。如果可选参数全部省略，则 raise 语句会把当前错误原样抛出。如果仅省略(reason)，则在抛出异常时，将不附带任何的异常描述信息。

小经验

raise 语句有以下两种常见的用法。

① raise 异常类名称：raise 后带异常类名称，表示引发执行类型的异常。

② raise 异常类名称（描述信息）：在引发指定类型异常的同时，附带异常的描述信息。

【例 8-2-1】 使用 raise 语句抛出指定异常。

---解 题 步 骤---

步骤 1：接收用户输入。

步骤 2：判断输入数据类型。

步骤 3：进行数据类型转换。

步骤 4：处理异常信息。

步骤 5：输出转换结果。

---程 序 代 码---

```
#1.接收一个输入
zero = input("请输入一个数字:")

#2.判断输入的值是否为数字
if zero.isdigit():                    #输入值为数字
    num = int(zero)                   #将输入值类型转换为数字类型
```

```
        if num == 0:
            #如果输入的值为 0，主动抛出 ZeroDivisionError 异常
            raise ZeroDivisionError
    else:                                   #输入值不为数字
        raise ValueError                    #主动抛出 ValueError 异常

    #3.打印输入内容
    print("提示：输入的数字为：",zero)
```

输入内容为字符串，主动触发 ValueError 异常，运行结果如图 8-2-1 所示。

```
Example 8-2-1
F:\PycharmProjects\venv\Scripts\python.exe "F:/PycharmProjects/Textbookl
请输入一个数字:诚信
Traceback (most recent call last):
  File "F:/PycharmProjects/TextbookRevision/Chapter8/Example 8-2-1.py",
    raise ValueError #主动抛出ValueError异常
ValueError
```

图 8-2-1
抛出 ValueError 异常

输入内容为非 0 数字，无异常发生，打印输入内容，运行结果如图 8-2-2 所示。

```
Example 8-2-1
F:\PycharmProjects\venv\Scripts\python.exe
请输入一个数字:2035
提示：输入的数字为： 2035
```

图 8-2-2
程序正常执行

输入内容为 0，主动触发 ZeroDivisionError 异常，运行结果如图 8-2-3 所示。

```
Example 8-2-1
F:\PycharmProjects\venv\Scripts\python.exe "F:/PycharmProjects/TextbookRevisio
请输入一个数字:0
Traceback (most recent call last):
  File "F:/PycharmProjects/TextbookRevision/Chapter8/Example 8-2-1.py", line 8,
    raise ZeroDivisionError #如果输入的值为0，主动抛出ZeroDivisionError异常
ZeroDivisionError
```

图 8-2-3
抛出 ZeroDivisionError 异常

【例 8-2-2】 使用 raise 语句抛出指定异常和异常描述信息。

------------------------解 题 步 骤------------------------

步骤 1：接收用户输入。
步骤 2：判断输入数据类型。
步骤 3：进行数据类型转换。
步骤 4：处理异常信息。
步骤 5：输出转换结果。

程 序 代 码

```
#1.定义年龄阶段函数
def ageStage(strAge):
    try:
        if not strAge.isdigit():                    #判断年龄输入是否有误
            raise ValueError("请输入正确的年龄！")

        age = int(strAge)                           #将输入的年龄值转换为数字类型

        if 0<= age <= 6:                            #年龄区间判断
            raise ValueError('您处于童年时期！')  #主动抛出异常信息
        elif 7 <= age <= 17:
            raise ValueError('您处于少年时期！')
        elif 18 <= age <= 40:
            raise ValueError('您处于青年时期！')
        elif 41 <= age <= 65:
            raise ValueError('您处于中年时期！')
        elif 65 <= age <= 100:
            raise ValueError('您处于老年时期！')
        else:
            raise ValueError('您的年龄已超过 100 岁！')
    except Exception as e:
        print("提示信息：",e)                        #打印抛出的异常信息

#2.调用函数
strAge = input("请输入您的年龄：")
ageStage(strAge)
```

输入不正确年龄格式，运行结果如图 8-2-4 所示。

```
Example 8-2-2
F:\PycharmProjects\venv\Scripts\python.exe
请输入您的年龄：友善
提示信息： 请输入正确的年龄！
```

图 8-2-4
格式不符抛出异常

输入正确年龄格式，运行结果如图 8-2-5 所示。

```
Example 8-2-2
F:\PycharmProjects\venv\Scripts\python.exe
请输入您的年龄：24
提示信息： 您处于青年时期！
```

图 8-2-5
抛出异常给定信息

小经验

主动抛出异常使用raise语句触发，只能通过人工方式指定异常抛出的位置。一旦执行raise语句，raise后面的语句将不再执行。

8.2.2 自定义异常

实际开发中，系统提供的异常类型不能完全满足开发需求，这时可以通过创建一个新的异常类来拥有自己的异常。

Python允许开发者自定义异常，用于描述Python中没有涉及的异常情况，自定义异常必须继承Exception类，自定义异常按照命名规范通常以“Error”结尾。自定义异常使用raise语句引发，且只能通过人工方式触发。

【例8-2-3】 通过自定义异常类处理用户名密码长度问题。

微课8.3
自定义异常

------解题步骤------

步骤1：自定义异常类。

步骤2：定义用户密码验证方法，处理异常信息。

步骤3：调用方法。

------程序代码------

```
#1.自定义异常类，继承基类 Exception
class LengthException(Exception):
    #异常类对象 info 属性初始化
    def __init__(self,info):
        self.info = info
    #返回异常类对象的描述信息
    def __str__(self):
        return self.info

#2.定义方法实现异常类的应用
def getUserPwd():
    userPwd = input("请输入用户密码：")             #接收用户密码输入
    length = len(userPwd)                          #计算密码长度
    try:
        if length == 0:                            #密码长度为 0
            raise LengthException("提示：用户密码不能为空！")
        elif 0 < length < 6:                       #密码长度在 1 到 6 之间
            raise LengthException("提示：用户密码不能少于 6 位!")
        elif length > 16:                          #密码长度大于 16
            raise LengthException("提示：用户密码不能大于 16 位!")
        else:                                      #密码输入符合规则
            print("提示：您输入的密码为"+userPwd+",符合规则")
    except LengthException as e:                   #打印异常信息
```

```
        print(e)

#3.调用方法
getUserPwd()
```

用户不输入任何内容，运行结果如图 8-2-6 所示。

```
Example 8-2-3
F:\PycharmProjects\venv\Scripts\python.exe
请输入用户密码:
提示: 用户密码不能为空!
```

图 8-2-6
密码为空

用户输入密码长度不足，运行结果如图 8-2-7 所示。

```
Example 8-2-3
F:\PycharmProjects\venv\Scripts\python.exe
请输入用户密码: cqvie
提示: 用户密码不能少于6位!
```

图 8-2-7
密码长度不足

用户输入密码长度过长，运行结果如图 8-2-8 所示。

```
Example 8-2-3
F:\PycharmProjects\venv\Scripts\python.exe
请输入用户密码: honest and friendly
提示: 用户密码不能大于16位!
```

图 8-2-8
密码长度过长

用户输入密码符合规则，运行结果如图 8-2-9 所示。

```
Example 8-2-3
F:\PycharmProjects\venv\Scripts\python.exe "F:/Pycha
请输入用户密码: LearnPythonWell
提示: 您输入的密码为LearnPythonWell,符合规则
```

图 8-2-9
密码符合规则

相关知识

在 Python 语言中，各种类型的异常错误都有对应的类，所有的错误类型都继承于 BaseException 类。在处理异常时，一定要注意异常的继承关系。为了更好地掌握 Python 异常自定义的使用，需要了解 Python 标准异常继承树，如图 8-2-10 所示。

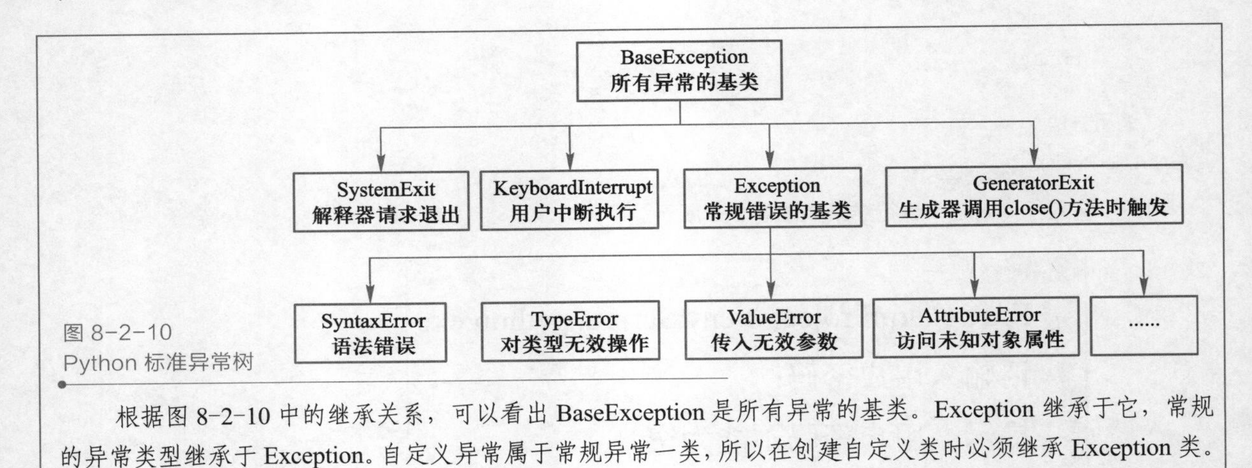

图 8-2-10
Python 标准异常树

根据图 8-2-10 中的继承关系，可以看出 BaseException 是所有异常的基类。Exception 继承于它，常规的异常类型继承于 Exception。自定义异常属于常规异常一类，所以在创建自定义类时必须继承 Exception 类。

小经验

① 自定义异常类必须继承 Exception 类，可直接或间接继承。

② 自定义异常类利用 raise 语句主动抛出异常。

③ 通过异常处理语句可处理抛出的自定义异常。

练一练

通过自定义异常处理用户输入的性别数据，需完成以下功能。

① 自定义一个异常类 GenderException，类中不做任何操作。

② 定义一个函数 GenderJudge 对数据进行处理，接收从键盘输入用户性别数据，当输入“男”或“女”时，表示性别输入正确，无抛出异常，打印输入的用户性别数据。当用户输入其他数据时，判断性别有误，主动抛出异常，打印提示信息“提示：请输入正确的性别”。

输入正确数据时，运行结果如图 8-2-11 所示。

图 8-2-11
输入正确数据

输入无效数据时，运行结果如图 8-2-12 所示。

图 8-2-12
输入无效数据

8.3 举一反三

任务 8.3.1 现目前需要对青少年上网时间进行统计，收集用户性别、年龄、上网时间（单位：分钟）3 项信息，分析青少年上网行为，从而控制青少年上网时间。

现有如下要求。

① 性别只能是男或女，若输入的是其他值，主动抛出异常信息“提示：性别不详”，无异常则打印输入的值。

② 年龄范围控制在 0～18 岁，若不在此范围，抛出异常信息“提示：您不属于青少年”，否则打印输入的值。

③ 不能连续上网两小时以上，若超过此范围，抛出异常信息“提示：您上网时间过长”，否则打印输入的值。

----------解 题 步 骤----------

步骤 1：自定义性别异常类、年龄异常类、上网时间异常类。

步骤 2：定义青少年上网时间统计函数，通过自定义的异常类处理异常信息。

步骤 3：调用方法。

----------程 序 代 码----------

```
#1.自定义异常类
#1)性别异常类
class GenderException(Exception):
    pass
#2)年龄异常类
class AgeException(Exception):
    pass
#3)上网时间异常类
class OnlineTimeException(Exception):
    pass

#2.定义青少年上网时间统计函数
def checkInfo():
    #1)性别匹配
    sex = input("请输入性别：")
    if sex not in ("男", "女"):
        raise GenderException("提示：性别不详")

    #2)年龄匹配
    age = int(input("请输入年龄："))
    if age < 0 or age >18:
        raise AgeException("提示：您不属于青少年")

    #3)上网时间匹配
```

```
            time = int(input("请输入上网时间(分钟)："))
            if time > 120:
                raise OnlineTimeException("提示：您上网时间过长")

            print("您的性别：",sex)
            print("您的年龄：",age,"岁")
            print("您的上网时间：",time,"分钟")

        #3.用 try-except 处理异常
        try:
            checkInfo()
        except GenderException as g:
            print(g)
        except AgeException as a:
            print(a)
        except OnlineTimeException as o:
            print(o)
```

运行结果如图 8-3-1～图 8-3-4 所示。

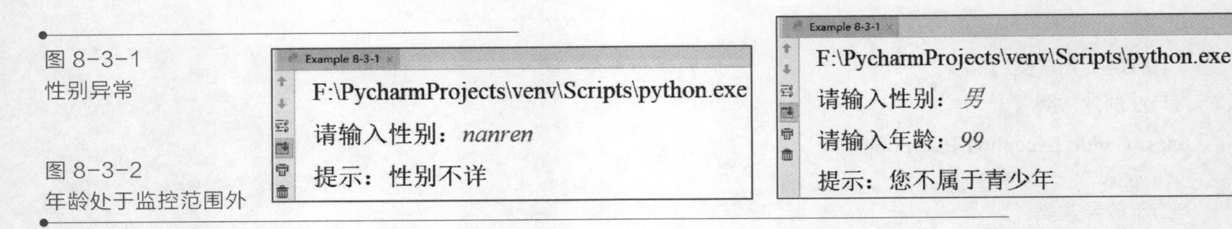

图 8-3-1
性别异常

图 8-3-2
年龄处于监控范围外

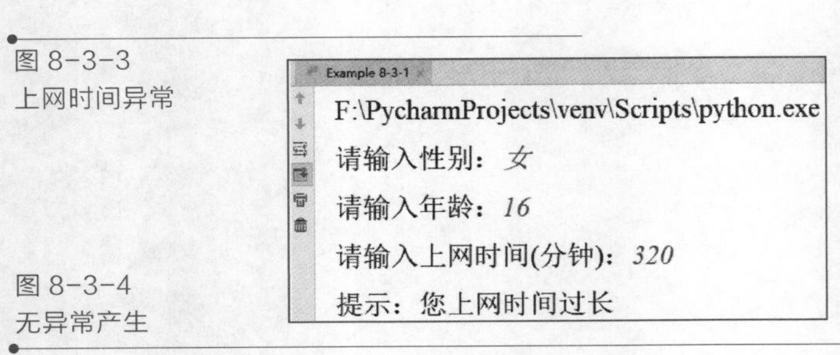

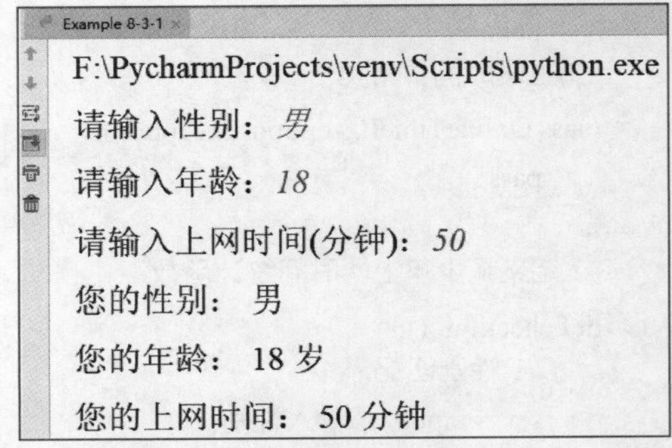

图 8-3-3
上网时间异常

图 8-3-4
无异常产生

练一练

任务 8.3.2　进行数字匹配游戏，系统随机生成一个 20～30 的整数，判断用户输入数字与系统产生的随机数字是否匹配。

现需实现以下功能。

① 提示用户输入，提示信息为“请输入 20～30 的整数：”。

② 如果用户输入的数字小于 20，提示信息为“您输入的数字已低于最小值”。

③ 如果用户输入的数字大于 20，提示信息为“您输入的数字已超过最大值”。

④ 如果用户输入的内容不是数字，提示用户错误信息为“输入错误！请重新输入 20～30 的整数”，让用户重新输入，提示信息为“请输入 20～30 的整数：”。

⑤ 如果输入的数字大于产生的随机数，提示信息为“数字大了”并输出输入的数字。

⑥ 如果输入的数字小于产生的随机数，提示信息为“数字小了”并输出输入的数字。

⑦ 输入的数字等于产生的随机数，提示信息为“恭喜你，猜中数字，游戏结束”，最后退出循环。

---解 题 步 骤---

步骤 1：导入随机数模块。

步骤 2：产生 20～30 的随机整数。

步骤 3：控制循环输出，处理异常信息。

---程 序 代 码---

```
#1.导入随机数模块
import random
#2.产生 20～30 之间的随机数
num = random.randint(20,30)
#3.控制循环输出
while True:
    try:
        guess = int(input("请输入 20～30 的整数："))      #接收用户的数字输入
        if guess < 20:                                    #输入的数字小于 20
            print("您输入的数字已低于最小值")
            continue
        elif guess > 30:                                  #输入的数字大于 30
            print("您输入的数字已超过最大值")
            continue
    except Exception as e:                  #处理异常信息
        print("输入错误！请重新输入 20～30 的整数")
        continue
    if guess > num:                         #输入的数字大于产生的随机数
        print("数字大了",guess)
    elif guess < num:                       #输入的数字小于产生的随机数
        print("数字小了", guess)
    else:                                   #输入的数字等于产生的随机数，退出循环
        print("恭喜你，猜中数字，游戏结束")
        break
```

运行结果如图 8-3-5 所示。

```
Example 8-3-2
请输入20~30的整数：10
您输入的数字已低于最小值
请输入20~30的整数：45
您输入的数字已超过最大值
请输入20~30的整数：二十
输入错误！请重新输入20~30的整数
请输入20~30的整数：25
数字小了 25
请输入20~30的整数：29
恭喜你，猜中数字，游戏结束
```

图 8-3-5
数字匹配

任 务 小 结

通过以上任务的实施，掌握了自定义异常类如何定义，如何抛出自定义异常和异常捕获语句的使用。了解了异常如何产生，如何定位错误问题，分析问题，解决问题，同时巩固了模块、while 循环和 if 语句的使用。

任务实施

8.4 异常处理实训

一、实训目的

① 掌握自定义异常类的定义与使用。
② 掌握异常捕获语句使用。
③ 掌握列表的使用。
④ 掌握自定义异常的抛出方法。
⑤ 掌握类的继承。

二、实训内容

用户登录认证是系统识别用户是否合法的一种方式，同时根据登录用户的不同分配不同的权限，以便用户可以在系统中进行相应操作。结合异常处理机制和自定义异常的使用，请完成以下功能。

① 定义用户白名单，利用列表存储 3 个用户名，分别为“admin”“python”和“exception”，表示合法的用户。

② 自定义 3 个异常类，分别为用户名检查异常类“NameException”、密码检查异常类“PasswordException”和用户名白名单异常类“NameWhiteException”。

③ 定义方法 userAuth，检查用户名和密码的合法性，根据不同情况触发不同异常信息。

- 判断用户输入的用户名长度，如果用户名长度小于 3 或者大于 8，利用 NameException 抛出异常信息为“提示：用户名长度为 3 到 8 之间”。
- 判断输入的用户名是否全为字母，如果不满足此条件，利用 NameException 抛出异常信息为“提示：用户名必须为字母”。
- 判断用户输入的用户名是否在用户白名单内，如果不满足此条件，利用 NameWhiteException 抛出异常信息为“提示：用户为非法账号”。
- 判断输入的密码长度是否为 6，如果不满足此条件，利用 PasswordException 抛出异常信息为“提示：密码长度为 6”。
- 判断输入的密码是否为数字或字母，如果不满足此条件，利用 PasswordException 抛出异常信息为“提示：密码必须是数字或字母”。

④ 进行用户名和密码验证，利用异常捕获语句处理异常，打印对应的异常提示信息，如验证通过，提示信息为“提示：恭喜！用户名密码验证通过”。

三、实训过程

------解 题 步 骤------

步骤 1：定义用户白名单。

步骤 2：自定义异常：用户名检查异常类、密码检查异常类、用户名白名单异常类。

步骤 3：定义方法，检查用户名和密码的合法性，通过自定义异常处理异常信息。

步骤 4：接收输入的用户名和密码。

步骤 5：调用用户认证方法，输出最终认证结果。

------程 序 代 码------

```
#1.定义用户白名单
whiteList = ['admin', 'python', 'exception']

#2.自定义异常类型
#1)定义用户名检查异常类
class NameException(Exception):
    pass
#2)定义密码检查异常类
class PasswordException(Exception):
    pass
#3)定义用户名白名单异常类
class NameWhiteException(Exception):
    pass

#3.定义方法，检查用户名和密码的合法性
def userAuth(userName, userPwd):
    #判断用户名长度，不满足条件给出提示信息
    if len(userName) < 3 or len(userName) > 8:
        raise NameException("提示：用户名长度为 3 到 8 之间")
    #判断用户名是否在用户白名单内，不满足条件给出提示信息
    if userName not in whiteList:
        raise NameWhiteException('提示：用户为非法账号')
```

```
        #判断用户名是否为字母，不满足条件给出提示信息
        if not userName.isalpha():
            raise NameException("提示：用户名必须为字母")
        #判断密码长度是否为 6，不满足条件给出提示信息
        if len(userPwd)!=6:
            raise PasswordException("提示：密码长度为 6")
        #判断密码组成是否为数字或字母，不满足条件给出提示信息
        if not userPwd.isalnum():
            raise PasswordException("提示：密码必须是数字或字母")

#4.接收输入的用户名和密码
userName = input("请输入用户名：")
userPwd = input("请输入密码 ：")

#5.异常捕获处理
try :
    userAuth(userName, userPwd)          #调用用户认证方法
except NameException as n:               #用户名检查异常类信息处理
    print(str(n))
except PasswordException as p:           #密码检查异常类信息处理
    print(str(p))
except NameWhiteException as w:          #用户名白名单异常类信息处理
    print(str(w))
else:                                    #用户名密码验证通过
    print("提示：恭喜！用户名密码验证通过")
```

用户输入的用户名长度不合法，运行结果如图 8-4-1 所示。

```
Example 8-4-1 ×
F:\PycharmProjects\venv\Scripts\python.exe
请输入用户名：account2035
请输入密码 ：2035
提示：用户名长度为3到8之间
```

图 8-4-1
用户名长度异常提示

用户输入的用户名不全为字母组成，运行结果如图 8-4-2 所示。

```
Example 8-4-1 ×
F:\PycharmProjects\venv\Scripts\python.exe
请输入用户名：Python24
请输入密码 ：123456
提示：用户名必须为字母
```

图 8-4-2
用户名组成异常提示

用户输入的用户名不在用户白名单内，运行结果如图 8-4-3 所示。

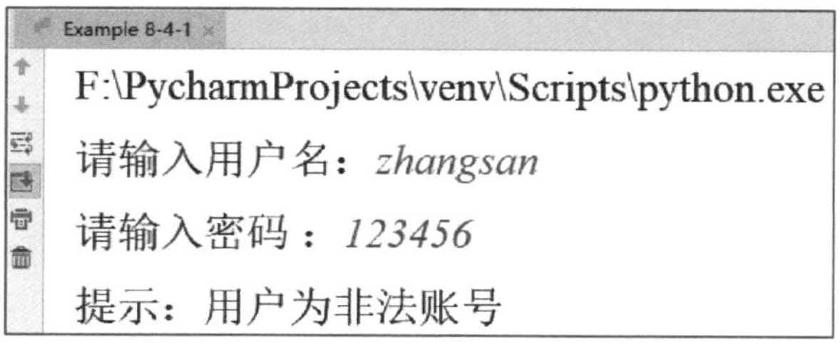
Example 8-4-1
F:\PycharmProjects\venv\Scripts\python.exe
请输入用户名：zhangsan
请输入密码：123456
提示：用户为非法账号

图 8-4-3
用户白名单异常提示

用户输入的密码长度不为 6，运行结果如图 8-4-4 所示。

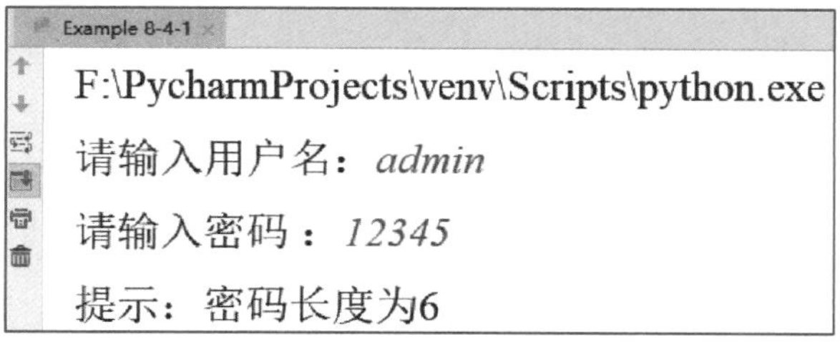
Example 8-4-1
F:\PycharmProjects\venv\Scripts\python.exe
请输入用户名：admin
请输入密码：12345
提示：密码长度为6

图 8-4-4
密码长度异常提示

用户输入的密码不是数字和字母组成，运行结果如图 8-4-5 所示。

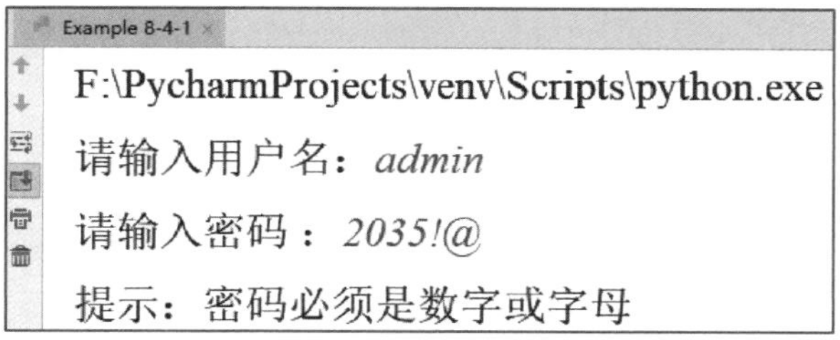
Example 8-4-1
F:\PycharmProjects\venv\Scripts\python.exe
请输入用户名：admin
请输入密码：2035!@
提示：密码必须是数字或字母

图 8-4-5
密码组成异常提示

用户输入的用户名和密码合法，运行结果如图 8-4-6 所示。

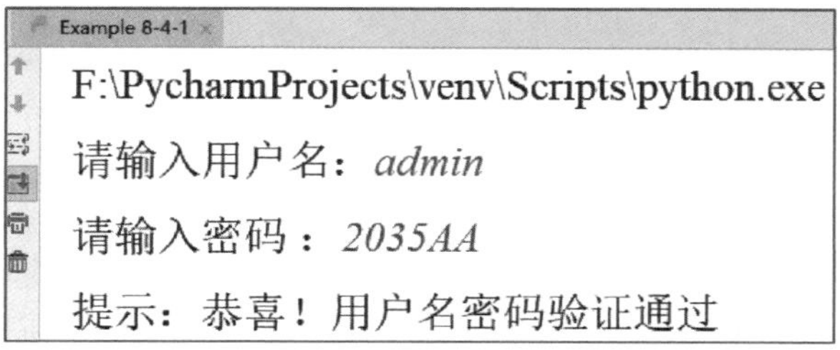
Example 8-4-1
F:\PycharmProjects\venv\Scripts\python.exe
请输入用户名：admin
请输入密码：2035AA
提示：恭喜！用户名密码验证通过

图 8-4-6
验证通过

8.5 任务反思

一、实训总结

通过本次实训，了解了如何运用异常捕获语句处理程序异常，如何将特定的信息传递给用户，引导用户进行合理操作，如何通过 raise 关键字主动抛出系统标准异常以及如何自定义异常和类继承的运用。

通过异常知识的学习，能够更好地理解 Python 异常处理机制和流程，提高程序的安全性和稳定性，同时帮助初学者更好地学习和理解 Python 语言。

二、常见错误分析

在编写程序时，难免会遇到错误，有的是编写人员疏忽造成的语法错误，有的是程序内部隐含逻辑问题造成的数据错误，还有的是程序运行时与系统的规则冲突造成的系统错误等。常见的几种异常情况如下。

1. SyntaxError：Python 的语法错误

示例代码：

```
a = 1。
```

运行结果：

```
    a = 1。
         ^
SyntaxError: invalid character in identifier
```

2. NameError：尝试访问一个不存在的变量

示例代码：

```
print(a)
```

运行结果：

```
    print(a)
NameError: name 'a' is not defined
```

3. IndexError：索引超出序列的范围

示例代码：

```
mylist = [1,2,3,4,5]
print(mylist[6])
```

运行结果：

```
    print(mylist[6])
IndexError: list index out of range
```

4. TypeError：不同类型间的无效操作

示例代码：

```
a = 2022
b = 'ni hao'
print(a+b)
```

运行结果：

```
    print(a+b)
TypeError: unsupported operand type(s) for +: 'int' and 'str'
```

5．ValueError：传入无效参数

示例代码：

```
    x = int(input("请输入一个数字: "))
    print(x)
```

运行结果：

```
请输入一个数字: ni hao
    x = int(input("请输入一个数字: "))
ValueError: invalid literal for int() with base 10: 'ni hao'
```

6．KeyError：字典中查找一个不存在的关键字

示例代码：

```
    myDict = {'name':'zhangsan','age':18}
    print(myDict['sex'])
```

运行结果：

```
    print(myDict['sex'])
KeyError: 'sex'
```

7．AttributeError：尝试访问未知的对象属性

示例代码：

```
    mylist = [1,2,3,4,5]
    print(mylist.len)
```

运行结果：

```
    print(mylist.len)
AttributeError: 'list' object has no attribute 'len'
```

8．ZeroDivisionError：除数为零

示例代码：

```
    result = 3/0
    print(result)
```

运行结果：

```
    result = 3/0
ZeroDivisionError: division by zero
```

技能测试

一、单选题

1．利用 try/except 语句可以帮助开发者处理异常，以下程序中捕获的异常为（　　）异常。

```
try:
    print(cloud)
except_________:
    print("该变量没有被定义")
```

A. KeyError　B. SyntaxError　C. IndexError　D. NameError

2. Python 中用于主动抛出异常的关键字是（　　）。

A. finally　B. raise　C. try　D. except

3. 在使用异常语句处理异常时，下列关键字出现顺序正确的是（　　）。

A. try/except/finally/else　B. try/except/else/finally

C. try/else/else/except　D. try/else/except/finally

4. 运行下列程序，当输入字母 a 时，程序运行结果为（　　）。

```
try:
    num = int(input("请输入一个数字："))
    print("输入的数字为:",num)
except Exception as e:
    print("异常信息：",e)
else:
    print("没有异常")
finally:
    print("程序执行完毕")
```

A. 请输入一个数字：a
异常信息：invalid literal for int() with base 10: 'a'
程序执行完毕

B. 请输入一个数字：a
输入的数字为:a
程序执行完毕

C. 请输入一个数字：a
没有异常
程序执行完毕

D. 请输入一个数字：a
异常信息：　invalid literal for int() with base 10: 'a'

5. 关于程序的异常处理，以下选项中描述错误的是（　　）。

A. Python 中通过 try、except 等保留字提供异常处理功能

B. 程序异常发生经过合理处理可以继续执行

C. 异常语句可以与 else 和 finally 保留字配合使用

D. Python 语言中的异常和错误是完全相同的概念

6. Python 中执行 result = 10/0 语句时，会产生以下（　　）异常。

A. SyntaxError　B. ZeroDivisionError

C. NameError　D. KeyError

二、填空题

1. 在 Python 中自定义异常，一般需要继承的基类是__________。

2. 在 Python 中通过__________关键字主动抛出异常。

3. 当访问列表元素时，指定的索引下标超过列表长度时，会引发__________异常。

4. __________关键字用于无论是否发生异常都将执行最后的代码。

5. Python 语法错误会引发__________异常。

三、简答题

1. 请列举常见的异常处理语句。

2. 请列举常见的标准异常类型。

四、编程题

实现列表数据动态存储，接收从键盘输入的数据存入列表中。为了防止输入操作有误，该程序还需满足以下条件。

① 通过 for 循环接收用户数据输入，循环次数为 4，提示用户输入的信息为“请输入一个整数:”。

② 通过 int()函数将输入的数据转换为 int 类型，如果输入的数据不是整数，处理异常信息，给出提示信息为“请输入整数!”，该数据不存入列表中。

③ 将输入正确的数据加入列表中。

④ 如果最终列表长度不为 4，主动抛出异常信息，给出提示信息为“您输入 4 个整数的任务未完成!”。

⑤ 如果输入的 4 个数据全为整数，打印整个列表的值。

单元 9

Python 文件操作

任务引导

掌握了异常的概念、异常错误信息分析、异常处理、抛出异常、自定义异常等知识和技能后，已经可以对突发异常进行处理，消除程序中的隐患，保证程序运行的稳定性和可靠性。但是怎样记录下运行过程中的各种异常，以便于分析原因改进程序呢？最简单的方式就是将程序的运行过程写入文件中。本任务将按以下 3 个步骤学习 Python 文件操作。

第 1 步：学习文件读取。

第 2 步：学习文件写入。

第 3 步：学习文件系统操作。

学习目标

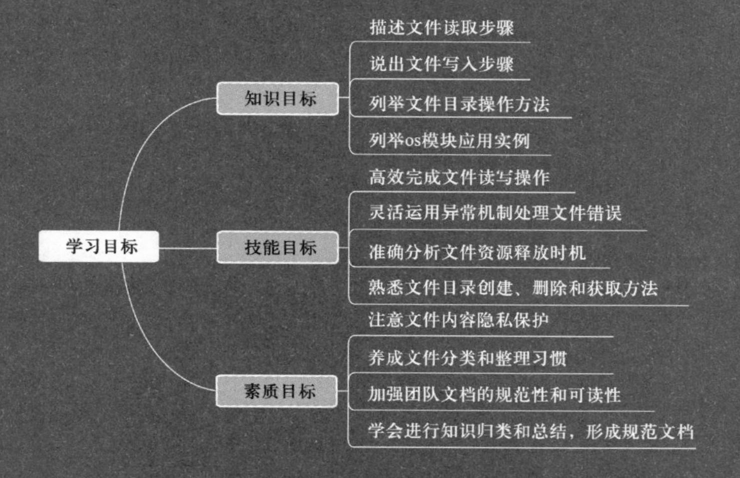

文件是计算机中数据持久化存储的表现形式，利用存储设备可以长期存储计算机的文件数据。常见的存储设备包括硬盘、U 盘、移动硬盘、光盘等，利用编程语言可以轻松从中读取和写入数据。

知识准备

9.1 文件读取与写入

想一想

日常办公数据存储于磁盘中，常见的有 PPT、Word、Excel 和 TXT 等文件，如何利用 Python 编程语言把数据永久保存于硬盘中，这就涉及应用程序操作硬件的范围，但是应用程序无法直接操作硬件，那么如何解决此问题呢？

操作系统把复杂的硬件操作封装成简单的接口给用户或应用程序使用，其中文件就是操作系统提供给应用程序来操作硬盘的虚拟概念，用户或应用程序通过操作文件，可以将数据永久保存下来。

9.1.1 文件读取

1. 文件操作步骤

在计算机中操作文件的步骤非常固定，一般包含 3 个步骤，如图 9-1-1 所示。

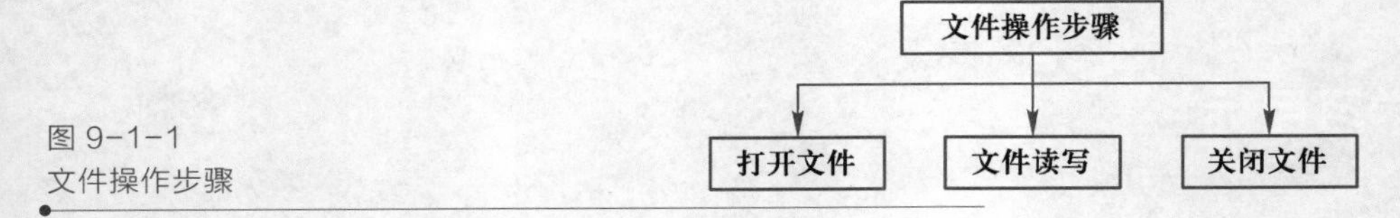

图 9-1-1 文件操作步骤

2. 文件操作函数

在 Python 中提供了操作文件最基础的函数，见表 9-1-1。

表 9-1-1 Python 文件基础函数

函数名称	功能说明
open	打开文件并返回文件操作对象
read	读取文件数据
write	写入数据到文件中
close	关闭文件

注 意

① 操作文件的前提是文件处于打开状态，可通过 open 函数打开文件，并且返回打开的文件对象。

② read 函数、write 函数和 close 函数均通过文件对象来调用。

3．打开文件

建立磁盘中文件与程序对象相关联，程序上叫打开文件，一旦文件被打开，文件的内容就可以通过相关的文件对象获得。

在 Python 中想要操作文件，首先需要创建或者打开指定的文件，并创建一个文件对象，而这些工作可以通过内置的 open()函数实现。

open()函数用于创建或打开指定文件，该函数的常用语法格式如下。

```
file_object = open(file_name [, mode='r' [ , buffering=-1 [ , encoding = None ]]])
```

注 意

此格式中，用[]括起来的部分为可选参数，既可以使用也可以省略。各个参数所代表的含义如下。

- file_object：表示要创建的文件对象。
- file_name：指定文件路径。
- mode：指定文件打开方式，默认文件访问模式为读，用字母 r 表示。
- buffering：用于指定对文件做读写操作时，是否使用缓冲区。
- encoding：手动设定打开文件时所使用的编码格式，防止乱码。

小经验

通常情况下，建议在使用 open()函数时打开缓冲区，即不需要修改 buffering 参数的值。如果 buffering 参数的值为 0（或者 False），则表示在打开指定文件时不使用缓冲区；如果 buffering 参数值为大于 1 的整数，该整数用于指定缓冲区的大小（单位是字节）；如果 buffering 参数的值为负数，则代表使用默认的缓冲区大小。

需要设置缓冲区的原因很简单，目前为止计算机内存的 I/O 速度仍远远高于计算机外设（如键盘、鼠标、硬盘等）的 I/O 速度，如果不使用缓冲区，则程序在执行 I/O 操作时，内存和外设就必须进行同步读写操作，也就是说，内存必须等待外设输入（输出）一个字节之后，才能再次输出（输入）一个字节。这意味着，内存中的程序大部分时间都处于等待状态。

如果使用缓冲区，则程序在执行输出操作时，会先将所有数据都输出到缓冲区中，然后继续执行其他操作，缓冲区中的数据会有外设自行读取处理；同样，当程序执行输入操作时，会先等外设将数据读入缓冲区中，无须同外设做同步读写操作。

试一试

【例 9-1-1】 读取指定路径的 Excel 文件对象信息。

解 题 步 骤

步骤 1：通过 open()函数打开指定文件。

步骤 2：输出文件对象信息。

步骤 3：利用 try/except/finally 语句处理异常信息。

程 序 代 码

```
#获取 Excel 文件对象信息
try:
```

```
        file = open(r"d:\data.xls")          #打开文件
        print(file)                          #打印文件对象信息
    except Exception as e:                   #处理文件操作异常
        print(e)
    finally:
        file.close()                         #关闭文件
```

提示

open()函数打开文件并返回文件对象信息，包含对象数据类型（io.TextIOWrapper）、文件路径（name='d:\\data.xls'）、文件打开模式（mode='r'）和文件编码（encoding='cp936'）。

open()函数打开文件，运行结果如图 9-1-2 所示。

```
Example 9-1-1
F:\PycharmProjects\venv\Scripts\python.exe "F:/PycharmProjects/Te
<_io.TextIOWrapper name='d:\\data.xls' mode='r' encoding='cp936'>
```

图 9-1-2
文件对象信息

注 意

本例中读取的文件为编者硬盘中真实存在的文件，读者可根据自身情况调整和指定新的文件路径或者在该目录下手动创建该文件，后续案例中皆有此情况存在，请读者注意。

小经验

① 当通过 Python 提供的 open()函数打开文件时，如果文件不存在或者传入的文件路径不正确时，系统会抛出 FileNotFoundError 异常，提示"No such file or directory"，即文件或目录不存在。在读取文件时，尽量避免将文件放入中文目录中。

② 在 Windows 系统中读取文件路径可以使用\，但是在 Python 字符串中\有转义的含义。例如，\t 可代表 TAB，\n 代表换行，在传入文件路径时需要采取一些方式使得\不被解读为转义字符，防止文件路径解析错误，通过在路径前加字母 r 可以解决此问题，表示保持字符原始值的意思。

③ 文件使用完毕后必须关闭，因为文件对象会占用操作系统资源，同时操作系统同一时间能打开的文件数量也是有限的。

成功打开文件之后，可以调用文件对象本身拥有的属性获取当前文件的部分信息，其常见属性见表 9-1-2。

表 9-1-2 Python 文件对象属性

属性值	属性描述
file.name	返回文件的名称
file.mode	返回打开文件时采用的文件打开模式
file.encoding	返回打开文件时使用的编码格式
file.closed	判断文件是否关闭

试一试

【例 9-1-2】 读取文件对象属性。

--------------------解 题 步 骤--------------------

步骤 1：通过 open()函数打开已存在的 xls 文件。

步骤 2：输出文件对象属性信息。

步骤 3：利用 try/except/finally 语句处理异常信息。

--------------------程 序 代 码--------------------

```
#获取文件对象信息属性
try:
    file = open(r"d:\data.xls")          #打开文件
    print(file.closed)                   #输出文件是否已经关闭
    print(file.mode)                     #输出访问模式
    print(file.encoding)                 #输出编码格式
    print(file.name)                     #输出文件名
except Exception as e:                   #处理文件操作异常
    print(e)
finally:
    file.close()                         #关闭文件
```

读取文件对象属性，运行结果如图 9-1-3 所示。

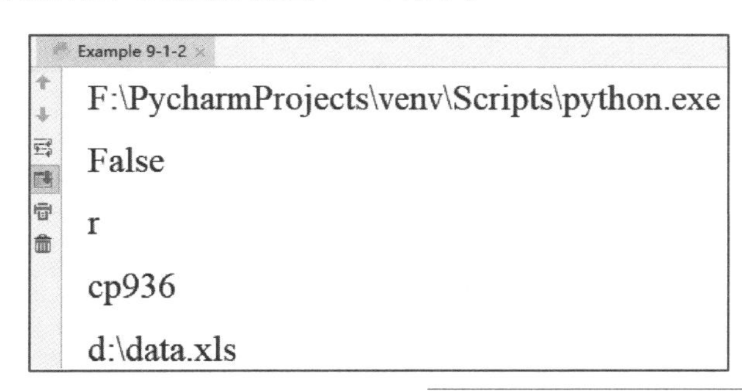

图 9-1-3
文件对象属性获取

4. 文件模式

访问文件有多种模式，以不同模式打开文件对文件的读写有不同的影响。open()函数支持的文件访问模式见表 9-1-3。

表 9-1-3 Python 文件访问模式

模式	描述	注意事项
r	打开一个文件为只读。文件指针被放置在文件开头。这是默认模式	操作文件必须存在
rb	打开一个文件只能以二进制格式读取。文件指针被放置在文件开头。这是默认模式	
r+	打开用于读和写的文件。文件指针置于文件开头	
rb+	打开用于读取和写入二进制格式的文件。文件指针置于文件开头	

续表

模式	描述	注意事项
w	打开一个文件为只写。如果文件存在，则覆盖该文件。如果该文件不存在，则创建写入新文件	若文件存在，会清空其原有内容，即执行覆盖文件操作；反之则创建新文件
wb	打开一个文件只能以二进制格式写入。如果文件存在，则覆盖该文件。如果该文件不存在，则创建写入新文件	
w+	打开文件为写入和读取模式。如果文件存在，则覆盖现有文件。如果该文件不存在，创建用于读写操作的新文件	
wb+	打开用于以二进制格式写入和读出文件。如果文件存在，则覆盖现有文件。如果该文件不存在，创建用于读写操作的新文件	
a	打开用于追加的文件。文件指针是在文件末尾。也就是说，该文件是在追加模式。如果该文件不存在，它会创建一个用于写入的新文件	
ab	打开文件用于二进制格式追加。文件指针是在文件末尾。也就是说，文件是在追加模式。 如果该文件不存在，它会创建一个用于写入的新文件	
a+	打开文件为追加和读取方式。文件指针是在文件末尾。该文件以追加模式打开。如果该文件不存在，它将创建用于读写操作的新文件	
ab+	打开一个文件以附加和二进制格式读取模式。文件指针在文件末尾。该文件以追加模式打开。如果该文件不存在，它将创建读写操作的新文件	

【例 9-1-3】 读取不存在的文件对象信息。

解 题 步 骤

步骤 1：通过 open()函数打开不存在的 doc 文件。

步骤 2：输出文件对象信息。

步骤 3：利用 try/except/finally 语句处理异常信息。

程 序 代 码

```
#读取不存在文件对象信息
try:
    file = open(r"d:\data.doc")            #打开 doc 文件，该文件不存在
    print(file)                            #打印文件对象信息
except Exception as e:                     #处理文件操作异常
    print(e)
finally:
    file.close()                           #关闭文件
```

读取不存在的文件对象信息，运行结果如图 9-1-4 所示。

```
Example 9-1-3
F:\PycharmProjects\venv\Scripts\python.exe "F:/I
Traceback (most recent call last):
[Errno 2] No such file or directory: 'd:\\data.doc'
  File "F:/PycharmProjects/TextbookRevision/Ch
    file.close()              #关闭文件
NameError: name 'file' is not defined
```

图 9-1-4
读取不存在的文件对象信息

提示　默认以只读方式（r）打开一个不存在的文件，系统会抛出异常。为了避免上述情况发生，可以指定文件打开模式为写模式（w），该模式的好处是当打开文件时，发现文件不存在，则立即在相应目录下创建该文件，若文件存在，会清空其原有内容。

试一试

【例 9-1-4】 写模式读取不存在的文件对象信息。

----------解 题 步 骤----------

步骤 1：通过 open()函数以写模式打开不存在的 doc 文件。

步骤 2：输出文件对象信息。

步骤 3：利用 try/except/finally 语句处理异常信息。

----------程 序 代 码----------

```
#以写模式读取不存在文件对象信息
try:
    file = open(r"d:\data.doc","w")          #打开不存在的 doc 文件
    print(file)                              #打印文件对象信息
except Exception as e:                       #处理文件操作异常
    print(e)
finally:
    file.close()                             #关闭文件
```

提示　运行程序，查看 D 盘目录，成功创建 data.doc 文件，这就是文件模式带来的好处。

写模式读取不存在的文件对象信息，运行结果如图 9-1-5 所示。

```
Example 9-1-4
F:\PycharmProjects\venv\Scripts\python.exe "F:/PycharmProjects/Text
<_io.TextIOWrapper name='d:\\data.doc' mode='w' encoding='cp936'>
```

图 9-1-5
写模式读取不存在的文件对象信息

注 意

当文件存在时，同时文件中有多行数据，如果利用写模式（w）打开文件会发生什么情况呢？通过验证，结果是，文本文件中的内容全部丢失，无任何数据保留。写模式（w）需要根据实际业务情况使用，以免发生数据丢失。

小经验

在实际项目开发中，若操作已存在文件，不建议以写模式（w）打开文件，因为这会造成文件数据丢失，在实际工作中是不被允许的，除非每次文件内容都需要更新。

5．read()方法

read()方法是从一个打开的文件中读取一个字符串，需要注意的是，Python 字符串可以是文本也可以是二进制数据。

read()函数的基本语法格式如下。

```
fileObject.read([count]);
```

注 意

传递的参数是从打开的文件中逐个读取的字节数或字符数，该方法从文件的开始读取，如果 count 未指定，则读取文件的全部内容，最后返回从文件中读取的字符串。

试一试

【例 9-1-5】 利用 read()函数读取 data.txt 文件中前 10 个字符内容，data.txt 文件内容为：绿水青山就是金山银山是发展与环境的“舟水关系”。

微课 9. 1
read()方法

解 题 步 骤

步骤 1：通过 open()函数打开存在的 txt 文件。
步骤 2：调用 read()函数读取文件内容。
步骤 3：利用 try/except/finally 语句处理异常信息。

程 序 代 码

```
#读取 txt 文件内容
try:
    file = open(r"d:\data.txt")           #打开存在的 txt 文件
    content = file.read(10)               #读取文件中前 10 个字符
    print(content)                        #打印文件读取内容
except Exception as e:                    #处理文件操作异常
    print(e)
finally:
    file.close()                          #关闭文件
```

read()函数读取 txt 文件，运行结果如图 9-1-6 所示。

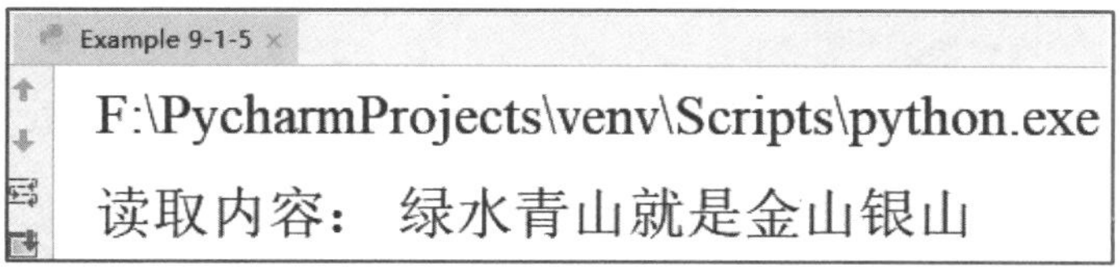

```
Example 9-1-5
F:\PycharmProjects\venv\Scripts\python.exe
读取内容： 绿水青山就是金山银山
```

图 9-1-6
read()函数读取 txt 文件

相关知识

> 文件操作中 close()方法用于关闭一个已打开的文件，关闭后的文件不能再进行读写操作，否则会触发 ValueError 异常。close()方法允许调用多次，操作完文件后必须使用 close()方法关闭文件。

6．readline()方法

readline() 方法用于从文件读取整行数据，包括 "\n" 字符。如果指定了一个非负数的参数，则返回指定大小的字符数，包括 "\n" 字符。

语法格式如下。

```
fileObject.readline([size])
```

- 参数 size：可选参数，指定从文件中读取的字符数。
- 返回值：返回从字符串中读取的字符。

试一试

【例 9-1-6】 利用 readline()函数读取 dataLine.txt 文件中首行数据，dataLine.txt 文件内容如下。

```
爱国、敬业、诚信、友善。
弘扬中华传统美德，培育和践行社会主义核心价值观。
人民有信仰，国家有力量，民族有希望。
```

----------------------解 题 步 骤----------------------

步骤 1：通过 open()函数打开已存在的 txt 文件。

步骤 2：调用 readline()函数读取第一行数据。

步骤 3：利用 try/except/finally 语句处理异常信息。

----------------------程 序 代 码----------------------

```
#读取 txt 文件首行内容
try:
    file = open(r"d:\dataLine.txt")              #打开存在的 txt 文件
    content = file.readline()                    #默认读取文件中第一行数据
    print("读取内容：",content)                  #打印文件读取内容
except Exception as e:                           #处理文件操作异常
    print(e)
finally:
    file.close()                                 #关闭文件
```

readline()函数读取文件中的行数据，运行结果如图 9-1-7 所示。

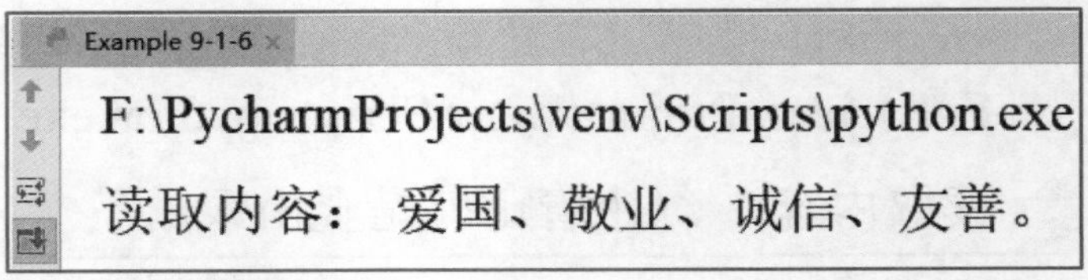

图 9-1-7
readline()函数读取行数据

小经验

readline()方法和 read()方法均用于读取文件数据，传入参数时作用一致，表示指定读取的字节数或字符数，readline()方法不传入参数时才能读取文本中的一行数据。

7. readlines()方法

readlines()函数用于读取文件中的所有行，该函数返回的是一个字符串列表。其中每个元素为文件中的一行内容。

语法格式如下。

```
fileObject.readlines()
```

返回值：返回列表，包含所有行数据。

试一试

【例 9-1-7】 利用 readlines()函数读取 dataLine.txt 文件所有行数据。

解题步骤

步骤 1：通过 open()函数打开已存在的 txt 文件。

步骤 2：调用 readlines()函数读取文本所有行数据。

步骤 3：利用 try/except/finally 语句处理异常信息。

程序代码

```
#读取 txt 文件所有行数据
try:
    file = open(r"d:\dataLine.txt")              #打开存在的 txt 文件
    content = file.readlines()                   #读取文件所有行数据
    print("读取内容：",content)                   #打印文件读取内容
except Exception as e:                           #处理文件操作异常
    print(e)
finally:
    file.close()                                 #关闭文件
```

readlines()函数读取文件所有行数据，由于内容较多，仅展示部分结果，运行结果如图 9-1-8 所示。

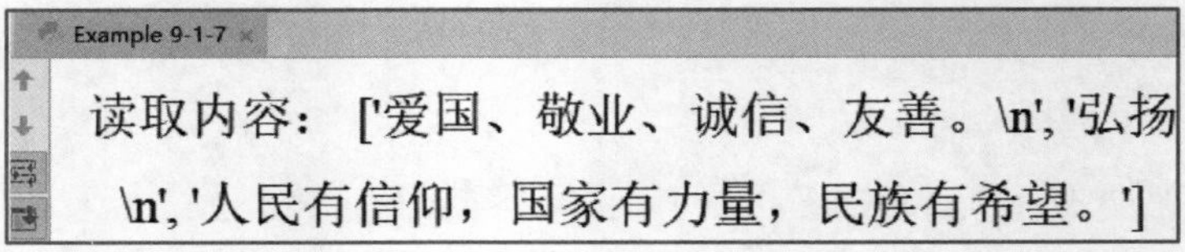

Example 9-1-7
读取内容：['爱国、敬业、诚信、友善。\n', '弘扬\n', '人民有信仰，国家有力量，民族有希望。']

图 9-1-8
readlines()函数读取所有行数据

小经验

通过 readlines()方法读取文本文件中的内容，返回结果为 list 类型，这为操作文件内容提供了方便。

9.1.2　文件写入

对文件的操作本质就是对数据的操作，除了可以读取文件中的数据，也可以主动将数据写入文件中，实时更新文件内容。Python 允许将内容写入文件，进行持久化处理。

微课 9. 2
write()方法

1．write()方法

write()方法允许将任何字符串写入打开的文件，需要注意的是，Python 字符串可以是二进制数据，也可以是文本。write()方法不会在字符串的末尾添加换行符（'\n'）。

该函数的语法格式如下。

```
fileObject.write(str)
```

- 参数 str：写入文件的字符串（或字节串，仅适用写入二进制文件中）。
- 返回值：写入的字符长度。

注 意

在使用 write() 函数向文件中写入数据，需保证使用 open() 函数是以 r+、w、w+、a 或 a+ 的模式打开文件，否则执行 write() 函数会抛出 io.UnsupportedOperation 错误。

试一试

【例 9-1-8】 利用 write()函数将数据写入 txt 文件，写入数据如下。

```
Hello Python!
Life is short，use Python!
It's easy to learn and use Python!
```

解 题 步 骤

步骤 1：指定以写模式打开文件。

步骤 2：调用 write()函数写入数据。

步骤 3：利用 try/except/finally 语句处理异常信息。

程 序 代 码

```
#数据写入 txt 文件
try:
    file = open(r"d:\data01.txt","w")                #以写模式打开 txt 文件
    file.write("Hello Python！")                     #写入第一行数据
    file.write("\n")                                 #换行操作
    file.write("Life is short，use Python!")         #写入第二行数据
    file.write("\n")                                 #换行操作
    file.write("It's easy to learn and use Python！")  #写入第三行数据
except Exception as e:                               #处理文件操作异常
```

```
    print(e)
finally:
    file.close()                                    #关闭文件
```

数据写入 txt 文件，运行结果如图 9-1-9 所示。

```
data01.txt - 记事本
文件(F) 编辑(E) 格式(O) 查看(V) 帮助(H)
Hello Python!
Life is short, use Python!
It's easy to learn and use Python!
```

图 9-1-9
数据写入 txt 文件

注 意

如果对已存在内容的文本文件以写模式（w）打开，利用 write()函数写入其他内容，是在原有内容的基础上执行覆盖操作。同时在写入文件完成后，一定要调用 close() 函数将打开的文件关闭，否则写入的内容不会保存到文件中。

小经验

文本文件以写模式（w）打开时，利用 write()函数对原有文本文件进行新内容写入是执行覆盖操作。对于需要保留原始数据，同时追加新数据的情况，使用追加模式（a）实现，即 open(r"d:\data.txt", "a")，避免旧数据的丢失。

2. writelines()方法

Python 的文件对象中，不仅提供了 write()函数，还提供了 writelines()函数，可以实现将字符串列表写入文件中。

该函数的语法格式如下。

```
fileObject.writelines([str])
```

- 参数 str：写入文件的字符串序列。
- 返回值：无返回值。

注 意

写入函数只有 write()函数和 writelines()函数，没有名为 writeline 的函数。

试一试

【例 9-1-9】 利用 writelines()函数将列表数据写入 txt 文件。

----------解 题 步 骤----------

步骤 1：定义列表数据。
步骤 2：以写模式打开 txt 文件。
步骤 3：写入列表数据。
步骤 4：利用 try/except/finally 语句处理异常信息。

----------程 序 代 码----------

```
#列表数据写入 txt 文件
try:
```

```
    #定义列表数据
    content = ["Python 是一种解释型语言。\n",
               "Python 是交互式语言。\n",
               "Python 是面向对象语言。"]
    file = open(r"d:\data02.txt","w")              #以写模式打开 txt 文件
    file.writelines(content)                       #写入列表数据
except Exception as e:                             #处理文件操作异常
    print(e)
finally:
    file.close()                                   #关闭文件
```

列表数据写入 txt 文件，运行结果如图 9-1-10 所示。

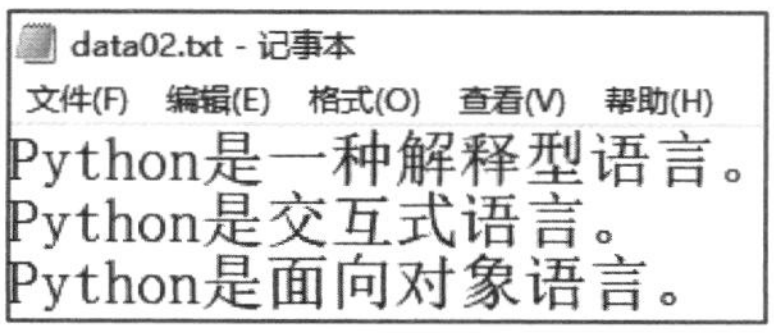

data02.txt - 记事本
文件(F) 编辑(E) 格式(O) 查看(V) 帮助(H)
Python是一种解释型语言。
Python是交互式语言。
Python是面向对象语言。

图 9-1-10
列表数据写入 txt 文件

小经验

writelines 函数中传入的参数必须是字符序列，不能是数字序列。如果传入数字序列，程序运行时会产生 TypeError 异常，系统提示“write() argument must be str, not int”，即参数必须是 str，不能是 int。

3．文件路径

当程序运行时，变量是存储数据的一种手段。变量中数据是存储在内存中，程序结束后会导致数据丢失。想要永久存储数据，需要将数据保存到文件中。Python 提供了内置的文件对象，以及对文件和目录操作的内置模块，通过这些技术可以很方便地将数据保存到文件中。

（1）文件属性

关于文件，它有两个关键属性，分别是“文件名”和“路径”。其中，文件名指的是为每个文件设定的名称，路径是用来指明文件在计算机上的位置。

明确一个文件所在的路径，有以下两种表示方式。

- 绝对路径：是从根文件夹开始，Windows 系统中以盘符（C:、D:等）作为根文件夹，Linux 系统中以/作为根文件夹。
- 相对路径：是指文件相对于当前工作目录所在的位置。例如，当前工作目录为：D:\Windows，若文件 data.txt 位于 Windows 文件夹下，则 data.txt 的相对路径表示为：.\data.txt（其中“.\”表示当前所在目录）。

（2）文件相对路径与绝对路径

在使用相对路径表示某文件所在的位置时，除了经常使用“.\”表示当前所在目录外，还会用“..\”表示当前所在目录的父目录。

如果当前工作目录设置为“D:\data”，则 D 盘目录下文件夹和文件的相对路径和绝对路径如图 9-1-11 所示。

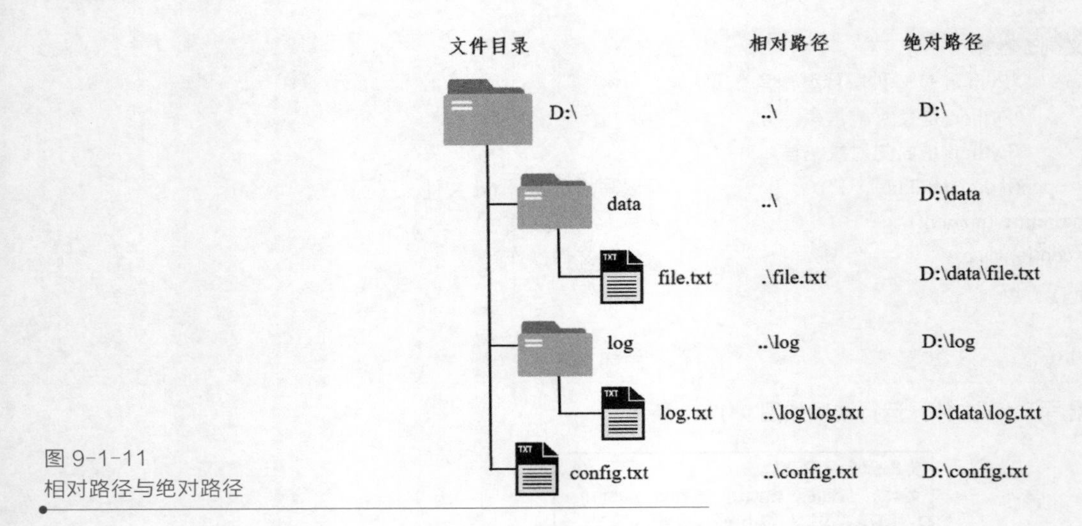

图 9-1-11
相对路径与绝对路径

练一练

任务 9.1.1 为了分析文本文件内容的具体有用信息，现对文件中字母出现的次数进行统计，程序根据用户输入的文件路径读取其中的文件内容，统计字母出现频次，不区分字母大小写。文件内容为“C,a,F,g,T,c,A,Q,a,f,t,H,a,h,T,C,j,D”，最终运行结果如图 9-1-12 所示。

```
Example 9-1-10
F:\PycharmProjects\venv\Scripts\python.exe
请输入文件路径: d:\data.txt
a 出现 4 次
c 出现 3 次
d 出现 1 次
f 出现 2 次
g 出现 1 次
h 出现 2 次
j 出现 1 次
q 出现 1 次
t 出现 3 次
```

图 9-1-12
字符频次统计

9.2 文件处理

想一想

在项目实际开发过程中，除了对文件内容进行读写操作外，往往还需要操作文件系统，常见的有 Windows

中的文件系统和 Linux 中的文件系统。对文件进行输入和输出操作，可通过 Python 程序对计算机的各种文件进行增删改查，那么如何实现对文件系统的操作呢？

对文件系统的访问可以通过 Python 的 os 模块实现，该模块是 Python 访问操作系统功能的主要接口。

9.2.1 os 模块

os 模块是 Python 标准库中一个用于访问操作系统功能的模块，使用 os 模块中提供的接口，可以实现跨平台访问。

微课 9.3
os 模块使用

os 是 Operating System 的缩写，通过使用 os 模块，一方面可以方便地与操作系统进行交互，另一方面可以极大地增强代码的可移植性。如果该模块中相关功能出错，会抛出 OSError 异常或其子类异常。

Python 内置的 os 模块封装了对于文件和目录的操作函数，常见函数见表 9-2-1。

表 9-2-1 常见文件目录操作函数

函数名称	功能说明
os.mkdir	创建文件目录，只能创建一个目录文件
os.rmdir	删除文件目录
os.rename	目录或文件重命名
os.remove	删除文件
os.getcwd	获取当前工作路径
os.makedirs	创建多层递归目录
os.listdir	获取指定目录下的所有文件和目录名
os.path.exists	判断文件或目录是否存在
os.path.isfile	根据路径判断是否为一个文件
os.path.isdir	根据路径判断是否为一个目录
os.walk	遍历目录
os.path.join	连接目录与文件名
os.path.split	分割文件名与目录
os.path.abspath	获取绝对路径
os.path.dirname	获取路径
os.path.basename	获取文件名或文件夹名
os.path.splitext	分离文件名与扩展名

试一试

【例 9-2-1】 利用 os 模块创建不存在的文件目录。

----------解 题 步 骤----------

步骤 1：导入 os 模块。

步骤 2：定义函数用于创建目录，同时对文件操作中的异常进行处理。

步骤 3：指定文件路径并创建目录。

--程 序 代 码--

```
#1.导入 os 模块
import os

#2.创建目录
def createDirectory(filePath):
    try:
        #判断父目录是否存在
        if not os.path.exists(filePath):                    #若不存在，则创建目录
            os.makedirs(filePath)                           #创建目录
            print("文件路径为: ",filePath, ',该目录不存在，已创建!')
        else:                                               #若存在，则不创建目录
            print("文件路径为: ",filePath, ',该目录存在，不再创建!')
    except Exception as e:                                  #处理异常信息
        print(e)

#3.指定文件路径并创建目录
filePath = r"D:\PythonCode\data"
createDirectory(filePath)                                   #调用方法创建不存在的目录
```

执行程序，文件目录创建信息如图 9-2-1 所示。

```
Example 9-2-1
F:\PycharmProjects\venv\Scripts\python.exe "F:/PycharmI
文件路径为:  D:\PythonCode\data ,该目录不存在，已创建!
```

图 9-2-1
文件目录创建信息

文件系统中目录所在位置如图 9-2-2 所示。

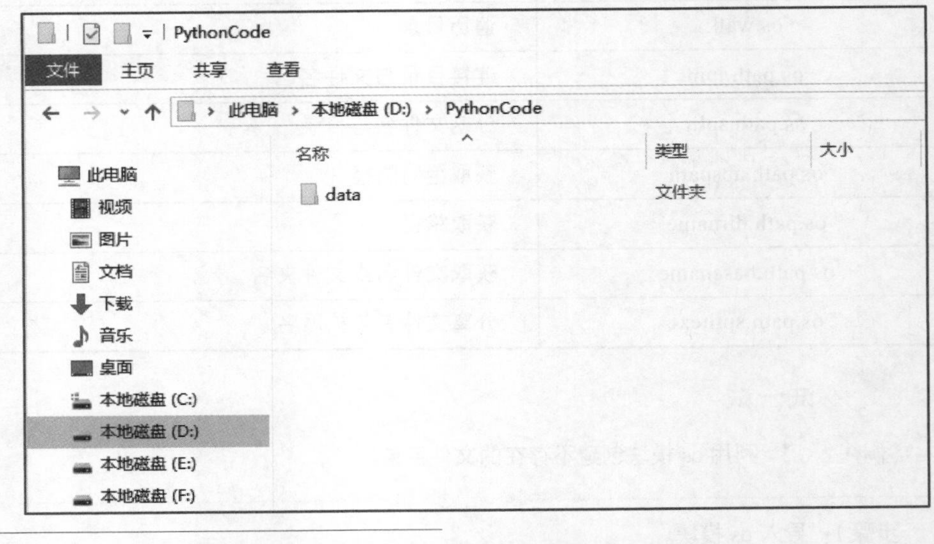

图 9-2-2
文件目录位置

文件目录已创建完成，再次运行程序，运行结果如图 9-2-3 所示。

```
Example 9-2-1
F:\PycharmProjects\venv\Scripts\python.exe "F:/Pycharm
文件路径为: D:\PythonCode\data ,该目录存在，不再创建!
```

图 9-2-3
文件目录已存在

试一试

【例 9-2-2】 利用 os 模块获取当前目录下所有文件的名称，输出每个文件类型。

解 题 步 骤

步骤 1：导入 os 模块。

步骤 2：指定访问目录。

步骤 3：获取目录下文件列表。

步骤 4：处理异常信息。

程 序 代 码

```
#1.导入 os 模块
import os

#2.指定访问目录
fileDirs = r"C:\Windows\apppatch"

#3.获取目录下文件列表
try:
    if os.path.exists(fileDirs):                    #判断目录是否存在
        #1）若目录存在，列出目录下所有文件
        files = os.listdir(fileDirs)
        print("文件目录列表：",files)
        #2）判断目录下文件类型【文件或目录】
        for i in range(len(files)):                 #循环处理目录信息
            #路径处理，获取完整绝对路径
            wholePath = os.path.join(fileDirs,files[i])
            if os.path.isfile(wholePath):           #判断是否为文件
                print(files[i],"是一个文件")
            elif os.path.isdir(wholePath):          #判断是否为目录
                print(files[i],"是一个目录")
except Exception as e:                              #处理异常信息
    print(e)
```

获取当前目录下所有文件并判断文件类型，运行结果如图 9-2-4 所示。

```
Example 9-2-2
F:\PycharmProjects\venv\Scripts\python.exe
 "F:/PycharmProjects/TextbookRevision/Chapter9/Example 9-2-2.py"
文件目录列表： ['AcRes.dll', 'AppPatch64', 'Custom', 'CustomSDB', 'drvmain.sdb', 'en-US',
 'msimain.sdb', 'pcamain.sdb', 'sysmain.sdb', 'zh-CN']
AcRes.dll 是一个文件
AppPatch64 是一个目录
Custom 是一个目录
CustomSDB 是一个目录
drvmain.sdb 是一个文件
en-US 是一个目录
msimain.sdb 是一个文件
pcamain.sdb 是一个文件
sysmain.sdb 是一个文件
zh-CN 是一个目录
```

图 9-2-4 目录文件信息

试一试

【例 9-2-3】 利用 os 模块删除指定目录下的文件。

解题步骤

步骤 1：导入 os 模块。

步骤 2：定义文件删除函数，同时处理异常信息。

步骤 3：指定删除文件并执行删除操作。

程序代码

```
#1.导入 os 模块
import os

#2.定义文件删除函数
def deleteFile(filePath):
    try:
        if os.path.isfile(filePath):                #判断是否为文件
            os.remove(filePath)                     #文件存在，执行删除操作
            print(filePath,"文件已删除！")
        else:                                       #文件不存在，给出提示信息
            print(filePath,"文件不存在！")
    except Exception as e:                          #处理异常信息
        print(e)
#3.指定删除文件并执行删除操作
filePath = r"D:\data.txt"
deleteFile(filePath)
```

若文件存在，删除指定目录下的文件，运行结果如图 9-2-5 所示。

```
F:\PycharmProjects\venv\Scripts\python.exe
D:\data.txt 文件已删除!
```

图 9-2-5
删除指定文件

上述文件执行了删除操作，文件已不存在，当再次执行程序时，运行结果如图 9-2-6 所示。

```
F:\PycharmProjects\venv\Scripts\python.exe
D:\data.txt 文件不存在!
```

图 9-2-6
删除不存在的文件

小经验

1. os 模块（用于处理文件和目录）

① os.listdir(path)：返回指定目录下的所有文件和目录名，返回值为列表类型。

② os.mkdir(path)：创建一个目录，在多级目录下创建，上级目录必须存在。若创建的目录已存在，则会报错。

③ os.remove(path)：删除一个文件，不能删除文件夹。

④ os.rmdir(path)：删除一个目录，只能删除空目录。如果删除的目录不存在，则会报错。

⑤ os.makedirs(path)：创建多级目录，上级目录文件夹不存在，会自动创建。

2. os.path 模块（用于处理文件路径）

① os.path.join(path,name)：连接目录与文件名或目录。

② os.path.isifle()和 os.path.isdir()：分别检验给出的路径是一个文件还是目录。

③ os.path.exists()：检验路径是否真实存在。

9.2.2 shutil 模块

os 模块提供了对文件或目录的创建、删除和查看文件属性操作，同时还提供了对文件以及目录的路径操作。文件操作中涉及的文件移动、复制、打包、压缩、解压等操作，os 模块并没有提供，借助于 shutil 模块可以完成文件高级功能。

微课 9.4
copy()函数

shutil 用于文件和目录的高级处理，提供了支持文件赋值、移动、删除、压缩和解压等功能，是 Python 高级的文件、文件夹、压缩包处理模块。

（1）copy()函数

语法格式如下。

```
shutil.copy(src, dst)
```

功能描述：文件复制。

参数如下。

- src：源文件路径。
- dst：目标路径。

返回值：新创建文件路径的字符串。

> **注 意**
>
> shutil.copy()函数实现文件复制功能，将 src 中的内容复制到 dst 中，两个参数都是字符串格式，dst 可以是文件或目录。如果 dst 是一个文件名称，那么它会被用来作为复制后的文件名称，即等于复制+重命名。

试一试

【例 9-2-4】 利用 shutil.copy()函数将 D 盘下 test.txt 文件复制到 E 盘下不存在的目录 data 中。

---解 题 步 骤---

步骤 1：导入 os 模块和 shutil 模块。

步骤 2：指定源文件路径和目标文件路径。

步骤 3：利用 makedirs()函数创建不存在目录。

步骤 4：进行文件复制操作，同时处理异常信息。

---程 序 代 码---

```
#1.导入模块
import shutil
import os

#2.指定路径
source = r'D:\test.txt'                              #源文件路径
destination = r'E:\data'                             #目标文件路径

#3.创建 E 盘下不存在目录 data
os.makedirs(destination)                             #创建目标文件目录

#4.文件复制
try:
    result = shutil.copy(source, destination)        #复制文件
    print(result)                                    #打印文件复制结果
except Exception as e:                               #处理异常信息
    print(e)
```

利用 shutil.copy()函数进行文件复制操作，运行结果如图 9-2-7 所示。

```
Example 9-2-4
F:\PycharmProjects\venv\Scripts\python.exe
复制后文件所在位置： E:\data\test.txt
```

图 9-2-7
文件复制返回路径

查看目标目录中的复制数据，结果如图 9-2-8 所示。

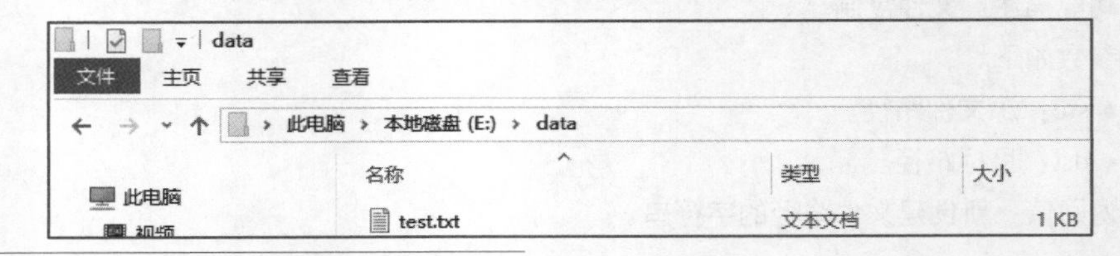

图 9-2-8
文件复制

注 意

利用 makedirs()函数完成文件目录创建时，若文件目录存在，会导致异常抛出，异常提示信息为“FileExistsError: [WinError 183] 当文件已存在时，无法创建该文件。”。

小经验

shutil.copy()函数中目标地址参数必须是完整的目标文件名，即绝对路径，可为文件路径或文件目录。如果源文件地址和目标地址是同一文件，则会引发 shutil.SameFileError 异常。目标地址必须是可写的，否则引发 IOError 异常。如果目标地址已存在，则会被替换。

（2）copyfile()函数

语法格式如下。

```
shutil.copyfile(src, dst, follow_symlinks)
```

功能描述：将一个文件的内容复制到另一个文件中，目标文件无须存在。

参数如下。

- src：源文件路径。
- dst：目标路径，源文件复制至 dst，若 dst 文件不存在，将会生成一个 dst 文件，若存在将会被覆盖。
- follow_symlinks：设置为 True 时，若 src 为软连接，则作为文件复制；如果设置为 False，复制软连接。默认为 True。

返回值：新创建文件路径的字符串。

试一试

【例 9-2-5】 利用 shutil.copyfile()函数复制文件并读取复制文件内容。

解 题 步 骤

步骤 1：导入 shutil 模块。

步骤 2：指定源文件路径和目标文件路径。

步骤 3：进行文件复制操作，同时处理异常信息。

步骤 4：读取复制文件内容并处理异常信息。

程 序 代 码

```
#1.导入模块
import shutil

#2.指定路径
print('*'*25,'  任务一  ','*'*25)                    #内容排版
source = input("请输入源文件完整路径：")                #源文件路径
destination = input("请输入目标文件完整路径：")         #目标文件路径

#3.文件复制
print('*'*25,'  任务二  ','*'*25)                    #内容排版
```

```
try:
    result = shutil.copyfile(source,destination)                    #文件复制
    print("文件复制成功，文件所在位置：", result)                    #打印文件复制结果
except Exception as e:#处理异常信息
    print(e)

#4.读取复制文件内容
print('*'*25,' 任务三 ','*'*25)                                      #内容排版
choice = input("请选择是否读取复制文件内容（Y/N）:")
if choice == 'Y':
    try:
        content = open(destination)                                 #打开复制文件
        print(content.read())                                       #读取复制文件内容
    except Exception as e:                                          #处理异常信息
        print(e)
    finally:
        content.close()                                             #关闭文件
```

利用 shutil.copyfile()函数进行文件复制操作并读取复制文件内容，运行结果如图 9-2-9 所示。

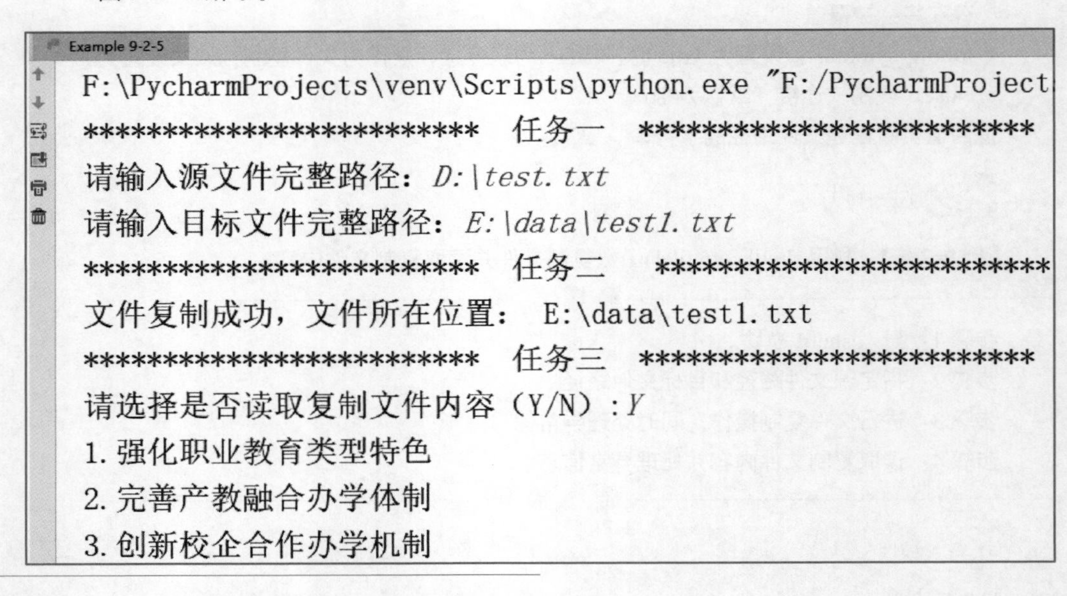

图 9-2-9 文件复制并读取内容

查看文件复制结果，如图 9-2-10 所示。

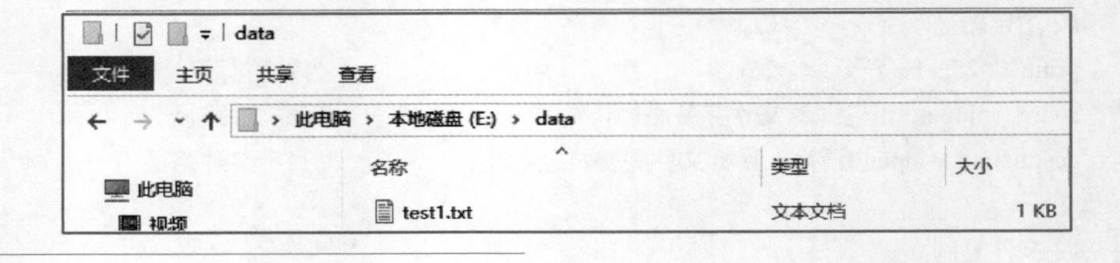

图 9-2-10 文件复制位置

小经验

Python 中的 shutil.copyfile()函数用于将源文件的内容复制到目标文件。源和目标必须代表一个文件，且目标为可写。如果目标已经存在，则将其替换为源文件，否则将创建一个新文件。如果源和目标表示相同的文件，则将引发 SameFileError 异常。

（3）make_archive()函数

语法格式如下。

```
shutil.make_archive(base_name, format, base_dir)
```

功能描述：将多个文件合并到一个文件中进行压缩打包。

参数如下。

- base_name：指定文件压缩后的存储位置。若为文件名则保存至当前目录，若为文件路径则保存至指定路径。
- format：压缩包格式，常见的有 zip、tar、bztar、gztar 等。
- base_dir：指定要压缩文件的路径，可以指定路径下的文件名，也可以指定路径。

返回值：压缩后文件的存储位置。

试一试

【例 9-2-6】 利用 shutil.make_archive()函数进行文件压缩。

----------解 题 步 骤----------

步骤 1：导入 shutil 模块。

步骤 2：指定待压缩文件路径和压缩后的文件存放路径。

步骤 3：进行文件压缩操作，同时处理异常信息。

----------程 序 代 码----------

```
#1.导入模块
import shutil

#2.指定文件路径
sourcePath = r'D:\BaiduNetdiskDownload\VCP6'                #待压缩文件路径
destPath = r'D:\data\newFile'                               #压缩后的文件存放路径

#3.压缩文件
try:
    newPath = shutil.make_archive(destPath, 'zip', sourcePath)   #进行文件压缩
except Exception as e:                                      #处理异常信息
    print(e)
print("压缩后文件路径:",newPath)                              #打印压缩后文件路径
```

利用 shutil.make_archive()函数进行文件压缩操作，运行结果如图 9-2-11 所示。

图 9-2-11
压缩文件路径

查看文件压缩结果，如图 9-2-12 所示。

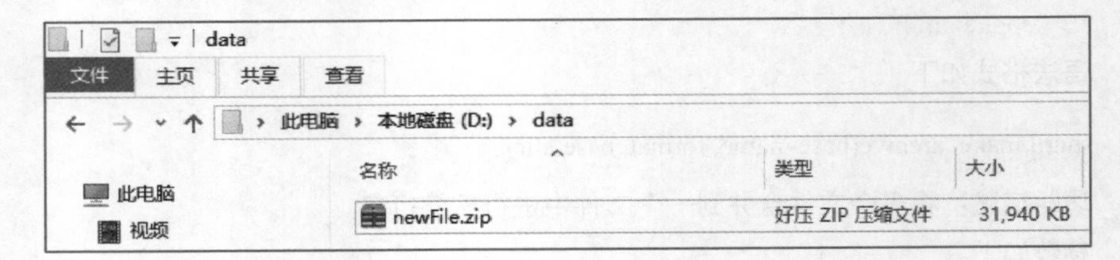

图 9-2-12
压缩文件

注 意

sourcePath 路径即需要压缩文件的路径必须真实存在，因压缩的文件各有不同，读者可根据自身情况调整该文件路径。若文件路径不存在，则引发 NameError 异常，系统提示“[WinError 2] 系统找不到指定的文件”。

（4）unpack_archive()函数

语法格式如下。

```
shutil.unpack_archive(filename, extract_dir=None, format=None)
```

功能描述：将压缩文件进行解压处理。

参数如下。

- filename：待解压文件路径。
- extract_dir：指定解压文件的存放路径，若文件夹目录不存在可自动生成。
- format：解压格式，默认为 None，会根据扩展名自动选择解压格式。

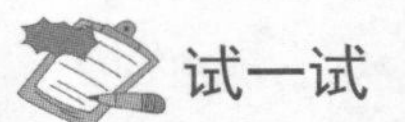
试一试

【例 9-2-7】 利用 shutil.unpack_archive()函数进行文件解压。

解 题 步 骤

步骤 1：导入 shutil 模块。

步骤 2：指定待解压文件路径和解压后的文件存放路径。

步骤 3：进行文件解压操作，同时处理异常信息。

程 序 代 码

```
#1.导入模块
import shutil

#2.指定文件路径
unpackPath = r'D:\data\newFile.zip'                #待解压文件路径
destPath = r'D:\data\unpack'                       #解压后文件存放路径

#3.解压文件
try:
```

```
        shutil.unpack_archive(unpackPath, destPath)                    #进行文件解压
    except Exception as e:                                             #处理异常信息
        print(e)
```

利用 shutil.unpack_archive()函数进行文件解压操作，运行结果如图 9-2-13 所示。

unpack

文件 主页 共享 查看

此电脑 › 本地磁盘 (D:) › data › unpack

此电脑 视频 图片 文档 下载 音乐 桌面 本地磁盘 (C:) 本地磁盘 (D:) 本地磁盘 (E:) 本地磁盘 (F:)

名称	类型	大小
VCP6中文培训资料-M01_CourseIntro.pdf	看图王 PDF 文件	1,172 KB
VCP6中文培训资料-M02_VirtualizationIntro.pdf	看图王 PDF 文件	3,536 KB
VCP6中文培训资料-M03_VirtualMachines.pdf	看图王 PDF 文件	2,787 KB
VCP6中文培训资料-M04_vCenterServer.pdf	看图王 PDF 文件	3,126 KB
VCP6中文培训资料-M05_Networking.pdf	看图王 PDF 文件	2,821 KB
VCP6中文培训资料-M06_Storage.pdf	看图王 PDF 文件	3,012 KB
VCP6中文培训资料-M07_VMManagement.pdf	看图王 PDF 文件	2,996 KB
VCP6中文培训资料-M08_ResourceMonitoring.pdf	看图王 PDF 文件	10,436 KB
VCP6中文培训资料-M09_HighAvailability.pdf	看图王 PDF 文件	3,095 KB
VCP6中文培训资料-M10_HostScalability.pdf	看图王 PDF 文件	3,083 KB
VCP6中文培训资料-M11_PatchManagement.pdf	看图王 PDF 文件	1,587 KB
VCP6中文培训资料-M12_InstallvSphereComponents.pdf	看图王 PDF 文件	1,870 KB

图 9-2-13
解压文件

注 意

unpackPath 路径即待解压文件路径必须真实存在，因解压的文件各有不同，读者可根据自身情况调整该文件路径。若文件路径不存在则系统提示该文件路径 “is not a zip file”。

小经验

os 模块主要提供文件或文件夹的新建、删除、查看以及文件和目录路径的操作方法。shutil 模块提供文件移动、复制、压缩、解压等操作，恰好与 os 模块互补。

任务 9.2.1 利用 os 模块和 shutil 模块完成以下文件操作

① 提示用户从控制台输入文件路径，判断文件路径是否存在，若不存在，则提示 “文件路径不正确，请重新输入！”。

② 判断文件路径类型，若用户输入路径为单个文件，则读取文件内容。

③ 若用户输入路径为目录，则压缩目录下的文件到指定文件路径，同时输出压缩后的文件路径。

最终运行结果如图 9-2-14～图 9-2-17 所示。

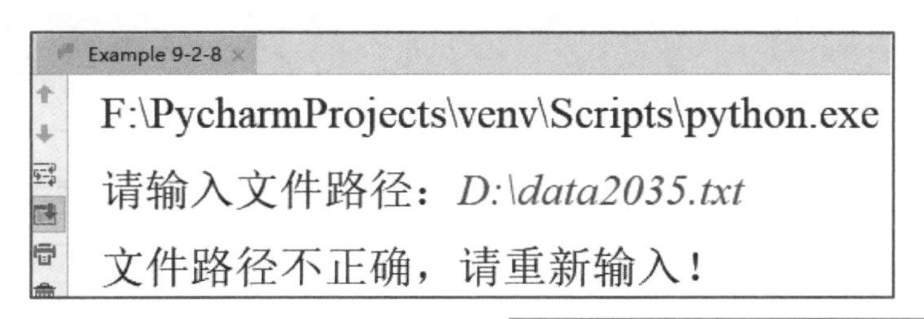

图 9-2-14
文件路径错误

```
Example 9-2-8
F:\PycharmProjects\venv\Scripts\python.exe "F:/PycharmProjects/TextbookI
请输入文件路径：D:\data.txt
三人行，必有我师焉。择其善者而从之，其不善者而改之。——孔子
好读书，不求甚解。每有会意，便欣然忘食。——陶渊明
读书有三到，谓心到，眼到，口到。——朱熹
```

图 9-2-15 读取文件内容

```
Example 9-2-8
F:\PycharmProjects\venv\Scripts\python.exe "F:/Pycharn
请输入文件路径：D:\BaiduNetdiskDownload\VCP6
压缩后文件路径: D:\data\compress.zip
```

图 9-2-16 压缩文件存储路径

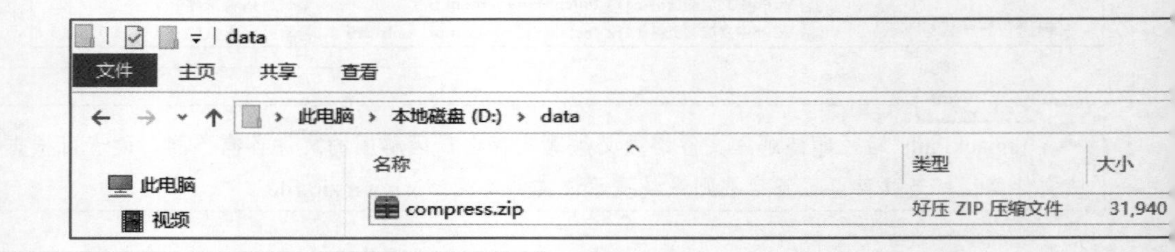

图 9-2-17 文件压缩

9.3 举一反三

任务 9.3.1 现有一组古诗词投票数据，包含姓名、诗句、喜爱程度、投票数量，数据表现形式为列表：“[['张三', '业精于勤，荒于嬉。', '1', 200],['李四','光阴似箭，日月如梭。','2',350],['王五','积土而为山，积水而为海。','3',480],['赵六','绳锯木断，水滴石穿。','4',520],['唐七', '读书破万卷，下笔如有神。', '5', 610]]”，人工进行投票数据统计既费时又费力，现利用 Python 程序将列表数据导入 Excel 中，解决投票数据统计的难题（最终统计结果见表 9-3-1）。

表 9-3-1 投票数据统计

姓名	诗句	喜爱程度	投票数量
张三	业精于勤，荒于嬉。	1	200
李四	光阴似箭，日月如梭。	2	350
王五	积土而为山，积水而为海。	3	480
赵六	绳锯木断，水滴石穿。	4	520
唐七	读书破万卷，下笔如有神。	5	610

---解题步骤---

步骤 1：定义统计数据。

步骤 2：指定写入文件路径。

步骤 3：指定数据标题。

步骤 4：写入数据到 Excel 中。

步骤 5：关闭打开的文件对象。

---程序代码---

```
#1.定义统计数据
dataList = [['张三', '业精于勤，荒于嬉。', '1', 200],
            ['李四','光阴似箭，日月如梭。','2',350],
            ['王五','积土而为山，积水而为海。','3',480],
            ['赵六','绳锯木断，水滴石穿。','4',520],
            ['唐七', '读书破万卷，下笔如有神。', '5', 610]]

#2.指定写入文件路径
data = open('D:\\data.xls', 'w', encoding='gbk')

#3.指定数据标题
data.write('姓名\t 诗句\t 喜爱程度\t 投票数量\n')

#4.写入数据到 Excel 中
for i in range(len(dataList)):
    for j in range(len(dataList[i])):
        data.write(str(dataList[i][j]) + ' ')
        data.write('\t')
    data.write('\n')
data.close()
```

运行结果如图 9-3-1 所示。

姓名	诗句	喜爱程度	投票数量
张三	业精于勤，荒于嬉。	1	200
李四	光阴似箭，日月如梭。	2	350
王五	积土而为山，积水而为海。	3	480
赵六	绳锯木断，水滴石穿。	4	520
唐七	读书破万卷，下笔如有神。	5	610

图 9-3-1
excel 统计数据

任务 9.3.2　利用 os 模块和 shutil 模块完成单个文件复制和压缩功能，要求如下。

① 提示用户从控制台输入待复制单个文件路径和复制后文件存储路径。

② 进行单个文件复制，打印文件复制成功后文件所在文件夹位置。

③ 提示是否选择压缩文件内容，选择“N”不进行文件压缩，选择“Y”进行文件压缩。

④ 进行文件压缩操作。

⑤ 处理异常信息。

---解 题 步 骤---

步骤 1：导入 os 模块和 shutil 模块。

步骤 2：指定复制文件路径。

步骤 3：进行文件复制。

步骤 4：进行文件压缩。

步骤 5：处理异常信息。

---程 序 代 码---

```
#1.导入模块
import shutil
import os

#2.指定文件路径
copyPath = input("请输入待复制单个文件路径：")                    #源文件路径
savePath = input("请输入复制后文件存储路径：")                    #目标文件路径

#3.文件复制
try:
    resultPath = shutil.copyfile(copyPath, savePath)             #文件复制
    #打印文件复制结果
    print("文件复制成功，文件所在位置：", os.path.dirname(resultPath))
except Exception as e:                                           #处理异常信息
    print(e)

#4.文件压缩
choice = input("请选择是否压缩文件内容（Y/N）:")
if choice == 'Y':
    try:
        archivePath = os.path.dirname(savePath)                  #获取文件上级目录
        #进行文件压缩
        newPath = shutil.make_archive(archivePath, 'zip', archivePath)
        print("压缩后文件路径:", newPath)                          #打印压缩后文件路径
    except Exception as e:                                       #处理异常信息
        print(e)
```

完成单个文件复制和压缩，运行结果如图 9-3-2～图 9-3-4 所示。

```
Example 9-2-10
F:\PycharmProjects\venv\Scripts\python.exe "F:/PycharmProjects
请输入待复制单个文件路径：D:\data\copyData\data.txt
请输入复制后文件存储路径：D:\data\saveData\newData.txt
文件复制成功，文件所在位置： D:\data\saveData
请选择是否压缩文件内容（Y/N）:Y
压缩后文件路径: D:\data\saveData.zip
```

图 9-3-2
单个文件复制压缩

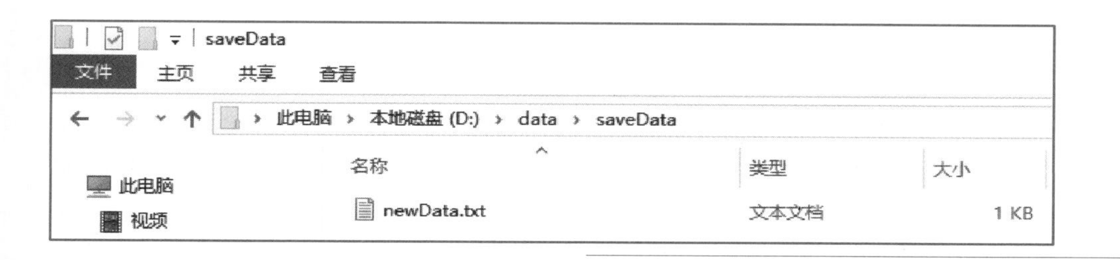

图 9-3-3
单个文件复制

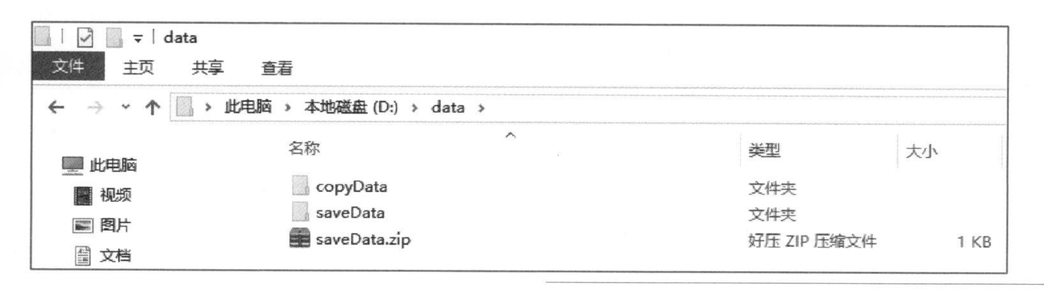

图 9-3-4
单个文件压缩

注 意

控制台中输入的 copyPath 和 savePath 必须是单个文件路径，若输入内容为目录，则系统提示 “[Errno 2] No such file or directory”。savePath 路径中的 “newData.txt” 表示对 copyPath 路径中 “data.txt” 文件的重命名，读者可视自身情况进行修改。

任 务 小 结

通过以上任务的实施，巩固了文件的读取和写入操作，利用 os 模块和 shutil 模块完成了文件的进阶操作，同时结合异常处理语句保证了文件操作的可靠性，加强了对于文件操作的理解。

任务实施

9.4 文件操作实训

一、实训目的

① 掌握 os.listdir()函数的使用。

② 掌握列表内容遍历操作。

③ 掌握字符串截取操作。

④ 掌握 shutil.move()函数的使用。

二、实训内容

日常文件管理中，文件的有效命名有助于文件归档，实现文件的高效管理。现需实现文件批量重命名功能，完成文件前缀的添加和删除操作，具体要求如下。

① 接收用户输入重命名标识，只能输入两个值，1 表示添加指定字符前缀，2 表示

删除指定字符前缀。

② 设置需重命名文件的目录位置。

③ 获取该目录中所有文件名称。

④ 遍历该目录中的所有文件，根据输入的重命名标识，判断是通过添加前缀形式进行文件批量重命名，还是删除前缀形式进行文件批量重命名。

⑤ 若输入重命名标识为 1，通过在文件名中添加前缀“Python-”进行文件批量重命名。

⑥ 若输入重命名标识为 2，通过在文件名中删除前缀“Python-”进行文件批量重命名，若文件不以“Python-”开头则不进行删除前缀操作。

⑦ 输出重命名文件名称。

三、实训过程

---实 训 步 骤---

步骤 1：导入 os 和 shutil 模块。

步骤 2：接收控制台输入，设置重命名标识。

步骤 3：指定重命名文件的目录位置。

步骤 4：获取目录中所有文件名称。

步骤 5：遍历文件列表内的所有文件。

步骤 6：将原有文件名添加/删除“Python-”字符串，构造文件新名称。

步骤 7：文件重命名。

---程 序 代 码---

```
#1.导入模块
import os
import shutil

# 2.设置重命名标识
flag = int(input("请输入重命名标识，"
                 "1 表示添加指定字符，"
                 "2 表示删除指定字符："))

# 3.指定重命名文件的目录位置
dirName = r'D:\data\renameData'

# 4.获取目录中所有文件名称
fileList = os.listdir(dirName)
print("指定目录下所有文件：", fileList)

# 5.遍历文件列表中的所有文件
for fileName in fileList:
    # 1）添加指定字符：在文件名中添加前缀“Python-”
    if flag == 1:
        newName = 'Python-' + fileName
    # 2）删除指定字符：删除文件名中前缀“Python-”
    elif flag == 2:
        #处理文件名，以“Python-”开头才执行删除前缀操作
        if fileName.startswith('Python-'):
```

```
                num = len('Python-')
                newName = fileName[num:]
            else:#不以“Python-”开头不执行删除前缀操作
                continue
        #3）文件重命名
    print(newName) #打印新文件名
    #进行文件重命名
        shutil.move(dirName+"\\"+ fileName, dirName +"\\"+ newName)
```

运行结果如图 9-4-1～图 9-4-4 所示。

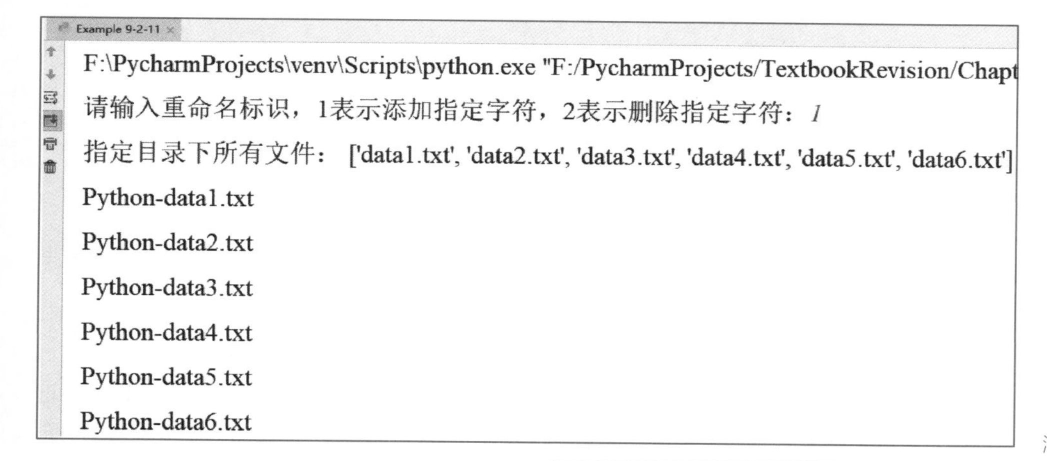

图 9-4-1
添加前缀结果输出

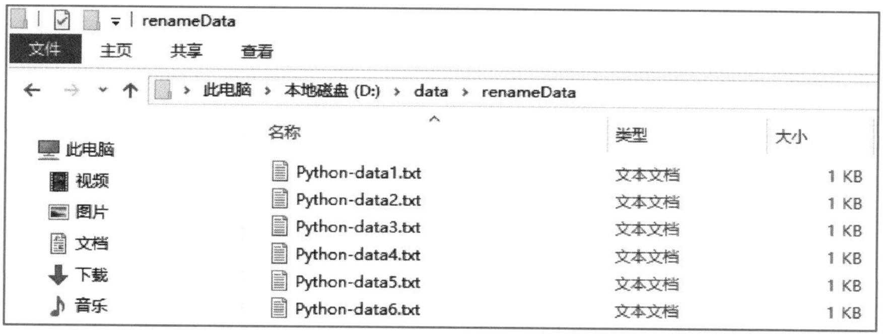

renameData
文件 主页 共享 查看
此电脑 › 本地磁盘 (D:) › data › renameData

此电脑
视频
图片
文档
下载
音乐

名称	类型	大小
Python-data1.txt	文本文档	1 KB
Python-data2.txt	文本文档	1 KB
Python-data3.txt	文本文档	1 KB
Python-data4.txt	文本文档	1 KB
Python-data5.txt	文本文档	1 KB
Python-data6.txt	文本文档	1 KB

图 9-4-2
添加前缀文件批量重命名

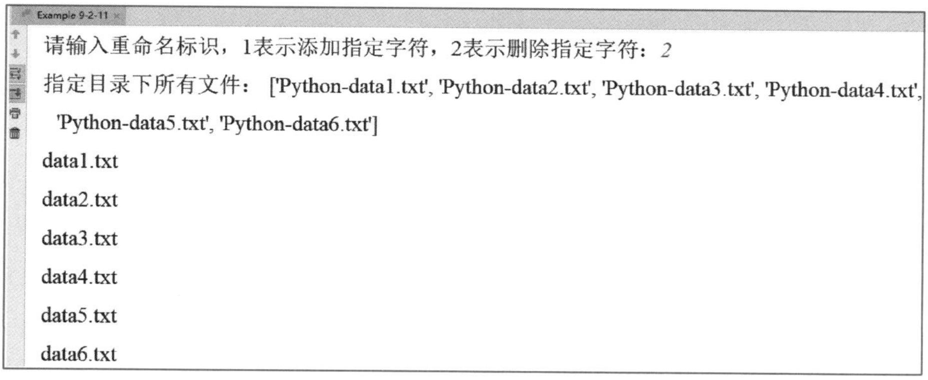

Example 9-2-11
请输入重命名标识，1表示添加指定字符，2表示删除指定字符：2
指定目录下所有文件：['Python-data1.txt', 'Python-data2.txt', 'Python-data3.txt', 'Python-data4.txt', 'Python-data5.txt', 'Python-data6.txt']
data1.txt
data2.txt
data3.txt
data4.txt
data5.txt
data6.txt

图 9-4-3
删除前缀结果输出

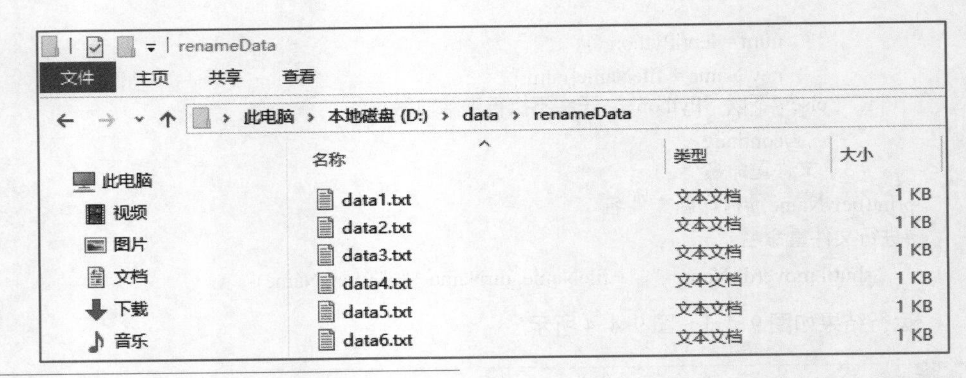

图 9-4-4
删除前缀文件批量重命名

9.5 任务反思

一、实训总结

通过本次实训，巩固了 if 语句、for 循环语句和字符串截取操作，熟悉了 os 模块中目录文件访问和 shutil 模块中文件重命名的使用，加强了对于文件操作的学习。

二、常见错误分析

① 使用 open 函数打开文件时提示 FileNotFoundError 异常，检查文件路径是书写正确的，这种情况下有可能是文件路径中存在转义字符，在文件路径前加上一个小写的 r 即可解决，如 open(r"D:\test.txt")。

② 读取中文内容乱码，打开文件时可以设置编码，一般可设置为 utf-8 或 gbk。utf-8 为 Python 3 中默认的编码方式，gbk 为 Windows 系统默认使用的编码方式，如 open(r"D:\test.txt",encoding='utf-8')。

③ 使用 open 函数打开文件时，需要用一个变量去接收文件对象，否则无法对文件进行操作。

④ 打开一个文件后，一定要记得关闭文件对象，否则无法打开新的文件。

一、单选题

1. 操作文件的前提是通过（ ）函数打开文件。

A. open()　　B. read()　　C. write()　　D. close()

2. 为防止文件路径解析错误，通常在文件路径前加字母（ ）解决此问题。

A. a　　B. b　　C. r　　D. d

3. 下列（ ）模式属于追加模式。

A. r　　B. w　　C. x　　D. a

4. os 模块中（ ）方法用于创建多层递归目录。

A. mkdir()　　B. makedirs()　　C. rmdir()　　D. listdir()

5. shutil 模块中用于压缩文件的方法为（ ）。

A. copy()　　B. copyfile()

C. make_archive()　　D. unpack_archive()

二、填空题

1. 操作文件的 3 个步骤为 ____________、____________、____________。

2. 用于读取文件、写入文件和关闭文件的函数分别为______、______、______。

3. 获取指定目录下的所有文件和目录名，可使用 os 模块中的 _______ 函数。

4. os.path 模块中用于判断文件或目录是否存在的函数为 ____________。

5. 为了将压缩文件进行解压处理，可使用 shutil 模块中的 ___________ 函数。

三、编程题

用户输入当前目录下任意文件名，程序完成对该文件的备份功能并对文件重命名，具体要求如下。

① 从控制台接收用户输入的备份文件位置。

② 判断用户输入内容是否为无效文件，若为无效文件则不予处理。

③ 组织新文件名，规则为：旧文件名+ “(备份)” +原文件后缀。

④ 将原文件数据写入备份文件，备份后的文件存放于原备份文件位置，即原文件和备份文件在同一目录下。

⑤ 关闭文件操作。

项目实战篇

单元 10

企业融资案例（数据采集与清洗）

任务引导

在学习完 Python 程序设计的基础知识和基本技能后，要想将零星的知识串联起来加以运用，必须通过真实项目实战将所学知识进行整合方能实现。本任务将完成一个用 Python 进行大数据分析的典型应用。首先学习数据采集和数据处理的过程，掌握数据采集与清洗的步骤和方法，为后续数据分析和数据可视化奠定基础。

学习目标

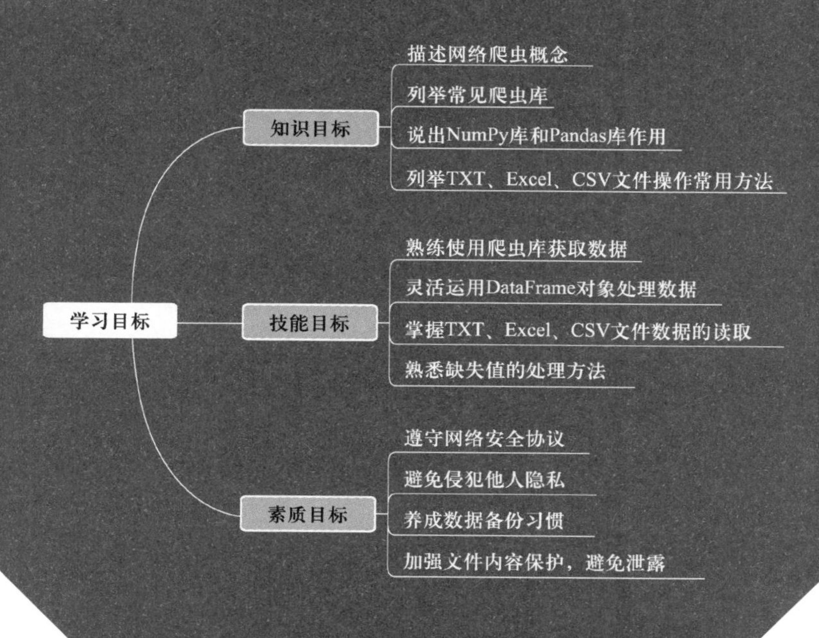

随着互联网的发展，数据已经成为各行各业重要的生产因素，海量数据的采集和运用具有重要意义。数据采集本身有多种渠道，常见的数据采集渠道包括互联网、物联网、传统信息系统等，数据采集也可以在线下完成，线下的数据采集往往会采集到很多价值密度比较高的商业数据。数据采集本身是有边界要求的，随着一系列法律法规的落地，未来数据采集将逐渐规范化，凡是涉及个人隐私的数据将受到重点保护。

知识准备

10.1 数据采集

想一想

随着大数据时代的来临，互联网中的数据是海量的，如何自动高效地获取互联网中感兴趣的信息并为人们所用呢？

10.1.1 爬虫

学一学

1. 爬虫定义

网络爬虫（Web Crawler），是一种按照一定规则，自动抓取万维网信息的程序或者脚本，它们被广泛用于互联网搜索引擎或其他类似网站，可以自动采集所有其能够访问到的页面内容，以获取或更新这些网站的内容和检索方式。

网络爬虫是搜索引擎抓取系统的重要组成部分，主要目的是将互联网上的网页下载到本地形成一个互联网内容的镜像备份，如图 10-1-1 所示。

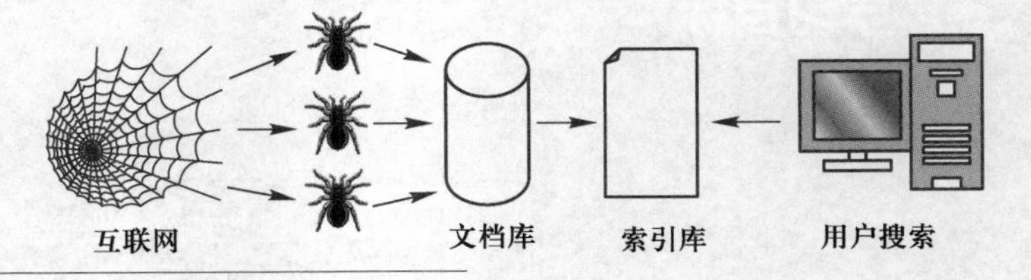

图 10-1-1 网络爬虫

2. 爬虫类型

网络爬虫的抓取策略有很多种，按照系统结构和实现技术，大致可以分为以下 4 种。

（1）通用网络爬虫（General Purpose Web Crawler）

通用网络爬虫的爬行范围和数量巨大，对于爬行速度和存储空间要求较高，主要应用于大型搜索引擎。

（2）聚焦网络爬虫（Focused Web Crawler）

聚焦网络爬虫是指选择性地爬行那些与预先定义好的主题相关页面的网络爬虫。和通用网络爬虫相比，聚焦爬虫只需要爬行与主题相关的页面，极大地节省了硬件和网络资源，保存的页面也由于数量少而更新较快，还可以很好地满足一些特定人群对特定领域信息的需求。

（3）增量式网络爬虫（Incremental Web Crawler）

增量式网络爬虫是指对已下载网页采取增量式更新和只爬行新产生的或者已经发生变化网页的爬虫，它能够在一定程度上保证所爬行的页面是尽可能新的页面。

（4）深层网络爬虫（Deep Web Crawler）

爬取网络中的深层页面。在互联网中，网页分为表层网页和深层网页。表层网页指不需要提交表单的静态页面，而深层页面指通过提交表单或者输入关键词才能够获取到的页面。

所有被爬虫抓取的网页将会被系统存储，进行一定的分析、过滤，并建立立索引，以便之后的查询和检索；对于聚焦网络爬虫而言，这一过程所得到的分析结果还可能对以后的抓取过程给出反馈和指导。

10.1.2 爬虫库

学一学

Requests 库是基于 Python 语言实现的简单易用的网络请求库，常用于接口测试、数据爬虫、文件下载、漏洞验证等众多业务。

试一试

微课 10.1
Requests 库使用

Requests 库安装

方法 1：命令安装。

安装 Python 程序后系统默认安装 pip 工具，pip 工具主要用于下载与安装第三方模块，借助于 pip 工具可安装 Requests 库，具体操作如下。

在 Windows 命令窗口运行 cmd 命令，打开命令行窗口，如图 10-1-2 所示。

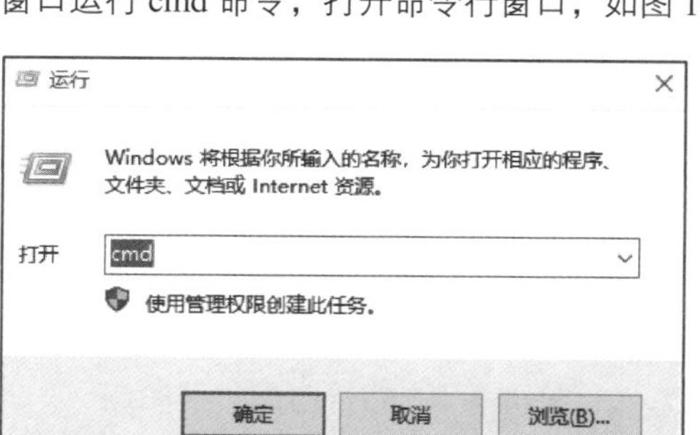

图 10-1-2
Windows 命令窗口

在命令窗口中输入 pip install requests 命令进行安装，如图 10-1-3 所示。

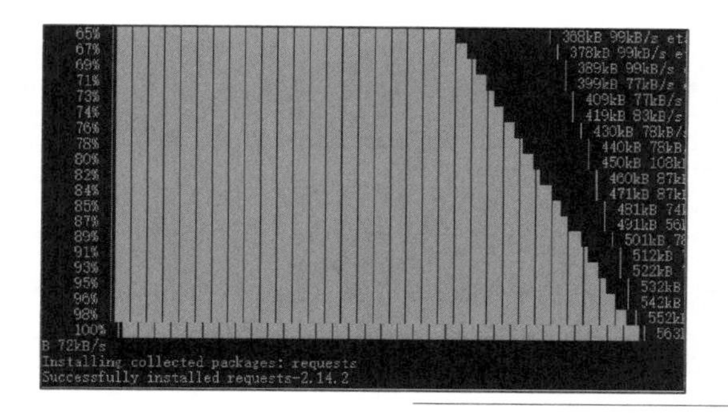

图 10-1-3
requests 库安装过程

方法 2：利用 PyCharm 安装。

打开 PyCharm，在菜单栏选择“File”→“Settings”→“Project Interpreter”菜单命令，如图 10-1-4 所示。

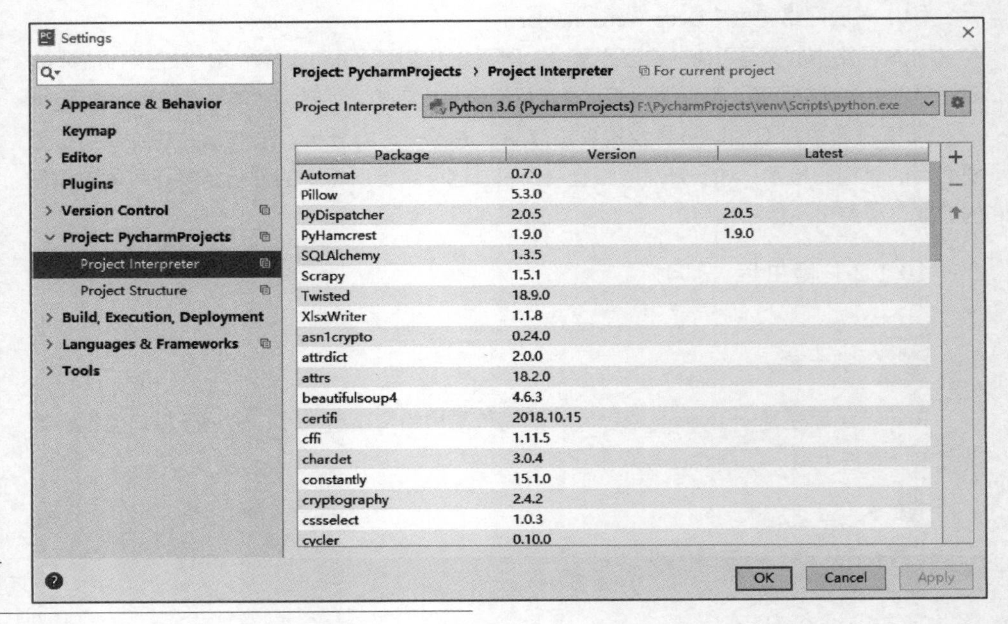

图 10-1-4
Project Interpreter 界面

单击“+”号，输入 requests，单击“Install Package”按钮安装即可，如图 10-1-5 所示。

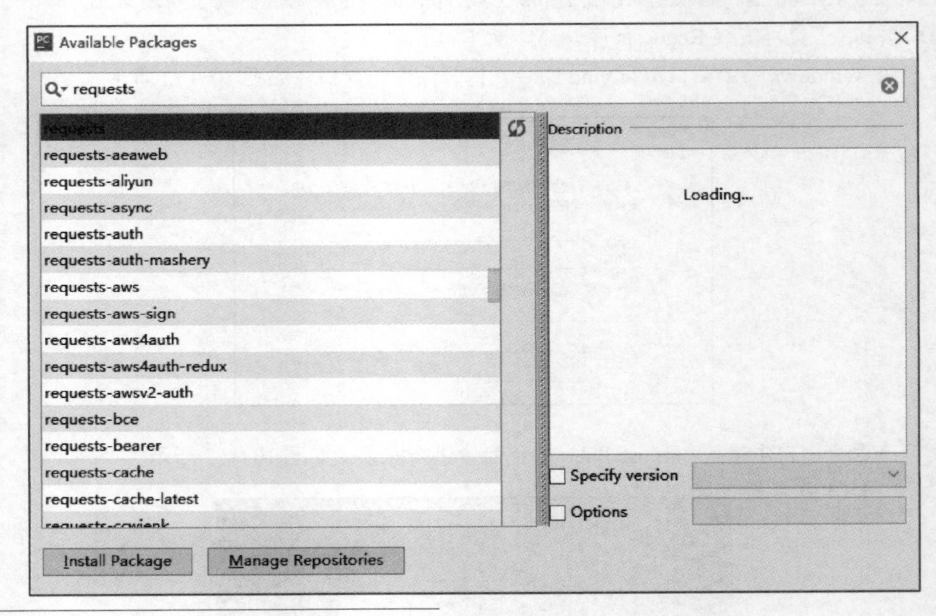

图 10-1-5
requests 安装

注 意

无论是基于命令方式安装 Requests 库还是利用 PyCharm 安装 Requests 库，必须保证网络通畅可靠，否则会导致 Requests 库安装失败。

试一试

【例 10-1-1】 百度官网网页信息爬取。

---解 题 步 骤---

步骤 1：导入 Requests 库。

步骤 2：指定爬取的网页地址。

步骤 3：爬取网页数据。

步骤 4：处理异常信息。

---程 序 代 码---

```
#1.导入模块
import requests

#2.指定爬取的网页地址
url = 'https://www.baidu.com/'

#3.爬取数据
try:
    response = requests.get(url)                              #发起请求
    #判断返回状态码是否为 200，不是则引发异常
    response.raise_for_status()
    response.encoding = response.apparent_encoding            #设置编码格式
    print(response.text)                                      #输出爬取信息
except:                                                       #处理异常信息
    print('爬取失败！')
```

运行结果如图 10-1-6 所示。

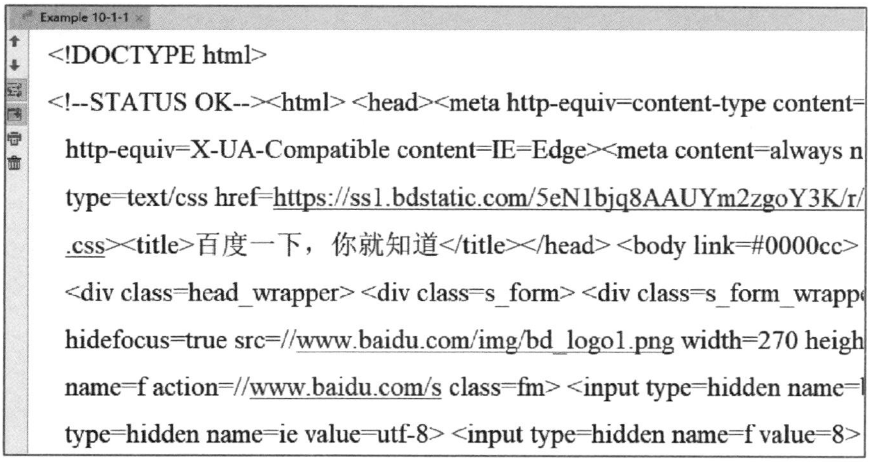

```
Example 10-1-1
<!DOCTYPE html>
<!--STATUS OK--><html> <head><meta http-equiv=content-type content=
  http-equiv=X-UA-Compatible content=IE=Edge><meta content=always n
  type=text/css href=https://ss1.bdstatic.com/5eN1bjq8AAUYm2zgoY3K/r/
  .css><title>百度一下，你就知道</title></head> <body link=#0000cc>
  <div class=head_wrapper> <div class=s_form> <div class=s_form_wrappe
  hidefocus=true src=//www.baidu.com/img/bd_logo1.png width=270 heigh
  name=f action=//www.baidu.com/s class=fm> <input type=hidden name=
  type=hidden name=ie value=utf-8> <input type=hidden name=f value=8>
```

图 10-1-6
百度官网信息爬取

注 意

在爬取数据时，需要遵守 Robots 协议，该协议是网站国际互联网界通行的道德规范，其目的是保护网站数据和敏感信息、确保用户个人信息和隐私不被侵犯。

试一试

【例 10-1-2】 ZOL 桌面壁纸图片爬取和存储。

---解 题 步 骤---

步骤 1：导入 requests 模块、re 模块和 datetime 模块。

步骤 2：指定爬取的网页地址。

步骤 3：获得网页信息。

步骤 4：设置数据过滤条件。

步骤 5：提取图片信息并保存。

---程 序 代 码---

```
#1.导入模块
import requests
import re
import datetime

#2.指定爬取的网页地址
url = 'https://desk.zol.com.cn/jianzhu/'
#3.获得网页信息
headers = {
    'User-Agent': 'Mozilla/5.0 (Windows NT 10.0; Win64; x64)
    AppleWebKit/537.36 (KHTML, like Gecko) Chrome/75.0.3770.100 Safari/537.36'
}
content = requests.get(url,headers=headers).text

#4.正则表达式设置数据过滤条件
picture = r'src="(.*?.jpg)"'              #针对网页图片爬取

#5.设置匹配规则
regex = re.compile(picture)          #创建一个模板使其符合匹配的网址
images = re.findall(regex, content) #找到 content 中所有符合 regex 的对象添加到
                                     #images 中并返回

#6.提取图片信息
for image in images:
    dt = datetime.datetime.now().strftime('%f')                  #时间戳：微秒
    image = requests.get(image).content                          #获取图片地址
    print(dt + '.jpg  图片保存中......')
    with open('E:/image/' + dt + '.jpg', 'wb') as obj:           #设置图片存储路径
        obj.write(image)                                         #写入图片数据
        obj.close()                                              #关闭文件对象
print('网页中所有图片已保存完毕！')
```

运行结果如图 10-1-7 和图 10-1-8 所示。

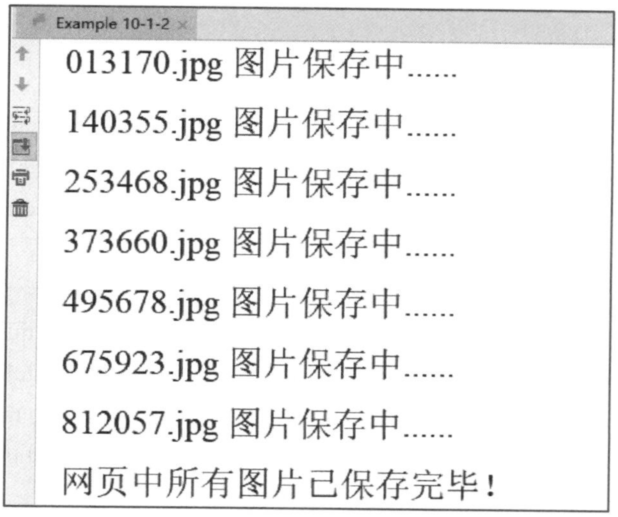

```
Example 10-1-2
013170.jpg 图片保存中......
140355.jpg 图片保存中......
253468.jpg 图片保存中......
373660.jpg 图片保存中......
495678.jpg 图片保存中......
675923.jpg 图片保存中......
812057.jpg 图片保存中......
网页中所有图片已保存完毕!
```

图 10-1-7
图片保存信息

图 10-1-8
爬取图片信息

注 意

设置图片存储路径时，必须保证文件目录存在，若文件目录不存在，则引发 FileNotFoundError 异常，系统提示 “[Errno 2] No such file or directory”。由于网站设有反扒机制，因此不能过于频繁发起网络请求爬取数据。

相关知识

1. compile 函数

用于编译正则表达式，生成一个 Pattern 对象，它的一般使用形式如下。

```
re.compile(pattern[, flag])
```

其中，pattern 是一个字符串形式的正则表达式，flag 是一个可选参数，表示匹配模式，如忽略大小写。

2. findall()函数

在字符串中找到正则表达式所匹配的所有子串，并返回一个列表；如果没有找到匹配的，则返回空列表。

练一练

爬取当当网五星图书榜排名前 20 位的图书信息，包含图书排名、图书封面地址、书名、推荐百分比、作者、五星评分（次数）和价格，将以上信息保存至 D 盘 book.csv 文件中，具体网址为 http://bang.dangdang.com/books/fivestars/01.00.00.00.00.00-recent30-0-0-1-1。

运行结果如图 10-1-9 和图 10-1-10 所示。

```
Example 10-1-3
{'range': '1', 'image': 'http://img3m0.ddimg.cn/91/14/27874630-1_l_3.jpg', 'title': '不存在的女
{'range': '2', 'image': 'http://img3m1.ddimg.cn/86/2/25546541-1_l_13.jpg', 'title': '空间简史(与
{'range': '3', 'image': 'http://img3m4.ddimg.cn/77/13/27911444-1_l_11.jpg', 'title': '高尔基成长
{'range': '4', 'image': 'http://img3m6.ddimg.cn/3/11/29302716-1_l_17.jpg', 'title': '慢一点也没
{'range': '5', 'image': 'http://img3m1.ddimg.cn/5/6/29351921-1_l_4.jpg', 'title': '隐者慧医（梁
{'range': '6', 'image': 'http://img3m4.ddimg.cn/0/32/29276874-1_l_11.jpg', 'title': '外婆出租中',
{'range': '7', 'image': 'http://img3m6.ddimg.cn/38/25/28541936-1_l_9.jpg', 'title': '男孩的学习
{'range': '8', 'image': 'http://img3m7.ddimg.cn/41/24/29317307-1_l_14.jpg', 'title': '我能有什么
{'range': '9', 'image': 'http://img3m6.ddimg.cn/29/15/28512326-1_l_8.jpg', 'title': '那些听过却
```

图 10-1-9
图书详细信息

{"range"	"image"	"title"	"recomme	"author"	"times"	"price": "40.80"}
{"range"	"image"	"title"	"recomme	"author"	"times"	"price": "33.80"}
{"range"	"image"	"title"	"recomme	"author"	"times"	"price": "81.00"}
{"range"	"image"	"title"	"recomme	"author"	"times"	"price": "33.80"}
{"range"	"image"	"title"	"recomme	"author"	"times"	"price": "51.00"}
{"range"	"image"	"title"	"recomme	"author"	"times"	"price": "35.70"}
{"range"	"image"	"title"	"recomme	"author"	"times"	"price": "33.50"}
{"range"	"image"	"title"	"recomme	"author"	"times"	"price": "39.80"}
{"range"	"image"	"title"	"recomme	"author"	"times"	"price": "40.40"}
{"range"	"image"	"title"	"recomme	"author"	"times"	"price": "29.90"}
{"range"	"image"	"title"	"recomme	"author"	"times"	"price": "59.70"}
{"range"	"image"	"title"	"recomme	"author"	"times"	"price": "39.80"}
{"range"	"image"	"title"	"recomme	"author"	"times"	"price": "40.80"}
{"range"	"image"	"title"	"recomme	"author"	"times"	"price": "33.80"}
{"range"	"image"	"title"	"recomme	"author"	"times"	"price": "27.50"}
{"range"	"image"	"title"	"recomme	"author"	"times"	"price": "15.52"}
{"range"	"image"	"title"	"recomme	"author"	"times"	"price": "29.90"}
{"range"	"image"	"title"	"recomme	"author"	"times"	"price": "29.90"}
{"range"	"image"	"title"	"recomme	"author"	"times"	"price": "29.80"}
{"range"	"image"	"title"	"recomme	"author"	"times"	"price": "31.00"}

图 10-1-10
当当网五星图书榜图书信息

10.2 项目案例

想一想

大数据被认为是“未来的新石油”，在社会生产、流通、分配、消费活动以及经济运行机制等方面发挥着重要的作用。随着大数据时代的来临，互联网中的数据是海量的，如何自动高效地获取互联网中感兴趣的信息

为人们所用呢？如何针对有价值的数据进行分析呢？

笔 记

10.2.1 案例及数据说明

1. 项目案例

（1）案例背景

资金是企业生存和发展的基础，是企业经济活动的推动力，企业的资金活动贯穿于企业经营活动的每一个环节。企业能否获得稳定的资金来源以及是否能够及时足额筹集到生产要素组合所需要的资金，对企业的经营和发展至关重要。

本案例根据企业融资相关数据信息，着眼于企业融资的热门城市和热门产业进行统计分析，通过分析掌握和了解目前适合融资的城市和产业，以及每年的融资金额增长趋势，为企业融资方案制定提供重要的参考依据，助力企业高速、高质量发展。

（2）案例意义

金融是国家重要的核心竞争力，需要为实体经济服务，满足经济社会发展和人民群众需要。战略优化变革、经营模式创新、核心科技进步已成为企业能否可持续发展的关键因素，更是企业成功实现转型升级的催化剂。

面对激烈的市场竞争，企业需要更多的资本支持，企业融资可以保证企业稳定、持久的发展。通过企业融资大数据综合分析，可以帮助企业解决融资难的问题，并为企业提供可靠的数据支撑，降低企业融资的风险。

（3）案例目标

通过企业融资相关数据的采集和清洗，为后续企业项目融资情况以及行业前景进行有效分析，有利于全面了解融资项目的经济环境和社会背景，为企业提供可靠的融资数据支撑，降低企业融资的风险和综合成本，提高融资成功率，最终获取可观的经济效益，实现企业利益最大化，促进国民经济的增长。

2. 项目数据

数据源就是数据的来源，在进行数据处理时，针对一些企业项目，数据源可以分为企业内部的数据和企业外部的数据。内部数据是指企业主营业务在生产过程中所产生的数据，而外部数据是指非企业自身所产生的数据。内部数据的重要性都相对清楚，但是外部数据也很重要，外部数据可以用于解决企业业务增长的核心问题，如用户增长、竞品分析、行业分析、决策支撑和某些业务创新等。

针对本次企业融资案例进行数据采集与清洗时，涉及两项数据信息，分别为融资项目信息和融资项目详细信息，见表 10-2-1。

表 10-2-1 项目业务数据

序号	数据名称	数据来源
1	融资项目信息	project_info.csv
2	融资项目详细信息	project_detail.csv

10.2.2 数据采集

1．数据采集

数据采集是指对目标领域、特定场景的原始数据进行采集的过程，采集的数据以图像类、文本类、语音类、视频类等非结构化数据为主。数据采集的目的就是解决数据孤岛，不管是结构化的数据，还是非结构化数据，没有数据采集，这些各种来源的数据就只能相互独立，没有实际意义和价值。从业务流程角度来看，数据采集是数据分析的“第一步”，采集到的非结构化数据经过清洗与标注，才能对这些数据进行综合分析。数据采集的准确与否直接决定了数据分析的价值，科学的数据采集方法是数据分析的前提。

2．业务数据获取

为了对业务数据进行采集和分析，需要读取文件中的业务数据。本次任务主要操作融资项目信息和融资项目详细信息，文件具体内容如下。

① 融资项目信息：project_info.csv 文件，文件中各字段含义见表 10-2-2。

表 10-2-2 融资项目业务数据

	字段描述
融资项目信息	项目 ID
	项目名称
	投资公司名称
	城市名称
	项目标签
	项目成立年份
	产业名称
	简要说明
	项目介绍

② 融资项目详细信息：project_detail.csv 文件，文件中各字段含义见表 10-2-3。

表 10-2-3 融资项目详细业务数据

	字段描述
融资项目详细信息	项目 ID
	项目名称
	融资金额
	融资时间

3．数据载入

对于数据分析而言，数据大部分来源于外部数据，如常用的 TXT 文件、CSV 文件、Excel 文件等。载入数据是数据分析处理的第一步，只有访问到数据才能对数据进行分析，常常借助于 Pandas 库帮助载入和处理数据。

Pandas 提供了一些用于将表格型数据读取为 DataFrame 对象的函数，见表 10-2-4。

表 10-2-4 常用 Pandas 解析函数

函数	描述
read_csv	从文件、URL 或者文件型对象中读取分割好的数据，逗号是默认分隔符
read_table	从文件、URL 或者文件型对象中读取分割好的数据，制表符为默认分隔符
read_excel	从 Excel 的 XLS 或者 XLSX 文件中读取表格数据
read_hdf	读取 Pandas 写的 HDF5 文件
read_html	从 HTML 文件中读取所有表格数据

通过表 10-2-4 对 Pandas 解析函数有了一个简单了解，其中 read_csv、read_table 和 read_excel 在实际项目中用于读取数据较频繁，接下来主要介绍这 3 个方法。

（1）TXT 文件

TXT 文件是微软公司在操作系统上附带的一种文本格式，是常见的一种文件格式，主要用于存储文本信息，即文字信息，可用记事本查看和编辑。

在 Pandas 中可以使用 read_table()函数来读取 TXT 文件中的内容。read_table()方法读取分隔符文本文件的内容并返回 DataFrame 对象。DataFrame 数据结构是由按一定顺序排列的多列数据组成。DataFrame 对象的数据结构与工作表（常见的是 Excel 工作表）极为相似。

使用 read_table() 函数之前，需要掌握其语法格式。read_table() 函数的语法格式如下。

```
pandas.read_table(file, sep='\t', header='infer',  index_col=None,
    dtype=None, encoding=utf-8, engine=None, nrows=None)
```

函数中常用参数说明见表 10-2-5。

表 10-2-5 read_table() 函数参数

参数名称	参数作用
file	接收 string，表示文件名和路径
sep	接收 string，表示分隔符，默认为制表符
header	接收 int 或 sequence，表示将某行数据作为列名。默认为 infer，表示自动识别
index_col	接收 int、sequence 或 False，表示索引列的位置，取值为 sequence 则代表多重索引，默认为 None
dtype	接收 dict，代表写入的数据类型（列名为 key，数据格式为 values，默认为 None）
encoding	表示文件的编码方式。常用的编码方式有 UTF-8、UTF-16、GBK、GB2312、GB18030 等
engine	接收 C 或 Python，表示数据解析引擎，默认为 C
nrows	接收 int，表示读取前 n 行，默认为 None

试一试

【例 10-2-1】 利用 Pandas 库读取文本文件内容，内容如图 10-2-1 所示。

txt_info.txt - 记事本

文件(F) 编辑(E) 格式(O) 查看(V) 帮助(H)

total_bill	tip	sex	smoker	day	time	size
16.99	1.01	Female	No	Sun	Dinner	2
10.34	1.66	Male	No	Sun	Dinner	3
21.01	3.5	Male	No	Sun	Dinner	3
23.68	3.31	Male	No	Sun	Dinner	2
24.59	3.61	Female	No	Sun	Dinner	4
25.29	4.71	Male	No	Sun	Dinner	4
8.77	2	Male	No	Sun	Dinner	2
26.88	3.12	Male	No	Sun	Dinner	4
15.04	1.96	Male	No	Sun	Dinner	2

图 10-2-1
txt 文本文件数据

解 题 步 骤

步骤 1：导入 Pandas 库。

步骤 2：读取文本文件内容。

步骤 3：打印读取数据。

程 序 代 码

```
#1.导入模块
import pandas as pd
#2.读取 TXT 文件内容，数据之间以 Tab 键作为间隔符
data = pd.read_table(r'D:\data\txt_info.txt',sep='\t')
#3.打印数据
print(data)
```

运行结果如图 10-2-2 所示。

Example 10-1-4

	total_bill	tip	sex	smoker	day	time	size
0	16.99	1.01	Female	No	Sun	Dinner	2
1	10.34	1.66	Male	No	Sun	Dinner	3
2	21.01	3.50	Male	No	Sun	Dinner	3
3	23.68	3.31	Male	No	Sun	Dinner	2
4	24.59	3.61	Female	No	Sun	Dinner	4
5	25.29	4.71	Male	No	Sun	Dinner	4
6	8.77	2.00	Male	No	Sun	Dinner	2
7	26.88	3.12	Male	No	Sun	Dinner	4
8	15.04	1.96	Male	No	Sun	Dinner	2

图 10-2-2
读取文本数据

小经验

在文件路径前加上字母 r 是为了取消字符串中的所有转义情况，即字符串的所有字符都会被当成正常字符，防止文件路径解析错误。

例如 Windows 下有文件路径："E:\pythonCode\next"，如果不加字母 r，在路径解析时会先将双引号""去掉，当系统识别到文件路径中有\next，其中\n 会被解释为换行符，系统所得到的文件路径就发生了改变，最终上述文件路径在代码运行时会报错。

注 意

目标文件存放目录不需要与代码中指定位置一致，读者可根据自身需求调整文件访问路径。

（2）Excel 文件

Excel 是微软公司办公软件 Microsoft Office 的组件之一。使用 Excel 可以进行各种数据处理和统计分析，被广泛应用于管理、统计财经、金融等众多领域。

在 Pandas 中可以使用 read_excel()函数来读取 Excel 表格中的数据，该函数的主要功能是将一个 Excel 文件读入 Pandas 的 DataFrame 数据对象中，支持从本地文件系统或 URL 读取扩展名为 xls、xlsx 的文件以及读取单个工作表或工作表列表的选项。

注 意

在通过 Pandas 读取 Excel 数据时，需要安装 xlrd 库，可以通过 PyCharm 提供的图形化界面快速安装。

使用 read_excel()函数前，需要掌握其语法格式。read_excel() 函数的语法格式如下。

```
pandas.read_excel（io，sheet_name = 0，header = 0，names = None，index_col = None，
dtype = None）
```

函数中常用参数说明见表 10-2-6。

表 10-2-6 read_excel() 函数参数

参数名称	参数作用
io	Excel 文件路径
sheet_name	当一个 Excel 工作簿中包含多个 Sheet 工作表时，sheet_name 用于指定导入哪个 Sheet 表单。可以接收的参数类型有 str、int、list 或 None，默认为 0，即获取第 1 个工作表
header	接收 int 或 sequence，表示将某行数据作为列名
names	接收 array，表示列名，默认为 None
index_col	接收 int、sequence 或 False，表示索引列的位置
dtype	接收 dict，代表写入的数据类型（列名为 key，数据格式为 values），默认为 None

试一试

【例 10-2-2】 利用 Pandas 库读取 Excel 文件内容，内容如图 10-2-3 所示。

解 题 步 骤

步骤 1：导入 Pandas 库。

步骤 2：读取文件内容。

步骤 3：打印读取数据。

程 序 代 码

```
#1.导入模块
import pandas as pd
#2.读取 Excel 文件内容
data = pd.read_excel(r'D:\data\excel_info.xlsx')
#3.打印数据
print(data)
```

运行结果如图 10-2-4 所示。

编号	类型	颜色	价格
00101	长裤	黑色	89
01123	上衣	红色	129
01010	鞋子	蓝色	150
00100	内衣	灰色	100

图 10-2-3
Excel 数据

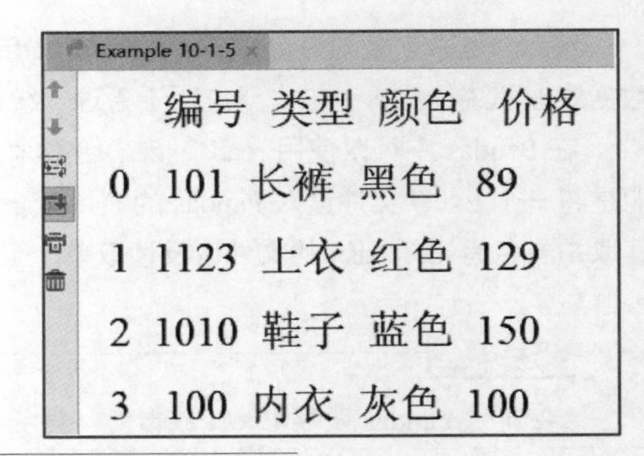

图 10-2-4
读取表格数据

（3）CSV 文件

文本文件是一种由若干行字符构成的计算机文件，它是一种典型的顺序文件。CSV 是一种用分隔符分隔的文件格式，因为其分隔符不一定是逗号，因此，又被称为字符分隔文件。

CSV 文件是以纯文件形式存储表格数据（数字和文本）的，其广泛应用是在程序之间转移表格数据，而这些程序本身是在不兼容的格式上进行操作的（往往是私有的、无规范的格式）。因为大量程序都支持 CSV 或者其变体，因此可以作为大多数程序的输入和输出格式。该文件一般可使用记事本或 Excel 打开。

在 Pandas 中可以使用 read_csv()函数来读取 CSV 文件中的数据，该函数主要功能是从文件、URL、文件型对象中加载带分隔符的数据。默认分隔符为逗号（,）。

使用 read_csv()函数之前，需要掌握其语法格式。read_csv() 函数的语法格式如下。

```
pandas.read_csv(file, sep=',', header='infer', names=None, index_col=0,
        dtype=None, encoding=utf-8, engine=None, nrows=None)
```

函数中常用参数说明见表 10-2-7。

表 10-2-7 read_csv() 函数参数

参数名称	参数作用
file	接收 string，表示 CSV 的文件名和路径
sep	接收 string，表示分隔符，默认为逗号

续表

参数名称	参数作用
header	接收 int 或 sequence，表示将某行数据作为列名。默认为 infer，表示自动识别
names	接收 array，表示列名，默认为 None
index_col	接收 int、sequence 或 False，表示索引列的位置，取值为 sequence 则代表多重索引，默认为 None
dtype	接收 dict，代表写入的数据类型（列名为 key，数据格式为 values，默认为 None）
encoding	表示文件的编码方式。常用的编码方式有 UTF-8、UTF-16、GBK、GB2312、GB18030 等
engine	接收 C 或 Python，表示数据解析引擎，默认为 C
nrows	接收 int，表示读取前 n 行，默认为 None

试一试

【例 10-2-3】 利用 Pandas 库读取 CSV 文件内容，内容如图 10-2-5 所示。

No	Name	Age	Sex	Score
1	zhangsan	20	male	90
2	lisi	21	female	89
3	wangwu	22	male	78
4	zhaoliu	19	female	76
5	hognyan	22	female	77
6	jignshi	21	male	88

图 10-2-5
CSV 文本文件数据

解 题 步 骤

步骤 1：通过 import 关键字导入 Pandas 库。

步骤 2：读取 CSV 文件内容。

步骤 3：打印读取数据。

程 序 代 码

```
#1.导入模块
import pandas as pd
#2.读取 CSV 文件内容，数据之间以‘，’号作为间隔符
data = pd.read_csv(r'D:\data\csv_info.csv',sep=',')
#3.打印数据
print(data)
```

运行结果如图 10-2-6 所示。

```
Example 10-1-6
   No      Name  Age     Sex  Score
0   1  zhangsan   20    male     90
1   2      lisi   21  female     89
2   3    wangwu   22    male     78
3   4   zhaoliu   19  female     76
4   5   hognyan   22  female     77
5   6   jignshi   21    male     88
```

图 10-2-6
读取 CSV 文本数据

4. 项目数据采集

为了对企业融资信息数据进行处理，前期需要利用 Pandas 库读取融资项目信息文件（project_info.csv）和融资项目详细信息文件（project_detail.csv）数据。

--解 题 步 骤--

步骤 1：导入 Pandas 库。

步骤 2：读取 CSV 文件内容。

步骤 3：将数据装载到 DataFrame 数据结构中。

步骤 4：打印读取数据。

--程 序 代 码--

```
#1.导入模块
import pandas as pd

#2.设置控制台内容显示范围
pd.set_option('display.max_columns', 1000)
pd.set_option('display.width', 1000)
pd.set_option('display.max_colwidth', 1000)

#3.读取数据
info = pd.read_csv(r'D:\data\project_info.csv', sep='#', low_memory=False)
detail = pd.read_csv(r'D:\data\project_detail.csv', sep='#', low_memory=False)

#4.数据装载到 DataFrame 数据结构中
info_df = pd.DataFrame(info)
detail_df = pd.DataFrame(detail)

#5.打印前 3 行数据
print('*'*20,'project_info 前 3 行数据','*'*20)
print(info_df.head(3))
print('*'*20,'project_detail 前 3 行数据','*'*20)
print(detail_df.head(3))
```

运行结果如图 10-2-7 所示。

```
Example 10-1-7
******************** project_info 前3行数据 ********************
                项目ID      项目名称        投资公司名称 城市名称
0 b152512675474c148537f1e4ede9d993 对****容 苏州平佳豪包装材料
1 21aadc5f831541d0a7a673898898ef6f 图**等  海宁市钰雪服装有限公
2 83a6b0644c974534a21cf7dfeae66725 户***牌  云南影速文化传播有限
******************** project_detail 前3行数据 ********************
                项目ID      项目名称    融资金额      融资时间
0 b152512675474c148537f1e4ede9d993 对****容  29.37万  2018-06-10
1 21aadc5f831541d0a7a673898898ef6f 图**等  166.91万  2004-01-02
2 83a6b0644c974534a21cf7dfeae66725 户***牌   27.42万  2000-05-02
```

图 10-2-7
融资项目相关信息

10.2.3 数据清洗

1. 数据清洗

数据清洗（Data cleaning）是对数据进行重新审查和校验的过程，通过检测和去除数据集中的噪声数据和无关数据，处理遗漏数据，去除空白数据域和知识背景下的白噪声。通俗而言，就是把脏数据清洗掉，删除重复信息、纠正存在的错误，并提供数据一致性，提高数据质量。

数据的质量决定模型能达到的上限，所以对数据的预处理无比重要。如果所收集数据的特征和人们想预测的标签之间并没有太大关联，这时特征数据就像噪音一样只会干扰模型做出准确的预测。所以，人们要对数据集进行采集和清洗，并判断各个特征会不会影响到要预测的标签值。

2. 业务

企业融资相关信息数据量往往较大，在生成、存储、采集过程中容易造成数据异常和缺失，需要对企业融资相关信息数据进行清洗操作，以达到规范数据格式、去除异常数据，提取需求数据的目的。

3. 功能目标

为了完成对融资信息的分析，现需将企业融资项目信息和融资项目详细信息进行数据合并，同时判断数据格式、字段长度是否符合相应规则，包括业务关键字段不能为空、金额数据单位转化等。

4. 业务数据

（1）输入数据信息

① 融资项目信息见表 10-2-8。

表 10-2-8 融资项目信息

	描述
融资项目信息	项目 ID
	项目名称
	投资公司名称
	城市名称
	项目标签
	项目成立年份
	产业名称
	简要说明
	项目介绍

② 融资项目详细信息见表 10-2-9。

表 10-2-9 融资项目详细信息

	描述
融资项目详细信息	项目 ID
	项目名称
	融资金额
	融资时间

（2）输出数据信息

融资项目与融资项目详细合并清洗数据见表 10-2-10。

表 10-2-10 融资项目合并清洗信息

	描述
融资项目与详细合并信息	项目名称
	投资公司名称
	城市名称
	项目成立年份
	产业名称
	融资金额

5. 数据清洗基础

数据清洗是整个数据分析过程的第一步，就像做一道菜之前需要先择菜洗菜一样。数据分析师经常需要花费大量的时间来清洗数据或者转换格式，这个工作甚至会占整个数据分析流程 80%左右的时间。为什么要进行数据清洗呢？通常而言，所获取到的原始数据不能直接用来分析，因为它们会有各种各样的问题，如包含无效信息、列名不规范、格式不一致、存在重复值、缺失值、异常值等。

Python 中的 Pandas 库为人们提供了一个高级、灵活和快速的工具集，将不符合预期的数据从一种形式转换为另一种形式，提取真正对人们有价值的数据。

缺失数据在数据分析的应用中很常见，一般利用 Pandas 库处理缺失值。在 Pandas 中使用浮点值 NaN（Not a Number）表示缺失值。处理缺失值最常见的有直接将缺失值丢弃和补全缺失值两种方法。常见缺失值操作函数见表 10-2-11。

表 10-2-11 常见缺失值操作函数

函数名	功能描述
dropna	对缺失数据进行过滤
fillna	用指定值或插值方法填充缺失数据
isnull	返回一个含有布尔值对象，反映缺失值情况
notnull	返回一个含有布尔值对象，反映非缺失值情况

(1)删除缺失值

在数据分析中，如果数据集的样本很大，并且在删除含有缺失值的记录后，不会影响分析结果的客观性和准确性时，一般使用 dropna() 函数直接将空值或缺失值的数据删除。使用 dropna 函数之前，需要掌握其语法格式。dropna() 函数的语法格式如下。

```
DataFrame.dropna(axis=0,how='any',thresh=None,subset=None,inplace=False)
```

函数中的参数说明见表 10-2-12。

表 10-2-12 dropna() 函数参数说明

参数名称	参数作用
axis	指定删除方向，当 axis=0 按行删除，axis=1 按列删除，默认为 0
how	取值为“all”，表示这一行或列中的元素全部缺失(为 NaN)才删除这一行或列；取值为“any”，表示这一行或列中只要有缺失值，就删除这一行或列
thresh	一行或一列中少于 thresh 个非缺失值则执行删除
subset	在某些列的子集中选择将出现缺失值的列删除，不在子集中的含有缺失值的列或行不会被删除
inplace	筛选缺失值后，获得的新数据是存为副本还是直接在原数据上进行修改

试一试

微课 10.2
Excel 薪资表缺失值删除处理

【例 10-2-4】 导入 Excel 薪资表 salary.xls 中的 salary 表，完成不同情况下删除缺失值的操作，要求如下。

① 打印读取的 Excel 数据。

② 删除数据全为缺失值的行。

③ 删除非缺失值数量小于 3 的行。

④ 删除指定的列中含有缺失值的行。

⑤ 打印删除缺失值后的操作结果。

Excel 内容如图 10-2-8 所示。

id	name	sex	workAge	salary	award
1001	Jack	male	12	4500	1000
1002	Jason	female	8	5000	1000
1003	Alan				
1004	Adam	male	6	3500	2000
1005	Andy	female		4600	2000
1007	Brant	female		5600	2000
1008	Cary	male	1	7700	2000
1010	David		4	4300	2000
1011	Edwin	male	4	5500	3000

图 10-2-8
薪资表数据

解 题 步 骤

步骤 1：导入 Pandas 库。

步骤 2：读取 Excel 文件内容。

步骤 3：删除缺失值。

步骤 4：打印操作后的数据。

程 序 代 码

```
#1.导入模块
import pandas as pd

#2.读取文件数据，指定表单名称
df = pd.read_excel(r'D:\data\salary.xls',sheet_name='salary')
print('*'*15,'原始数据','*'*15,'\n', df)

#3.删除数据全为缺失值的行
df.dropna(how='all',inplace=True)

#4.删除非缺失值数量小于 3 的行
df.dropna(thresh=3,axis=0,inplace=True)

#5.删除指定的列中含有缺失值的行
df.dropna(subset=['sex','workAge'],inplace=True)

#6.打印操作后的结果
print('*'*15,'操作后数据','*'*15,'\n', df)
```

运行结果如图 10-2-9 和图 10-2-10 所示。

Example 10-1-8

*************** 原始数据 ***************

	id	name	sex	workAge	salary	award
0	1001.0	Jack	male	12.0	4500.0	1000.0
1	1002.0	Jason	female	8.0	5000.0	1000.0
2	NaN	NaN	NaN	NaN	NaN	NaN
3	1003.0	Alan	NaN	NaN	NaN	NaN
4	1004.0	Adam	male	6.0	3500.0	2000.0
5	1005.0	Andy	female	NaN	4600.0	2000.0
6	1007.0	Brant	female	NaN	5600.0	2000.0
7	1008.0	Cary	male	1.0	7700.0	2000.0
8	1010.0	David	NaN	4.0	4300.0	2000.0
9	1011.0	Edwin	male	4.0	5500.0	3000.0

图 10-2-9
薪资表原数据

```
Example 10-1-8
*************** 操作后数据 ***************
     id    name    sex  workAge  salary   award
0  1001.0   Jack    male    12.0  4500.0  1000.0
1  1002.0  Jason  female     8.0  5000.0  1000.0
4  1004.0   Adam    male     6.0  3500.0  2000.0
7  1008.0   Cary    male     1.0  7700.0  2000.0
9  1011.0  Edwin    male     4.0  5500.0  3000.0
```

图 10-2-10
删除缺失值薪资表数据

（2）数据填充

在数据分析中，如果数据集的样本较少或者由于删除含有缺失值的记录，影响到数据分析结果的客观性和准确性。为了数据的完整性，就需要根据数据插补的方法来选择填充值，然后再使用 fillna() 函数对空值或缺失值进行填充。

使用 fillna() 函数前，需要掌握其语法格式。fillna()函数的语法格式如下。

```
DataFrame.fillna(value=None, method=None, axis=None, inplace=False, limit=None, **kwargs)
```

函数中常用参数说明见表 10-2-13。

表 10-2-13 fillna()函数参数说明

参数名称	参数作用
value	填充的值，可以是具体某个值，也可以用字典形式，或者函数计算出来的值等
axis	填充的方向，axis=0（行），默认；axis=1（列）
method	填充的方法{'backfill', 'bfill', 'pad', 'ffill', None}，默认为 None
Inplace	生成新的副本还是原数据直接修改
limit	缺失值填充个数

注 意

method 参数不能与 value 参数同时出现。

试一试

【例 10-2-5】 导入 Excel 薪资表 salaryData.xls 中的 salary 表，完成以下操作。

① 查看缺失值的数量。

② 对于存在的缺失值利用常量 0 填充，不修改原数据，打印填充结果。

③ 对于 sex 列中存在的缺失值利用字典填充，填充值为'female'，不修改原数据，打印填充结果。

④ 指定使用前值填充缺失值，不修改原数据，打印填充结果。

⑤ 将 salary 列的缺失值用平均值替换，打印填充结果。

Excel 内容如图 10-2-11 所示。

id	name	sex	workAge	salary	award
1001	Jack	male	12	4500	1000
1002	Jason	female	8	5000	1000
1003	Alan				
1004	Adam	male	6	3500	2000
1005	Andy	female		4600	2000
1006	Bill	male	5	8700	2000
1007	Brant	female		5600	2000
1008	Cary	male	1	7700	2000
1009	Chris	female	3	2300	2000
1010	David		4	4300	2000
1011	Edwin	male	4	5500	3000
1012	Evan	female	7	7100	3000
1013	Franklin	male	8	8100	3000
1014	Gary	male	12	9000	3000

图 10-2-11
薪资表单数据

------解 题 步 骤------

步骤 1：通过 import 关键字导入 Pandas 库。

步骤 2：读取 Excel 文件内容。

步骤 3：进行缺失值填充。

步骤 4：打印操作后的数据。

------程 序 代 码------

```
#1.导入模块
import pandas as pd

#2.读取文件数据，指定表单名称
df = pd.read_excel(r'D:\data\salaryData.xls',sheet_name='salary')

#3.查看缺失值的数量
print(df.isnull().sum())

#4.对于存在的缺失值利用常量 0 填充，打印填充结果
print(df.fillna(0))

#5.对于存在的缺失值 sex 利用字典填充，填充为'?'，打印填充结果
print(df.fillna({'sex':'?'}))

#6.指定使用前值填充，打印填充结果
print(df.fillna(method='ffill'))

#7.将 salary 列的缺失值用均值替换，打印填充结果
df['salary'] = df['salary'].fillna(df['salary'].mean())
print(df)
```

运行结果如图 10-2-12～图 10-2-16 所示。

```
F:\PycharmProjects\venv\Scripts\python.exe
id         1
name       1
sex        3
workAge    4
salary     2
award      2
dtype: int64
```

图 10-2-12 缺失值数量统计

	id	name	sex	workAge	salary	award
0	1001.0	Jack	male	12.0	4500.0	1000.0
1	1002.0	Jason	female	8.0	5000.0	1000.0
2	0.0	0	0	0.0	0.0	0.0
3	1003.0	Alan	0	0.0	0.0	0.0
4	1004.0	Adam	male	6.0	3500.0	2000.0
5	1005.0	Andy	female	0.0	4600.0	2000.0
6	1006.0	Bill	male	5.0	8700.0	2000.0
7	1007.0	Brant	female	0.0	5600.0	2000.0

图 10-2-13 缺失值常量 0 填充

	id	name	sex	workAge	salary	award
0	1001.0	Jack	male	12.0	4500.0	1000.0
1	1002.0	Jason	female	8.0	5000.0	1000.0
2	NaN	NaN	?	NaN	NaN	NaN
3	1003.0	Alan	?	NaN	NaN	NaN
4	1004.0	Adam	male	6.0	3500.0	2000.0
5	1005.0	Andy	female	NaN	4600.0	2000.0
6	1006.0	Bill	male	5.0	8700.0	2000.0
7	1007.0	Brant	female	NaN	5600.0	2000.0

图 10-2-14 缺失值 sex 字典填充

	id	name	sex	workAge	salary	award
0	1001.0	Jack	male	12.0	4500.0	1000.0
1	1002.0	Jason	female	8.0	5000.0	1000.0
2	1002.0	Jason	female	8.0	5000.0	1000.0
3	1003.0	Alan	female	8.0	5000.0	1000.0
4	1004.0	Adam	male	6.0	3500.0	2000.0
5	1005.0	Andy	female	6.0	4600.0	2000.0
6	1006.0	Bill	male	5.0	8700.0	2000.0
7	1007.0	Brant	female	5.0	5600.0	2000.0

图 10-2-15 缺失值 salary 前值填充

	id	name	sex	workAge	salary	award
0	1001.0	Jack	male	12.0	4500.000000	1000.0
1	1002.0	Jason	female	8.0	5000.000000	1000.0
2	NaN	NaN	NaN	NaN	5838.461538	NaN
3	1003.0	Alan	NaN	NaN	5838.461538	NaN
4	1004.0	Adam	male	6.0	3500.000000	2000.0
5	1005.0	Andy	female	NaN	4600.000000	2000.0
6	1006.0	Bill	male	5.0	8700.000000	2000.0
7	1007.0	Brant	female	NaN	5600.000000	2000.0

图 10-2-16 缺失值 salary 均值替换

6. 项目数据清洗

为了提取企业融资信息中的项目名称、投资公司名称、城市名称、项目标签、项目成立年份、产业名称、简要说明、项目介绍、融资金额和融资时间，需要将企业融资项目信息和融资项目详细信息进行数据合并，处理异常数据，提取需求字段，同时保证数据格式规范化，并将清洗数据保存到 data_clean.csv 文件中。

------------------------------解 题 步 骤------------------------------

步骤 1：导入 Pandas、Numpy 库。

步骤 2：读取 CSV 文件数据。

步骤 3：对数据进行合并和清洗。

步骤 4：保存合并后的项目数据信息。

------------------------------程 序 代 码------------------------------

```
#1.导入模块
import pandas as pd
import numpy as np

#2.设置数值不使用科学计数法显示
np.set_printoptions(suppress=True)

#3.提取数据
info = pd.read_csv(r'D:\data\project_info.csv', sep='#', low_memory=False)
detail = pd.read_csv(r'D:\data\project_detail.csv', sep='#', low_memory=False)

#4.将读取的数据放入 DataFrame 对象中
info_df = pd.DataFrame(info)
detail_df = pd.DataFrame(detail)

#5.定义输出数据保存路径
collect = open(r'D:\data\data_clean.csv', 'w', encoding='utf-8')
collect.write("项目名称#投资公司名称#城市名称#项目标签#项目成立年份#产业名称#简
要说明#项目介绍#融资金额#融资时间\n")

#6.通过项目 ID 与项目名称对融资信息和融资详细信息数据合并
resultFile = pd.merge(info_df, detail_df, how='left', on=['项目 ID', '项目名称'], sort='融资金额')

#7.处理融资金额单位，将单位“万”转换为数值
def convert(financeAmount):
    if financeAmount.find("万"):
        financeAmount = float(float(financeAmount.replace("万", "")) * 10000)
    else:
        financeAmount = float(financeAmount)
    return str(financeAmount)

#8.遍历数据，进行数据清洗
for index, row in resultFile.iterrows():
    #判断项目名称、城市名称、产业名称、融资金额是否为空，去除为空的数据
    if row[1] != '' and row[3] != '' and row[6] != '' and not pd.isna(row[9]):
        #对融资金额数据进行格式化操作
        row[9] = convert(row[9])
        #将年份转化为字符串
        row[5] = str(row[5])
        #保存数据到文件
        collect.write("#".join(row[1:]) + "\n")
```

```
#9.关闭文件流
collect.close()
```

运行结果如图 10-2-17 所示。

项目名称#投资公司名称#城市名称#项目标签#项目成立年份#产业名称#简要说明#项目介							
抗**渠#中	消费升级	服饰品牌	B2C	皮鞋	其他工具	电商平台	B2C
饼**商#沈	连锁品牌	社交	手工艺	食品	批发零售/	医疗健康	租赁
生***i#安	农业物流	O2O	独立品牌	消费生活	新媒体营销	电子商务	B2C
g****C#华	电商	食品	电商	众筹平台	电商	定制	文娱传媒
m****会#_	硬件	食材采购	果汁	消费生活	运动品牌	企业服务	非TMT
性***车#试	电子商务	消费升级	同城配送	艺术平台	电子商务	生鲜电商	设计师品牌
T****向#云	健康管理	独立品牌	服饰品牌	消费升级	电商	电商	电子商务
容***辐#浏	B2C	珠宝首饰	电商	同城配送	UGC	IBM系	护理品牌
品**C#美菡	饮品	B2C	电商	电子商务	酒类商品	二手商品交	消费升级
a****品#鄂	工业4.0	独立品牌	B2B	品酒	母婴商品	宠物电商	独立品牌
美*****k#淡	电商平台	电商	服装定制	电子商务	消费升级	时尚电商	电商
互***主#后	进出口贸易	平台	艺术电商	护理品牌	零食品牌	零售品牌	护理用品
k**咨#贵州	电商	化妆品品牌	行政服务	消费生活	B2C	电子商务	中餐品牌
牌******服	消费升级	植物提取	外贸电商	B2C	试用测评	消费升级	设计师

图 10-2-17
融资清洗部分数据

注 意

由于数据量过大，运行程序后需要等待几分钟时间，与读者的计算机性能有关。当控制台提示 “Process finished with exit code 0” 表示程序执行完毕，同时生成的 data_clean.csv 文件过大，打开时需要耐心等候数据的加载。

任务实施

10.3 项目数据采集与清洗实训

一、实训目的

① 掌握 Pandas 库的熟练使用。

② 掌握 Excel 文件的读取操作。

③ 掌握缺失值的删除、填充操作。

④ 掌握 DataFrame 的映射操作。

二、实训内容

随着经济的不断发展，传统的招聘方式已经不能满足企业对人才招聘的需求。网络招聘因其具有覆盖面广、时效性强、成本更低、针对性强、招聘效果好等特点而受到企业的欢迎，且已成为当前的主流招聘形式。

本案例以数据处理相关岗位的招聘样本数据为基础，对数据进行合理的清洗处理，从而保障招聘岗位信息分析的准确性和真实性。样本数据中涉及各字段的含义见表 10-3-1。

表 10-3-1 招聘信息样本数据特征

序号	字段	含义
1	companyName	公司名称
2	companyBenefits	公司福利

续表

序号	字段	含义
3	companySize	公司规模
4	industryField	产业领域
5	positionName	职位名称
6	positionLables	职位标签
7	salary	薪水
8	workYear	工作经验
9	recruitNum	招聘人数

为了完成上述目标，需要对招聘样本数据 JobOffers.xlsx 数据进行采集和清洗，需要完成以下操作。

① 读取前 5 行数据。

② 查看数据的整体缺失情况。

③ 统计每列数据缺失值情况，判断缺失程度是否严重。

④ 删除缺失值最多的列数据。

⑤ 对于缺失值排在第二位的字段利用整数平均值填充。

⑥ 打印清洗后的前 20 行数据。

三、实训过程

----------实 训 步 骤----------

步骤 1：通过 import 关键字导入 Pandas 库。

步骤 2：指定控制台内容显示方式，输出内容过长不用省略号代替。

步骤 3：通过 head()函数获取前 5 行数据。

步骤 4：通过 info()函数查看数据的整体缺失情况。

步骤 5：利用 isnull()函数和 sum()函数统计每列数据缺失值情况。

步骤 6：利用 drop()函数删除缺失值最多的列数据。

步骤 7：通过 fillna()函数利用整数平均值填充缺失值排在第二位的字段。

步骤 8：通过 print()函数打印清洗后的前 20 行数据。

----------程 序 代 码----------

```
import pandas as pd

#控制台打印时显示内容，不用省略号代替
pd.set_option('display.max_columns', 1000)
pd.set_option('display.width', 1000)
pd.set_option('display.max_colwidth', 1000)

#1.获取前 5 行数据
titanic = pd.read_csv(r'D:\data\JobOffers.xlsx')
print(movie.head())

#2.查看数据的整体缺失情况
```

```
print(movie.info())

#3.统计每列数据缺失值情况，判断缺失程度是否严重
print(movie.isnull().sum())

#4.删除缺失值最多的列数据
movie = movie.drop(['company Benefits'],axis=1)

#5. 对于缺失值排在第二位的字段利用整数平均值填充
movie["recruitNum"] = movie ["recruitNum"].fillna(int(movie["recruitNum"].mean()))

#6.打印清洗后的前 20 行数据
print(movie.head(20))
```

10.4 任务反思

一、实训总结

通过本次实训，了解了数据分析的基本步骤为：明确分析目的→数据获取（采集）。做数据分析前需要对数据进行预处理和清洗，剔除干扰数据和无效数据，避免数据分析出现偏差，造成分析结果没有说服力。在案例分析过程中，介绍了文件数据采集和数据清洗的常见操作步骤和方法，为后续数据分析和数据可视化提供了有力支撑。

二、错误分析

问题 **10-4-1**　使用 read_csv()读取文件失败，如图 10-4-1 所示。

```
  File "C:\Users\Thinkpad\AppData\Local\Programs\Python\Python36\lib\site-packages\pandas\ic
    return _read(filepath_or_buffer, kwds)
  File "C:\Users\Thinkpad\AppData\Local\Programs\Python\Python36\lib\site-packages\pandas\ic
    parser = TextFileReader(filepath_or_buffer, **kwds)
  File "C:\Users\Thinkpad\AppData\Local\Programs\Python\Python36\lib\site-packages\pandas\ic
    self._make_engine(self.engine)
  File "C:\Users\Thinkpad\AppData\Local\Programs\Python\Python36\lib\site-packages\pandas\ic
    self._engine = CParserWrapper(self.f, **self.options)
  File "C:\Users\Thinkpad\AppData\Local\Programs\Python\Python36\lib\site-packages\pandas\ic
    self._reader = parsers.TextReader(src, **kwds)
  File "pandas\_libs\parsers.pyx", line 568, in pandas._libs.parsers.TextReader.__cinit__
  File "pandas\_libs\parsers.pyx", line 788, in pandas._libs.parsers.TextReader._get_header
UnicodeDecodeError: 'utf-8' codec can't decode byte 0xb1 in position 6: invalid start byte
```

图 10-4-1
编码错误

错误分析：

系统提示'utf-8' codec can't decode byte 0xb1 in position 6: invalid start byte 错误信息，一般是由文件编码格式不正确而造成。

改正：

在 read_csv()函数中加入 encoding = 'utf-8'属性即可解决。

问题 **10-4-2**　使用 read_excel()函数读取有内容的 Excel 文件，无法读取到数据，如图 10-4-2 所示。

```
F:\PycharmProjects\venv\Scripts\python.exe
Empty DataFrame
Columns: []
Index: []
```

图 10-4-2
读取数据未成功

错误分析：

由于 Excel 文件可能包含多个工作表，因此需要手动指定读取哪一个工作表。

改正：

在 read_excel()函数中加入 sheet_name 属性指定工作表名称即可读取到数据。

单元 11 企业融资案例（数据分析）

任务引导

掌握了数据采集与清洗方法后，读者可以获取到大量无序原始数据，如何从这些数据中提取有价值的信息呢？这就需要进行数据分析。数据分析作为大数据时代的重要部分，已经逐渐成为数据科学领域中重要的技能之一。本任务依托于企业真实项目案例，带领读者了解数据分析的过程，掌握数据分析中的常用库及使用，为后续数据可视化奠定基础。

学习目标

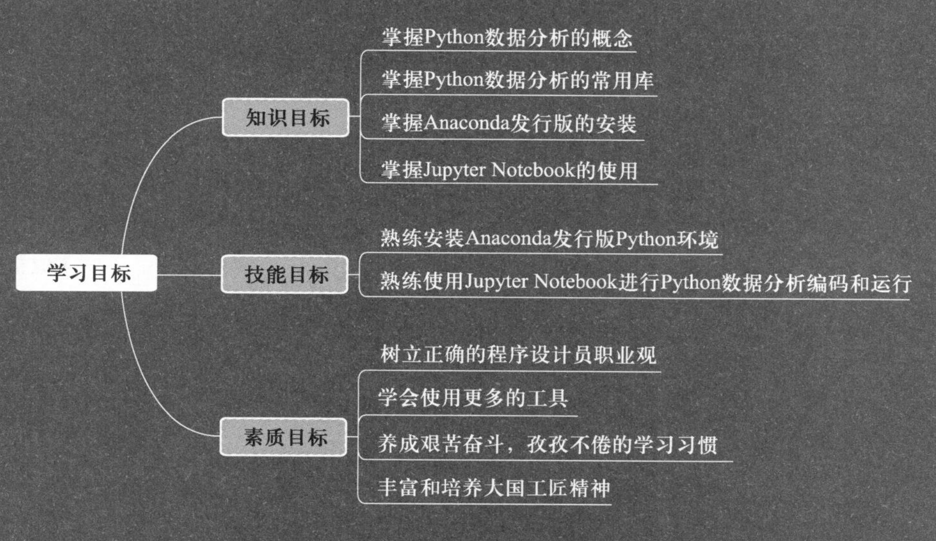

知识准备

11.1 数据分析

当今社会，高速发展的网络和信息技术参与了人们生活的方方面面，产生的数据量也呈指数增长。如何管理和使用这些数据，逐渐成为人们关注的研究课题。大量从事数据科学领域的科学家需要使用 Python 完成数据科学相关的工作。

数据量的指数增长，对人类生活最大的影响是什么？

微课 11.1
数据分析概述

11.1.1 数据分析概述

数据分析是指使用一定的方法对收集的数据进行分析，提取其中有价值的信息，并形成一定的结论。简而言之，对数据的详细研究和总结归纳的过程就是数据分析。Python 在其中的作用是帮助人们更加快速地建立模型，方便编程实现。

数据分析一般包含需求分析、获取数据、数据预处理、分析与建模、模型训练和优化、应用到实际场景等过程。

目前主流的数据分析方法或工具主要有 Python、R 语言、MATLAB 这 3 种。它们应用的场景和领域各有不同，近年来 Python 及其开发生态环境受到越来越多的关注，主要原因在于 Python 做数据分析有以下优势。

1. Python 语法简单，容易入门

对新手而言，如何快速地掌握一门编程语言一直是一个难题，而 Python 对于新手用户的友好是非常有利的。

2. 功能强大

Python 的功能较为强大，主要依托于其具有丰富的第三方库，使得其在众多领域游刃有余。例如，Python 在数据分析、机器学习、数据可视化、Web 应用、网络爬虫、系统运维等场景下均能发挥出巨大的优势。

3. Python 是一门“胶水”语言

Python 编写的代码能够以多种方式与其他语言“粘连”在一起，Python 的各种 API 能快速灵活地调用使用其他语言写的代码。这意味着用户可以根据需要不断地为 Python 程序添加新功能，或者在任何环境系统中都可以使用 Python 开发的应用。

11.1.2 Python 数据分析常用库

1. NumPy 库

NumPy 是一个 Python 用于科学计算的基础包，主要有以下一些功能。

① 多维数据对象的操作。

② 硬盘上基于数组数据集的读写操作。

③ 对数组的元素计算以及数组的数学运算的函数。

④ 线性代数运算、傅里叶变换及随机数生成。

⑤ 将其他编程语言的代码集成到 Python 的工具。

2. Pandas 库

Pandas 是 Python 的数据分析核心库，能够快速、方便地处理结构化数据的数据结构和函数。Python 之所以强大且高效，Pandas 功不可没，它除了能完成 NumPy 的高性能数组计算，还兼具电子表格和关系型数据库的灵活数据处理功能。

3. Matplotlib 库

Matplotlib 是流行的用于绘制数据图表的 Python 库，提供了 pylab 模块，包括 NumPy 和 pyplot 中的许多常用函数，便于快速计算和绘图。

4. SciPy 库

SciPy 是一组专门解决复杂的科学计算的库，其中包含各种标准问题域的模块，如插值、积分、优化、图像处理、特殊函数等。不同的功能与模块相对应，也常与 NumPy、Matplotlib、Pandas 等核心包一起使用。

5. scikit-learn 库

scikit-learn 是一个简单且有效的数据分析和数据挖掘工具，可供用户在各种环境中重复使用。它建立在 NumPy、SciPy、Matplotlib 基础上，并封装了一些常用算法。其基本模块主要有数据预处理、模型选择、分类、聚类、数据降维和回归 6 个。

11.1.3 Python 的 Anaconda 发行版

Anaconda 发行版 Python 是一个拥有 NumPy、SciPy、Pandas、Matplotlib 和 scikit-learn 的功能齐全、接口统一的库，为数据分析工作提供了极大的便利。它可以非常方便地管理库、版本和环境配置，使得数据分析师能更加关注业务本身。

试一试

微课 11.2
数据分析环境

在 Windows 中安装 Anaconda，其具体步骤如下。

步骤 1：获取 Anaconda 的安装包，可在官网（https://www.anaconda.com）下载。

步骤 2：下载完成后双击打开安装包，单击“Next”按钮，如图 11-1-1 所示，进入下一步。

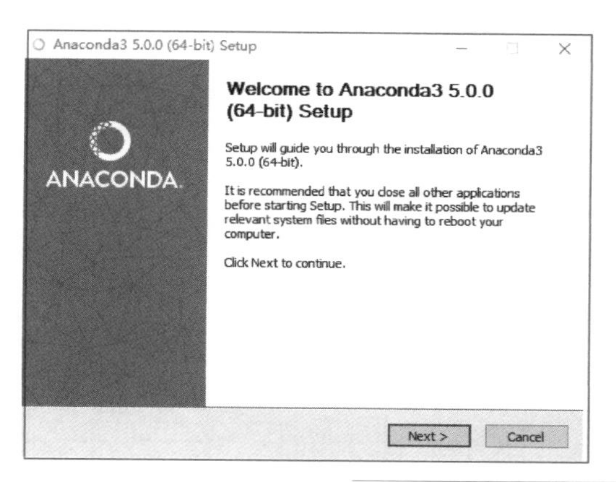

图 11-1-1
安装 Anaconda 步骤 1

步骤 3：如图 11-1-2 所示，单击“I Agree”按钮，同意上述协议并进入下一步。

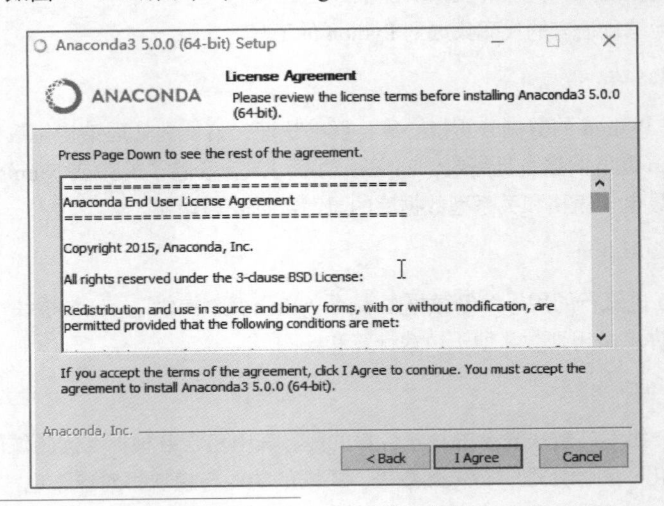

图 11-1-2
安装 Anaconda 步骤 2

步骤 4：选中“All Users”单选按钮，单击“Next”按钮，如图 11-1-3 所示，进入下一步。

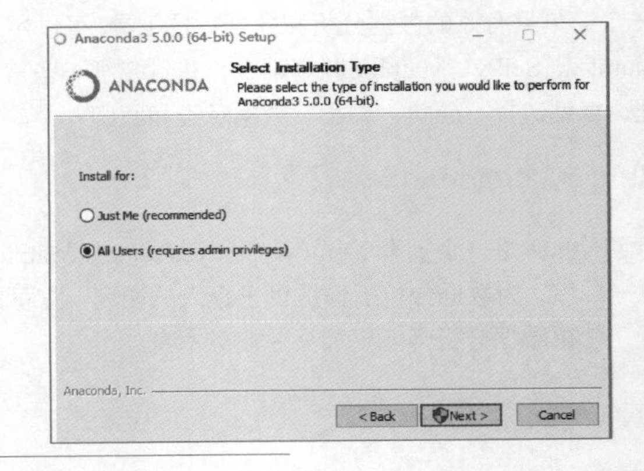

图 11-1-3
安装 Anaconda 步骤 3

步骤 5：指定并确认安装路径，单击“Next”按钮，如图 11-1-4 所示，进入下一步。

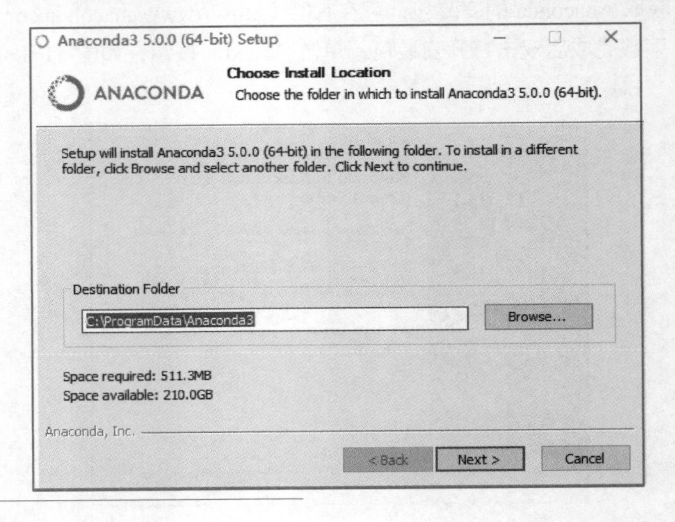

图 11-1-4
安装 Anaconda 步骤 4

步骤 6：如图 11-1-5 所示，选中两个复选框，表示允许添加 Anaconda 到系统路径环境变量，并指定 Anaconda 的 Python 版本为 3.6。单击“Install”按钮，等待安装结束。

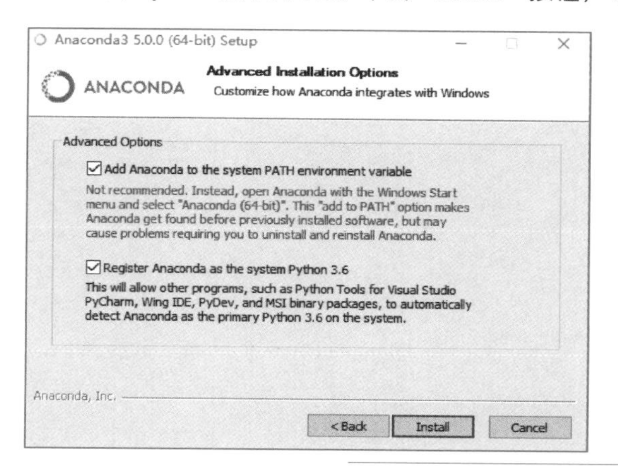

图 11-1-5
安装 Anaconda 步骤 5

步骤 7：安装进度结束后，单击“Finish”按钮完成 Anaconda 的安装。

11.1.4 Jupyter Notebook 的使用

Jupyter Notebook 是一个交互式的笔记本，支持运行多种语言，本质上是一个支持实时代码、数学方程、可视化和 Markdown 的 Web 应用程序。对于数据分析，其优点在于可以重现整个数据分析的过程，并将说明文字、代码、图表、公式、分析结果都整合在一个文档中，用户可以任意地分享结果。

Jupyter Notebook 具有以下基本功能，是做数据分析时必备的技能。

① 启动。在安装完 Anaconda 环境后，打开“开始”菜单，选择“Anaconda”→“Jupyter Notebook”选项即可启动。

② 新建一个 Notebook，在启动完成后弹出的默认浏览器窗口出现 Jupyter Notebook 的主页，如图 11-1-6 所示。

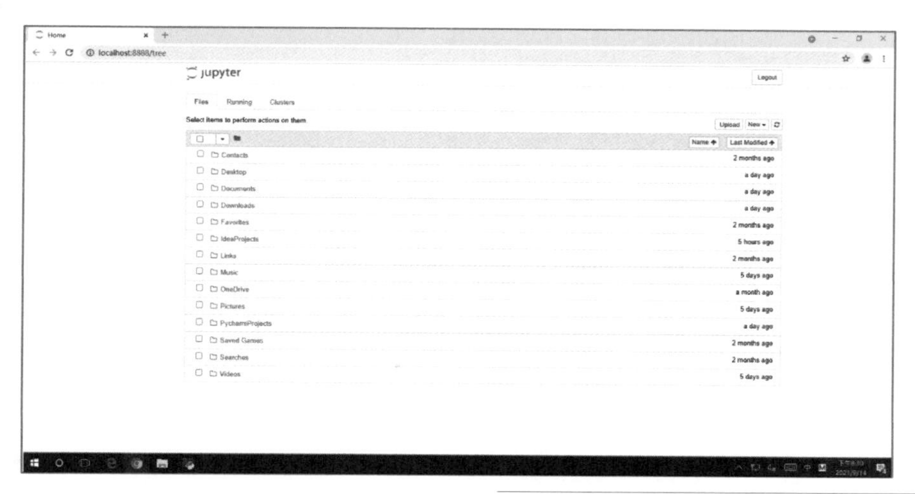

图 11-1-6
Jupyter Notebook 的主页

如图 11-1-7 所示，在主页中单击“New”按钮，在其下拉列表中选择“Python 3”选项即可创建一个 Python3 的 Notebook 页面，如图 11-1-8 所示。

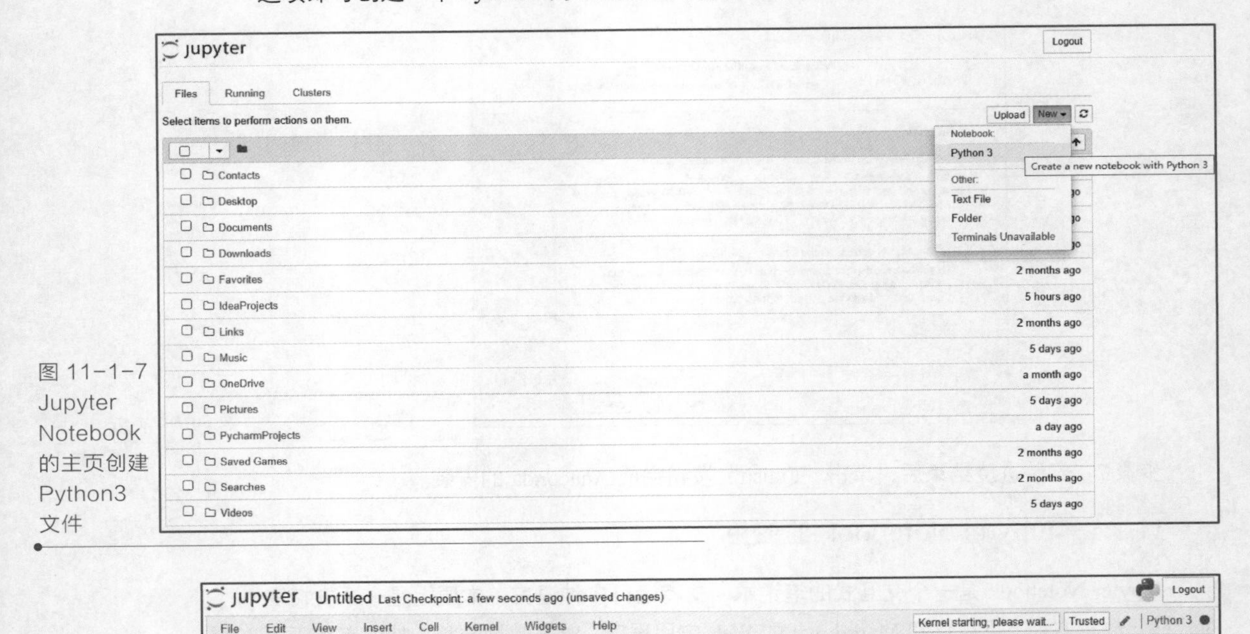

图 11-1-7 Jupyter Notebook 的主页创建 Python3 文件

图 11-1-8 Python3 的 notebook 文件

③ Jupyter Notebook 的界面比较简单，读者可自行了解。这里简单尝试一下代码的输入和运行。在输入单元中输入 import numpy as np，表示导入 numpy 模块，并使用 np 作为 numpy 的变量，然后按 Shift + Enter 组合键运行代码，运行后如图 11-1-9 所示。

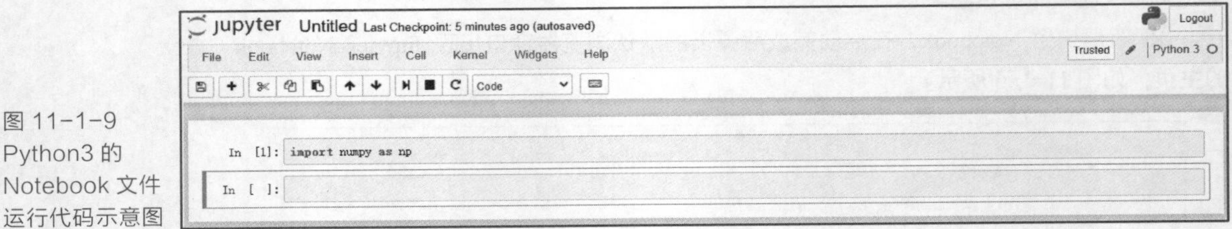

图 11-1-9 Python3 的 Notebook 文件运行代码示意图

11.2 项目案例

移动互联网信息时代的来临，使得传统的营销重心逐渐从产品转向了用户。用户成为了企业的核心，其中有一个关键问题，即对用户的分类或分群。这刚好属于数据分析的范畴，通过分类或分群，可以帮助企业区分高价值用户和低价值用户。

此外，还可以根据企业用于业务决策的关键数据进行统计分析，都是属于数据分析的常见分析方法。下面从案例的数据分析实例来展开说明。

11.2.1 案例概述

单元 10 详细介绍了城市融资项目的数据采集和数据清洗，目的是为本单元的信息统一和单元 12 数据可视化做好数据准备工作。数据采集主要使用了 pymysql，通过 Python 连接关系型数据库 MySQL 获取原始需求数据，共计 52 万余条。然后通过数据清洗过程，将关注的主要字段做进一步操作，包括规范数据格式、去除异常数据、提取需求字段等，其输入/输出数据格式如下。

- 输入数据 1 包含字段：项目 ID、项目名称、投资项目对应公司名称、城市名称、项目标签、项目成立年份、主要产业名称、简要说明、项目介绍。
- 输入数据 2 包含字段：项目 ID、项目名称、融资金额、融资时间。
- 输出数据：项目名称、投资项目对应公司名称、城市名称、项目成立年份、产业名称、融资金额。

11.2.2 融资信息统计

融资信息统计是将根据数据清洗后的输出数据做进一步数据分析，其业务主要是计算融资项目数量及金额，并统计各城市融资项目信息，根据城市融资项目数进行排名。可以按以下功能的设计来编写代码实现：将清洗后的融资数据按照城市进行分组操作，计算每个城市的融资项目数量和融资项目金额，并按照融资项目数量对城市进行排名，统计出城市融资项目信息情况，分析融资项目的热门城市。

11.2.3 融资金额环比增长统计

根据清洗后的融资信息数据统计不同产业在不同年份的融资金额的环比增长情况，主要功能和实现过程是将数据进行分组，通过年份查询各个产业名称，再计算每个产业的项目融资金额及年环比增长情况。

任务实施

11.3 项目实训

一、实训目的

① 掌握 Jupyter Notebook 的使用。

② 掌握 Python 数据分析常见库的使用。

二、实训内容

在 Jupyter Notebook 中完成编码，实现融资信息统计和融资金额环比增长统计，并生成结果文件 finance_info_result.csv 和 finance_increase_result.csv。

三、实训过程

① 在 Jupyter Notebook 中新建 Python3 文件，保存路径为桌面，命名为 finance.ipynb。

② 编写如下代码实现融资信息统计。

--程 序 代 码--

```
#coding=utf-8
import pandas as pd #导入 Pandas 库
import numpy as np #导入 NumPy 库
np.set_printoptions(suppress=True) #控制小数位数，suppress=True 表示对很大/小的数不使
#用科学计数法

dataFile = pd.read_csv("C:/Users/zhaojie/Desktop/clearlist.csv",sep="#",dtype=object,
                       low_memory=False) #读取清洗后融资信息数据
fout = open("C:/Users/zhaojie/Desktop/finance_info_result.csv","w",encoding="utf-8")  #定
#义输出数据
fout.write("城市名称,融资数量,融资金额\n") #写入表头字段为城市名称、融资数量、融
#资金额
df = pd.DataFrame(dataFile) #将读取到的清洗后融资信息数据转换格式
groupData = df.groupby('城市名称') #按城市分组，计算每个城市的融资数量以及融资
#金额
for name,group in groupData: #遍历分组结果
    #融资金额
    financeAmount = 0.00
    #融资次数
    financeNum = 0
    for index, row in group.iterrows():
        if row[4] == '2018': #遍历每组的融资金额字段,抽取时间为 2018 年的融资数据
            #计算融资次数
            financeNum = financeNum + 1
            #计算融资金额总和
            financeAmount += float(row[8])
    fout.write(name + "," + str(financeNum) + "," + str(financeAmount) + "\n") #保存文件
fout.close()
```

③ 编写如下代码实现融资金额环比增长统计。

--程 序 代 码--

```
#coding=utf-8
from operator import itemgetter
import pandas as pd
import numpy as np #引入需要使用的包
np.set_printoptions(suppress=True) #控制小数位数，suppress=True 表示对很大/小的数不使
#用科学计数法
dataFile = pd.read_csv("C:/Users/zhaojie/Desktop/clearlist.csv",sep="#",dtype=object,
                       low_memory=False) #读取清洗后融资信息数据
fout = open("C:/Users/zhaojie/Desktop/finance_increase_result.csv","w",encoding="utf-8")
#定义输出数据
fout.write("年份,产业名称,融资金额，环比增长\n") #写入表头字段为年份、产业名称、
#融资金额、环比增长
df = pd.DataFrame(dataFile) #将读取到的清洗后融资信息数据转换格式
```

```
groupData1 = df.groupby(['项目成立年份','产业名称'])  #按项目成立年份、产业名称分组
tmpData = [] #临时存储数据（产业名称、年份、融资金额）
for name,group in groupData1: #遍历分组数据，计算每个产业的融资金额
    financeAmount = 0.00   #融资金额
    for index, row in group.iterrows(): #遍历每组的融资金额字段
        financeAmount += float(row[8]) #计算当前产业的融资金额总和
    tmpData.append([name[1], name[0], str(financeAmount)]) #保存数据到临时变量
                                                            #tmpData
tmpdf=pd.DataFrame(tmpData,columns=["产业名称","年份","融资金额"]).sort_values(by=
"年份", ascending = True).reset_index(drop=True) #将 tmpData 数据进行数据格式转换，并
                                                  #按照年份进行升序排列
groupData2 = tmpdf.groupby('产业名称') #按产业名称分组
for name,group in groupData2: #遍历分组数据，定义年份与融资金额列表，年份与融资金
                               #额列表一一对应
    yearList = []
    financeAmountList = []
    for index,row in group.iterrows():
        yearList.append(row[1])
        financeAmountList.append(row[2])
    for year in yearList: #遍历年份与融资金额列表，计算环比增长数，（本年融资金额-
                          #上年融资金额）/上年融资金额 * 100%
        index = yearList.index(year)
        #如果 index 等于 0，则说明当前数据为第一个年份的数据，增长率为 0
        if index == 0:
            fout.write(year + "," + name + "," +
                       itemgetter(index)(financeAmountList) + ",0.00%" + "\n")
        else :
            #计算增长率的值
            calValue = "%.2f%%"  %((float(itemgetter(index)(financeAmountList))
                           - float(itemgetter(index-1)(financeAmountList)))
                          /float(itemgetter(index-1)(financeAmountList))* 100)
            #保存数据到文件，数据字段有年份、产品名称、融资金额、增长率
            fout.write(year + "," + name + "," + itemgetter(index)(financeAmountList)
                       + "," + str(calValue) + "\n")
fout.close()
```

11.4 任务反思

一、实训总结

通过数据分析实训，不但熟悉了数据分析的流程，还学习了 Jupyter Notebook、Numpy 和 Pandas 的使用，为后续进行数据可视化打下良好的基础。

二、错误分析

问题 **11-4-1** 安装完 Anaconda 后，conda 指令执行出现如图 11-4-1 所示的错误。

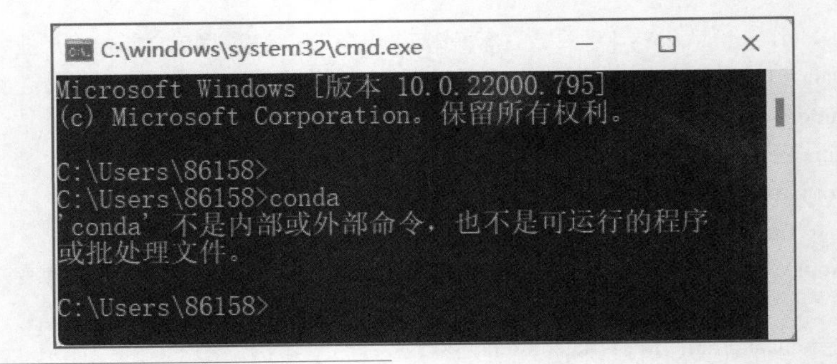

图 11-4-1
运行错误提示

错误分析：

安装 Anaconda 时，最好选中“Add Anaconda to the system PATH environment variable”复选框。如果不选，在 Windows Powershell 中 conda 指令将无反应。

改正：

如果出现这种问题，解决办法为首先找到 Anaconda 安装目录中以下 3 个路径：D:\Anaconda、D:\Anaconda\Scripts、D:\Anaconda\Library\bin；然后打开此电脑→属性面板→高级系统设置→环境变量，在 Path 中添加这 3 个路径即可。

问题 **11-4-2**　数据分析中文件保存路径的问题，如图 11-4-2 所示。

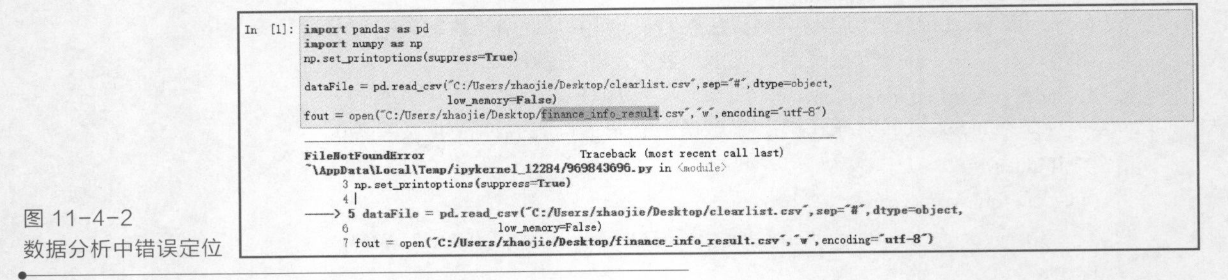

图 11-4-2
数据分析中错误定位

错误分析：

代码中 fout = open("C:/Users/zhaojie/Desktop/finance_info_result.csv", "w", encoding="utf-8") 该行的文件路径为计算机桌面路径，表示找到路径或文件。

改正：

根据 Windows 操作系统的不同需要重新指定为特定的文件路径，并将文件放在该路径下。

单元 12

企业融资案例（数据可视化）

任务引导

掌握了 Pandas 的两种数据结构 Series 和 DataFrame 的创建及常用操作，以及 NumPy 的数据类型、排序、去重及统计函数等后，可以利用 Jupter Notebook 实现数据分析功能。如何让数据分析的结果更直观地呈现，使数据更加客观、具有说服力呢？那就是利用图表来呈现，这也是本任务将要学习的数据可视化。本任务依托于企业真实项目案例，帮助读者了解数据可视化，掌握数据可视化常用库及常用图表绘制。

学习目标

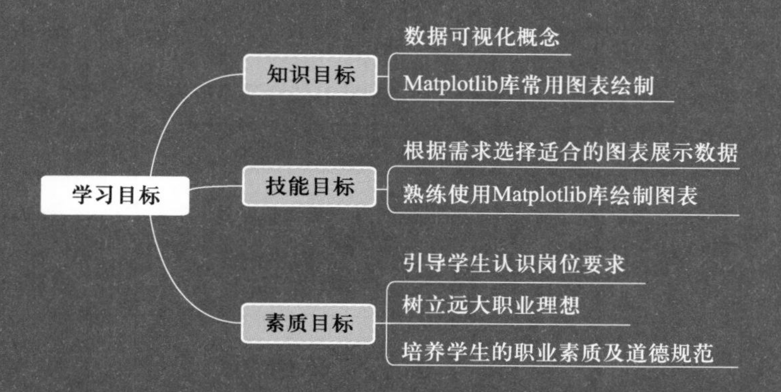

12.1 项目案例概述

通过前面的学习，根据需求进行数据分析，得到了两个数据文件 finance_info_result.csv 及 finance_increase_result.csv。finance_info_result.csv 为各城市融资项目信息，包含城市名称、融资项目数量、融资金额等信息；finance_increase_result.csv 为不同产业在不同年份的融资金额的环比增长情况，包含年份、产业名称、融资金额、环比增长等信息。

本节将以这两个数据文件作为数据源，对统计结果数据进行可视化展示，直观显示数据结果及对比关系。使用柱状图展示各城市的融资项目数量及金额，使用拆线图展示各产业的年环比增长情况。

12.1.1 数据可视化

数据可视化是关于数据视觉表现形式的科学技术研究，旨在借助于图形化手段，清晰有效地传达与沟通信息。“一图胜千言”，对于复杂难懂且体量庞大的数据而言，图表的信息量要大得多，也易于人们理解。简单而言，数据可视化就是以图形化方式表示数据，以一种更直观的方式展现和呈现数据，将看不懂的数据通过图形化方式进行有效的表达，准确高效且简洁全面地传递某种信息，甚至帮助人们发现某种规律和特征，挖掘数据背后的价值。数据可视化可以创建出似乎没有任何联系的数据之间的连接，让人们能够分辨出有用和没用的数据，让信息的价值最大化。

对数据的分析离不开数据的可视化，数据可视化是整个数据分析中非常重要的一个辅助工具，可以清晰地理解数据，从而调整人们的分析方法。

表 12-1-1 将城市融资项目数据进行了罗列，密密麻麻的数据既无法看出什么是重点信息，也不能让人们从这些数据中找出规律和特征，大大降低了数据的意义，可以将其转化成更直观的图形展示，图 12-1-1 所示为城市融资金额柱状图。

表 12-1-1 城市融资项目数据表

城市名称	融资数量	融资金额
上海	6	7843200
云南	4	7976500
其他	2	1788400
内蒙古	1	2255900
北京	8	13147100
台湾	1	2476500
吉林	2	3082800
四川	2	2617100
天津	5	5592100

续表

城市名称	融资数量	融资金额
宁夏	2	4498700
安徽	1	2979800
山东	2	2062100
山西	8	16812900

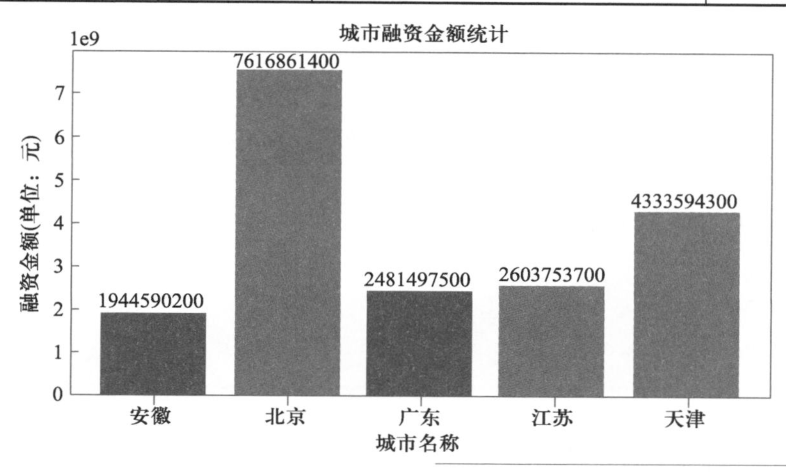

图 12-1-1
城市融资金额柱状图

常见图形及意义如下。

① 柱状图：排列在工作表的列或行中的数据可以绘制到柱状图中。

特点：绘制离散的数据，能够一眼看出各个数据的大小，比较数据之间的差别（统计/对比）。

② 折线图：以折线的上升或下降来表示统计数量的增减变化的统计图。

特点：能够显示数据的变化趋势，反映事物的变化情况（变化）。

③ 饼图：用于表示不同分类的占比情况，通过弧度大小来对比各种分类。

特点：分类数据的占比情况（占比）。

④ 散点图：用两组数据构成多个坐标点，考察坐标点的分布，判断两个变量之间是否存在某种关联或总结坐标点的分布模式。

特点：判断变量之间是否存在数量关联趋势，展示离群点（分布规律）。

在人工智能与大数据时代，可视化与可视分析是人们理解数据的导航仪，运用与人类视觉认知相一致的图形展示数据内在的结构与规律，从而增强数据理解与分析的效率。

12.1.2 Matplotlib 简介及安装

Matplotlib 是一个 Python 的 2D 绘图库，它以各种硬拷贝格式和跨平台的交互式环境生成出版质量级别的图形。通过 Matplotlib，开发者可以便捷地绘制各种可视化绘图。

微课 12.1
Matplotlib 介绍及安装

Matplotlib 首次发表于 2007 年，是 Python 的一套基于 NumPy 的绘图工具包。Matplotlib 依赖于 NumPy 和 Tkinter 模块，可以绘制多种形式的图形，包括线图、饼图、散点图、柱状图等，图形质量满足出版要求，是数据可视化的重要工具。Matplotlib 是受 Matlab 的启发构建的，Matlab 是数据绘图领域广泛使用的面向过程的语言和工具。Matplotlib 与 NumPy 一起使用，提供了一种有效的 Matlab 开源替代方案。Matplotlib 中应用广泛的是

Matplotlib.pyplot 模块，Pyplot 模块提供了一套和 Matlab 类似的函数形式的绘图 API，只需要调用 Pyplot 模块所提供的函数即可实现快速绘图。

Matplotlib 安装方法如下。

方法 1：通过 Anaconda 安装 Matplotlib，在 cmd 命令窗口中使用 conda 命令，具体如下。

```
conda install matplotlib          #安装 Matplotlib 包
conda update matplotlib           #升级包
conda remove matplotlib           #卸载 Matplotlib 包
```

方法 2：通过 Python pip 工具安装 Matplotlib，在 cmd 命令窗口中使用 pip 命令，具体如下。

```
pip install matplotlib                #安装 Matplotlib 包
pip install --upgrade matplotlib      #升级包
pip uninstall matplotlib              #卸载 Matplotlib 包
```

试一试

方法 1：通过 Anaconda 安装 Matplotlib，如图 12-1-2 所示。

```
C:\Windows\System32\cmd.exe - conda install matplotlib

C:\>conda install matplotlib
Fetching package metadata .............
Solving package specifications: .
```

图 12-1-2 Anaconda 安装 Matplotlib

方法 2：通过 Python pip 工具安装 Matplotlib，如图 12-1-3 所示。

```
命令提示符
Microsoft Windows [版本 10.0.19043.1237]
(c) Microsoft Corporation。保留所有权利。

C:\Users\nwf95>python -m pip install matplotlib
WARNING: Retrying (Retry(total=4, connect=None, read=None, redirect=None, status=None)) after connection broken by
'ReadTimeoutError("HTTPSConnectionPool(host='pypi.org', port=443): Read timed out. (read timeout=15)")': /simple/ma
tplotlib/
Collecting matplotlib
  Using cached matplotlib-3.4.3-cp39-cp39-win_amd64.whl (7.1 MB)
Requirement already satisfied: python-dateutil>=2.7 in d:\program files\python39\lib\site-packages (from matplotlib
) (2.8.2)
Collecting kiwisolver>=1.0.1
  Using cached kiwisolver-1.3.2-cp39-cp39-win_amd64.whl (52 kB)
Collecting pillow>=6.2.0
  Downloading Pillow-8.3.2-cp39-cp39-win_amd64.whl (3.2 MB)
     |████████████████████████████████| 3.2 MB 93 kB/s
Collecting cycler>=0.10
  Using cached cycler-0.10.0-py2.py3-none-any.whl (6.5 kB)
Collecting numpy>=1.16
  Downloading numpy-1.21.2-cp39-cp39-win_amd64.whl (14.0 MB)
     |████████████████████████████████| 14.0 MB 128 kB/s
Requirement already satisfied: pyparsing>=2.2.1 in d:\program files\python39\lib\site-packages (from matplotlib) (2
.4.7)
Requirement already satisfied: six in d:\program files\python39\lib\site-packages (from cycler>=0.10->matplotlib) (
1.16.0)
Installing collected packages: ...y, kiwisolver, cycler, matplotlib
Successfully installed cycler-0.10.0 kiwisolver-1.3.2 matplotlib-3.4.3 numpy-1.21.2 pillow-8.3.2
```


图 12-1-3 pip 工具安装 Matplotlib

验证安装：

进入到 Python IDLE 中，运行 import matplotlib 命令，如图 12-1-4 所示，如果没有报错，说明安装成功。

```
C:\Windows\System32\cmd.exe - python
(c) Microsoft Corporation。保留所有权利。

D:\>python
Python 3.9.6 (tags/v3.9.6:db3ff76, Jun 28 2021, 15:26:21) [MSC v.1929 64 bit (
AMD64)] on win32
Type "help", "copyright", "credits" or "license" for more information.
>>> import matplotlib
>>>
```

图 12-1-4
验证 Matplotlib 安装

12.1.3 Matplotlib 绘图基础

想一想

同学们，在学习程序语言的过程中有没有遇到过中文显示乱码的问题？如何解决呢？

1. 中文显示配置

为了保证图形中中文的正确显示，需要进行相应设置。rcParams 是 Matplotlib 存放设置的字典，修改字典键值以改变 Matplotlib 绘图的相关设置。

Matplotlib.rcParams 相关键值设置如下。

```
Plt.rcParams['font.sans-serif'] = ['SimHei']            #中文支持
plt.rcParams['axes.unicode_minus'] = False              #正常显示负号
```

提示 plt 是指 Matplotlib.pyplot 模块，在程序头部导入模块 import matplotlib.pyplot as plt，别名为 plt。

试一试

【例 12-1-1】 输出包含中文字符及负号的柱状图。

微课 12.2
Matplotlib 绘图

---------解 题 步 骤---------

步骤 1：导入相关模块。

步骤 2：修改 Matplotlib.rcParams 相关键值，以支持中文的正确显示。

步骤 3：设置图形相差数据并显示图形。

---------程 序 代 码---------

```
import matplotlib.pyplot as plt                 #导入相关模块，取别名为 plt
plt.rcParams['font.sans-serif'] = ['SimHei']    #中文支持
plt.rcParams['axes.unicode_minus'] = False      #正常显示负号
x=[1,2]                                         #设置 x 轴取值范围
y=[-3,4]                                        #设置 y 轴取值范围为-3 到 4
plt.title('中文标题')                            #设置图形的标题为“中文标题”
#调用 plt 模块中的 bar 函数绘制柱状图，参数 x，y 轴数值范围
plt.bar(x,y)
plt.show()                                      #显示出图形
```

运行结果如图 12-1-5 所示。

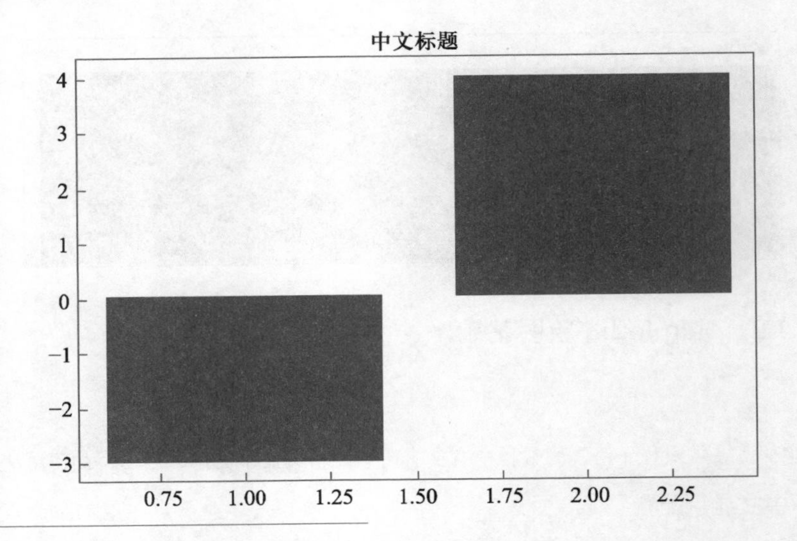

图 12-1-5
包含中文字符及负号的柱状图

请删除以上代码中 plt.rcParams['font.sans-serif'] = ['SimHei'];
plt.rcParams['axes.unicode_minus'] = False，查看运行结果。

2. 创建画布与子图

Matplotlib 所绘制的图形位于 Figure 对象中，绘图常用方法及说明见表 12-1-2。

表 12-1-2 Matplotlib 绘制常用方法

函数	函数作用
pyplot.figure	创建一个空白画布，即创建 figure 对象
figure.add_subplot	创建并选中子图，可以指定子图行数、列数等
pyplot.subplots	创建子图序列

可以在一张空白画布上创建多个子图，方便在同一幅图中绘制多个图形。在绘制时可省略 pyplot.figure 部分，直接在默认画布上进行图形绘制。

【例 12-1-2】 创建 3 个子图。

解 题 步 骤

步骤 1：导入相关模块。
步骤 2：创建一张空白画布对象，并将该对象赋值给变量。
步骤 3：创建第 1 个子图对象，并设置在 2 行 2 列画布对象的第 1 个单元格。
步骤 4：创建第 2 个子图对象，并设置在 2 行 2 列画布对象的第 2 个单元格。
步骤 5：创建第 3 个子图对象，并设置在 2 行 2 列画布对象的第 4 个单元格。
步骤 6：显示图形。

程序代码

```
import matplotlib.pyplot as plt          #导入相关模块，取别名为 plt
fig=plt.figure()                         #创建画布对象
ax1 = fig.add_subplot(2,2,1)             #创建子图
ax2 = fig.add_subplot(2,2,2)             #创建子图
ax3 = fig.add_subplot(2,2,4)             #创建子图
plt.show()                               #显示图形
```

提示

fig.add_subplot(2,2,1)，在 fig 画布上创建子图，第 1 个参数 2 代表在画布上划分出 2 行，第 2 个参数 2 代表在画布上划分出 2 列，一共就划分出 4（2×2）个单元格，第 3 个参数 1 代表该子图位于 2 行 2 列中的第 1 个单元格。fig.add_subplot(2,2,1)代码也可写成 fig.add_subplot(221)。

运行结果如图 12-1-6 所示。

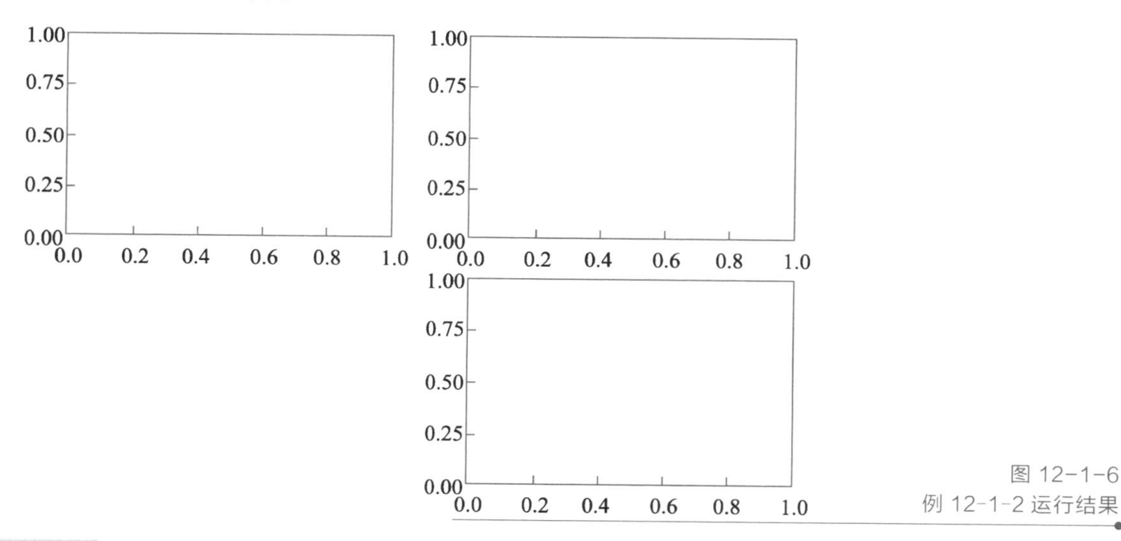

图 12-1-6
例 12-1-2 运行结果

注 意

Figure 划分出的子图区域从上往下，同一行从左往右进行编号。例如，2×2 的方格，第 1 行第 1 列为 1，第 1 行第 2 列为 2，第 2 行第 1 列为 3，第 2 行第 2 列为 4，示意如下。

1	2
3	4

试一试

【例 12-1-3】 创建子图序列。

解题步骤

步骤 1：导入相关模块。

步骤 2：创建子图序列及画布对象。

步骤 3：在其中一个子图上绘制图形。

步骤 4：显示图形

程序代码

```
import matplotlib.pyplot as plt                  #导入相关模块，取别名为 plt
fig,axes=plt.subplots(2,2)     #创建子图序列赋值给变量 axs，画布对象赋值给变量 fig
axes[0,1].plot([0.5,1,1.2,2],[0.2,0.4,1,1])      #在第 1 行第 2 列位置上的子图进行绘制
plt.show()                                       #显示图形
```

提示

① fig,axes=plt.subplots(2,2)，通过 subplots 函数创建了一张画布赋值给变量 fig，划分了 2 行 2 列的区域，并且返回了包含 2×2 即 4 个子图对象的 NumPy 数组，将子图序列赋值给变量 axes。数组 axes 可以像二维数组那样方便地进行索引，索引位从 0 开始，即第 1 行索引为 0，如 axes[0,1]中括号内第 1 个数为行的索引，第 2 个数为列的索引，即第 1 行第 2 列的子图对象。

② plot 函数用于绘制折线图，plot(x,y)，参数 x 代表 X 轴数据，列表或数组；参数 y 代表 Y 轴数据，列表或数组。

运行结果如图 12-1-7 所示。

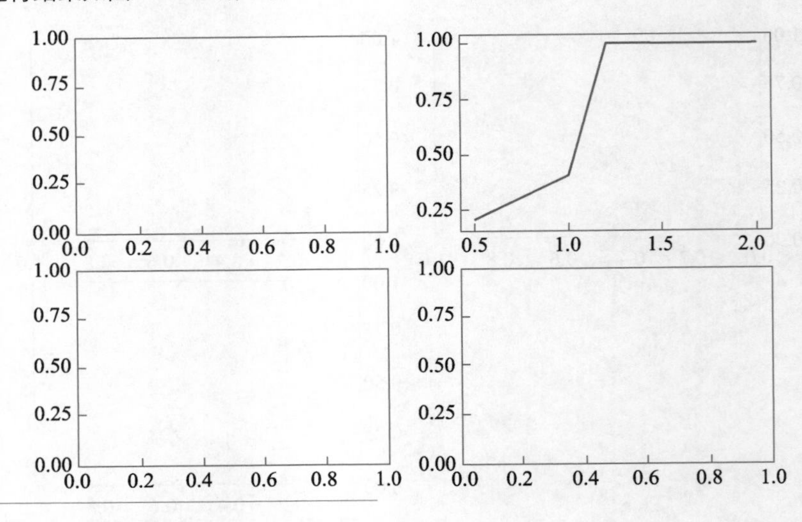

图 12-1-7
例 12-1-3 运行结果

3. 添加画布内容

在画布上绘制图形，需要设置图形的一些属性，如标题、轴标签等，添加图形的各属性值没有先后顺序。Pyplot 中添加各类属性的函数见表 12-1-3。

表 12-1-3 属性设置常用函数

函数	说明
title	图形中添加标题
xlabel	图形中 X 轴名称
xlabel	图形中 Y 轴名称
xlim	图形中 X 轴的范围，只能确定一个数值区间
ylim	图形中 Y 轴的范围，只能确定一个数值区间
xticks	指定 X 轴刻度的取值
yticks	指定 Y 轴刻度的取值
legend	指定当前图形的图例

试一试

【例 12-1-4】 设置图形坐标轴属性。

```
import matplotlib.pyplot as plt           #导入 matplotlib.pyplot 相关模块，取别名为 plt
import numpy as np                        #导入 numpy 库，取别名为 np
#产生了包含 100 个小数的数组，start 参数值为 0，stop 参数值为 1，step 为 0.01
data = np.arange(0,1,0.01)
plt.title('图形属性')                      #设置图形的标题为“图形属性”
plt.xlabel('X 轴')                         #设置图形 X 轴的标签为“X 轴”
plt.ylabel('Y 轴')                         #设置图形 Y 轴的标签为“Y 轴”
plt.xlim(0,1)                             #设置 x 轴的取值范围在 0 到 1
plt.ylim(0,1)                             #设置 y 轴的取值范围在 0 到 1
plt.xticks([0,0.2,0.4,0.6,0.8,1])         #设置 x 轴上的刻度值
plt.yticks([0,0.2,0.4,0.6,0.8,1])         #设置 y 轴上的刻度值
plt.plot(data,data**2)   #绘制折线图，x 坐标序列为 data 数组，y 坐标序列为 data 的平方
plt.plot(data,data**3)   #绘制折线图，x 坐标序列为 data 数组，y 坐标序列为 data 的 3 次方
plt.legend(['y=x^2','y=x^3'])             #设置图例标签，通过颜色可以区分不同的折线图
plt.show()
```

相关知识

Numpy 中 arange() 函数主要是用于生成数组，具体语法如下。

```
numpy.arange(start, stop, step, dtype = None)
```

参数说明如下。

- start：开始位置，数字，可选项，默认起始值为 0。
- stop：停止位置，数字。
- step：步长，数字，可选项， 默认步长为 1，如果指定了 step，则还必须给出 start。
- dtype：输出数组的类型。 如果未给出 dtype，则从其他输入参数推断数据类型。

例如，arange(10) →[0, 1, 2, 3, 4, 5, 6, 7, 8, 9]

10 为 stop 参数值，默认起始值为 0，步长为 1，所以产生了一个范围为 0～10，但不包含结束值 10 的数组。

arange(2,10,2) → [2,4,6,8]

产生了一个范围为 2～10 但不包含结束值 10，步长为 2 的数组。

运行结果如图 12-1-8 所示。

4．折线图

折线图是一种将坐标点按顺序连接起来的图形，也可以看成是将散点图按照 X 轴坐标顺序连接起来的图形。折线图的主要功能是查看因变量 y 随着自变量 x 改变的趋势。以折线的上升或下降来表示统计数量的增减变化的统计图，能够显示数据的变化趋势，反映事物的变化情况。

pyplot 的 plot( )函数绘制折线图语法格式如下。

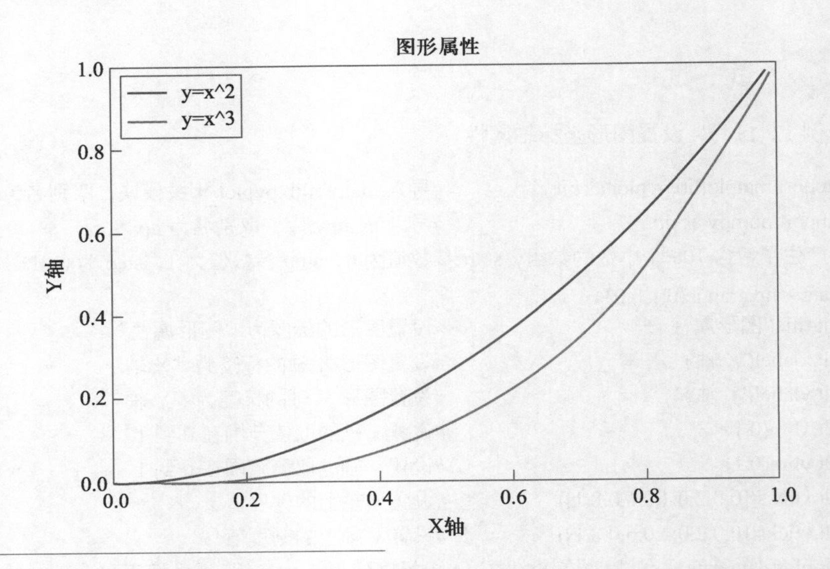

图 12-1-8
例 12-1-4 运行结果

```
matplotlib.pyplot.plot(x,y,format_string,**kwargs)
```

说明如下。

- x：X 轴数据，列表或数组，可选。
- y：Y 轴数据，列表或数组。
- format_string：控制折线的格式字符串，可选。
- **kwargs：第 2 组或更多(x,y,format_string)。

注 意

当绘制多条折线时，各条折线的 x 参数不能省略。format_string 控制折线的格式参数，由颜色字符、风格字符和标记字符组成，控制折线主要参数见表 12-1-4。

表 12-1-4 折线图主要参数

参数	说明
color	指定线条的颜色，接收特定字符值
linestyle	指定线条的类型，接收特定字符值
linewidth	指定线条的粗细
marker	指定绘制坐标点的样式，接收特定字符值

color 参数的常用颜色缩写见表 12-1-5。

表 12-1-5 color 参数的常用颜色缩写

颜色字符	说明	颜色字符	说明
'b'	蓝色	'm'	洋红色
'g'	绿色	'y'	黄色
'r'	红色	'k'	黑色
'c'	青绿色	'w'	白色

linestyle 线条类型参数的常用字符见表 12-1-6。

表 12-1-6 linestyle 线条类型参数的常用字符

字符	说明
'-'	实线
'--'	虚线
'-.'	点画线
':'	点虚线

marker 参数即绘图坐标点的常用样式见表 12-1-7。

表 12-1-7 marker 参数常用标记字符

标记字符	说明	标记字符	说明
'.'	点标记	'1'	下花三角标记
'+'	十字标记	'2'	上花三角标记
'o'	实心圈标记	'3'	左花三角标记
'v'	倒三角标记	'4'	右花三角标记
'^'	上三角标记	's'	实心方形标记
'>'	右三角标记	'p'	实心五角标记
'<'	左三角标记	'*'	星形标记
'x'	x 标记	'd'	瘦菱形标记
'D'	菱形标记	'|'	垂直线标记

试一试

【例 12-1-5】 通过 10 个坐标点绘制折线图。

----------解 题 步 骤----------

步骤 1：导入相关模块。

步骤 2：声明变量 x，初始化 10 个 X 轴坐标值列表。

步骤 3：声明变量 y，初始化 10 个 Y 轴坐标值列表。

步骤 4：创建一个空白画布。

步骤 5：画布对象上创建一个子图。

步骤 6：绘制折线图。

步骤 7：显示图形。

----------程 序 代 码----------

```
import matplotlib.pyplot as plt          #导入相关模块，取别名为 plt
x = [1,2,3,4,5,6,7,8,9,10]               #定义了 10 个 X 轴坐标值列表
y = [21,27,29,32,29,28,35,39,49,52]      #定义了 10 个 Y 轴坐标值列表
fig = plt.figure()                       #创建了一个 figure 对象，并赋值给变量 fig
ax1 = fig.add_subplot(111)               #在 fig 对象上创建了一个子图，并将子图对象赋
                                         #值给变量 ax1
ax1.plot(x,y,color='r',linestyle=':',marker='*')    #绘制折线图
plt.show()                                          #显示图形
```

提示

第 6 行代码 ax1.plot()在 ax1 子图对象上绘制折线图，color='r'将线条颜色设置为红色，linestyle=':'设置线条类型为点虚线，marker='*'，x、y 两列表构成的 10 个坐标点使用*标记。

运行结果如图 12-1-9 所示。

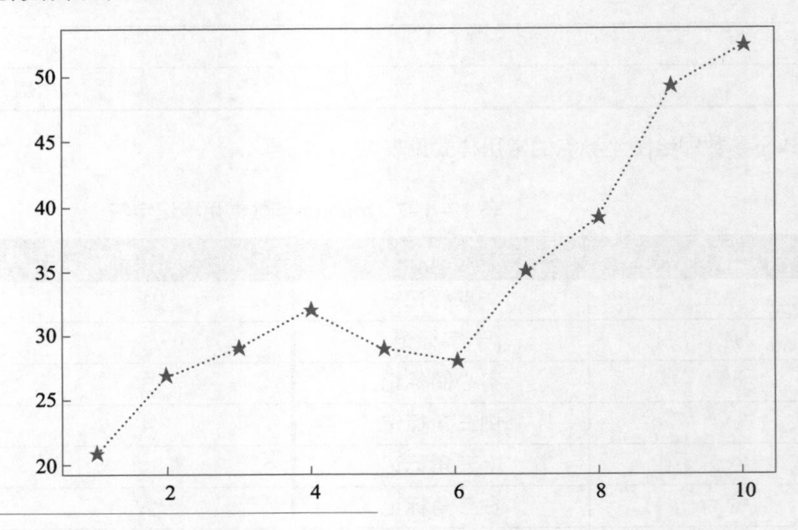

图 12-1-9
折线图运行结果

5. 柱状图

柱状图由一系列高度不等的纵向柱状图形表示数据分布情况，一般用横轴表示数据所属类别，纵轴表示数量或者占比。

pyplot 的 bar( )函数绘制柱状图语法格式如下。

```
matplotlib.pyplot.bar(x, height, width=0.8, bottom=None, *, align='center', data=None, **kwargs)
```

参数说明如下。

- x：指定 X 轴数据。
- height：指定柱形图的高度，一般为需要展示的数据的大小。
- width：指定柱形图的宽度，接收 0～1 的 float，默认为 0.8。
- bottom：标量或标量类数组型，指定 y 坐标的起始高度，默认为 0。
- align：指定对齐方式，可选{'center', 'edge'}。

其他参数如下。

- color：指定柱状颜色，接收特定字符值，参照表 12-1-5。
- edgecolor：标量或标量类数组，可选，设置柱状边的颜色。
- linewidth：标量或标量类数组，可选，设置柱状边的大小。
- tick_label：字符串或类数组，可选，设置柱状的标签。

【例 12-1-6】 柱状图展示一名学生的各科成绩分布情况。

----------解 题 步 骤----------

步骤 1：导入相关模块。

步骤 2：初始化各科成绩列表。

步骤 3：初始化学科名称列表。

步骤 4：绘制柱状图。

步骤 5：显示图形。

---程序代码---

```
import matplotlib.pyplot as plt                          #导入相关模块，取别名为 plt
plt.rcParams['font.sans-serif'] = ['SimHei']              #设置支持中文显示
plt.rcParams['axes.unicode_minus'] = False                #设置支持中文显示
score = [80,90,65,54,75,82]                  #初始化六门学科成绩列表，并赋值给变量 score
subjects = ['语文','英语','数学','物理','化学','生物']     #初始化六门学科名称
plt.bar(subjects,score,width=0.5,color='g')               #绘制柱状图
plt.show()                                                #显示图形
```

提示

① 两个列表变量 score 和 subjects 同索引位上的学科名称与成绩对应，如 subjects[0]为'语文'，则 score[0]即语文成绩 80。

② 第 6 行代码 plt.bar()绘制柱状图，subjects 列表为 X 轴数据，score 各科成绩为柱状高度，width=0.5 设置柱状宽度为 0.5，color='g'设置柱状颜色为绿色。

运行结果如图 12-1-10 所示。

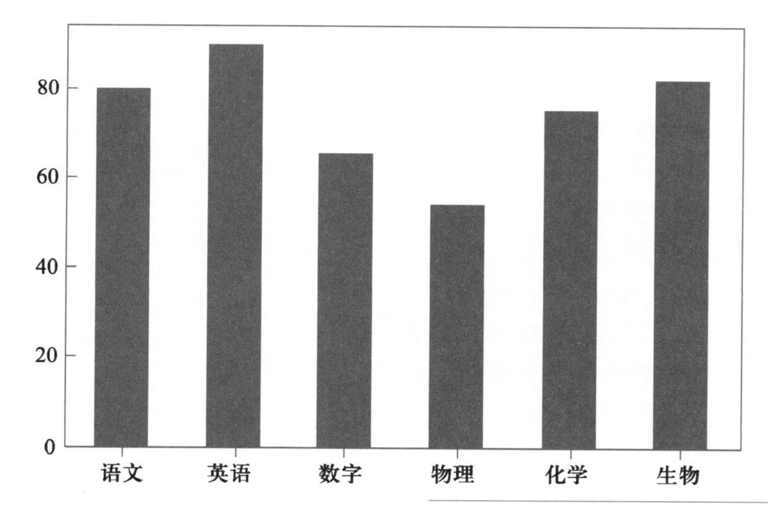

图 12-1-10
柱状图运行结果

6. 饼图

饼图用于表示不同分类的占比情况，可以比较清楚地反映出部分与部分、部分与整体之间的比例关系，易于显示每组数据相对于总数的大小。

pyplot 中 pie( )函数绘制饼状图语法格式如下。

```
def pie(x, explode=None, labels=None, colors=None, autopct=None,
        pctdistance=0.6, shadow=False, labeldistance=1.1, startangle=None,
        radius=None, counterclock=True, wedgeprops=None, textprops=None,
        center=(0, 0), frame=False, rotatelabels=False, hold=None, data=None)
```

参数说明如下。

- x：每一块的比例。
- labels：每一块饼图外侧显示的说明文字。
- explode：每一块离开中心距离，指定每块离饼图圆心为 explode 个半径距离。
- startangle：起始绘制角度，默认图是从 X 轴正方向逆时针画起。
- shadow：在饼图下面画一个阴影。默认值为 False，即不画阴影。
- labeldistance：label 标记的绘制位置，相对于半径的比例，默认值为 1.1，如<1 则绘制在饼图内侧。
- autopct：控制饼图内百分比显示。
- pctdistance：类似于 labeldistance，指定 autopct 的位置刻度，默认值为 0.6。
- radius：控制饼图半径，默认值为 1。
- counterclock：指定指针方向；布尔值，可选参数，默认为 True，即逆时针。
- wedgeprops：字典类型，可选参数，默认值为 None。
- textprops：设置标签（labels）和比例文字的格式；字典类型，可选参数，默认值为 None。
- center：浮点类型的列表，可选参数，默认值为(0,0)，即图标中心位置。
- frame：布尔类型，可选参数，默认值为 False。如果是 True，表示绘制子图边框。
- rotatelabels：布尔类型，可选参数，默认为 False。如果为 True，旋转每个 label 到指定的角度。

练一练

【例 12-1-7】 饼图展示重庆四季比例。

------------------------解 题 步 骤------------------------

步骤 1：导入相关模块。
步骤 2：初始化四季名称列表。
步骤 3：初始化每个季节百分比列表。
步骤 4：初始化每块饼图离中心的距离，默认饼图不分离。
步骤 5：初始化每块饼图颜色列表。
步骤 6：绘制饼图。
步骤 7：设置图形主题。
步骤 8：显示图形。

------------------------程 序 代 码------------------------

```
import matplotlib.pyplot as plt                    #导入相关模块，取别名为 plt
plt.rcParams['font.sans-serif'] = ['SimHei']       #设置支持中文
plt.rcParams['axes.unicode_minus'] = False         #设置支持中文
labels = ['春天','夏天','冬天','秋天']       #初始化四季名称列表，每块饼图显示的标签
sizes = [10,40,40,10]       #初始化百分比列表，每个数值代表每个季节时长百分比
explode = [0,0.1,0,0]                              #初始化每块饼图离中心的距离
colors = ['r','g','y','b']                         #初始化每块饼图颜色
plt.pie(sizes,labels=labels,explode=explode,colors=colors,autopct='%1.1f%%')  #绘制饼图
plt.title("重庆四季比例")                           #设置图形主题
plt.show()                                         #显示图形
```

提示

> 第 8 行代码 plt.pie(sizes,labels=labels,explode=explode,colors=colors,autopct='%1.1f%%')绘制饼图，将前面初始化的各列表变量作为参数设置饼图属性。sizes = [10,40,40,10]中每个数值代表每个季度时长百分比，全部数据之和为 100%；explode = [0,0.1,0,0]，指定每块饼图离中心的距离，默认饼图不分离，第 2 个元素为 0.1 即指定该块离圆心为 0.1 个半径距离，其他 3 块为 0 即不分离；autopct='%1.1f%%'设置饼图块显示百分比，1.1f%表示显示小数点后 1 位小数并加上%号。

运行结果如图 12-1-11 所示。

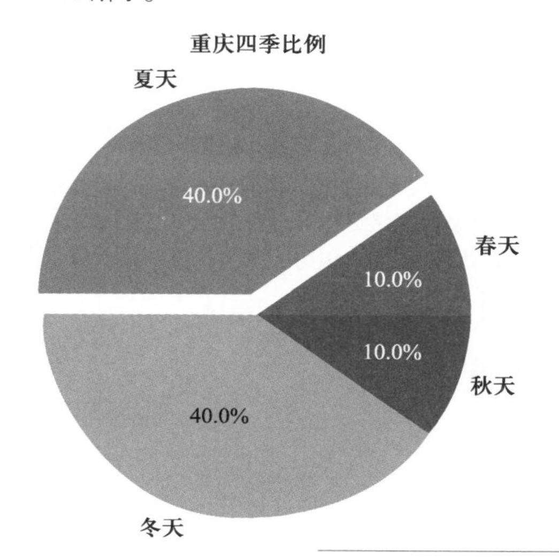

图 12-1-11
饼图运行结果

项目实施：柱状图展示城市融资项目数量情况。

通过柱状图展示某一年各城市融资项目数量，包括城市、融资数量；展示各城市融资项目金额，包括城市、融资金额。

项目分析：

① 数据文件 finance_info_result.csv，包含城市、融资数量及融资金额信息，以该文件作为数据源。

② 使用柱状图展示各城市融资项目数量，包括城市、融资数量；需要使用matplotlib.pyplot.bar()绘制柱状图，以城市作为 X 轴数值，以融资项目数量作为柱状高度。

③ 使用柱状图展示各城市融资项目金额，包括城市、融资金额；需要使用matplotlib.pyplot.bar()绘制柱状图，以城市作为 X 轴数值，以融资金额作为柱状高度。

④ 需要在一个 figure 对象中绘制两个子图，分别绘制城市融资项目数量柱状图及城市融资项目金额柱状图。

--程 序 代 码--

```
import matplotlib.pyplot as plt
import pandas as pd

#设置中文显示编码
plt.rcParams['font.sans-serif'] = ['SimHei']
plt.rcParams['axes.unicode_minus'] = False
```

```
#显示高度
def autolabel1(rects):
    for rect in rects:
        height = rect.get_height()
        plt.text(rect.get_x() + rect.get_width() / 2. - 0.2, 1.01 * height, '%s' % int(height))


def autolabel2(rects):
    for rect in rects:
        height = rect.get_height()
        plt.text(rect.get_x() + rect.get_width() / 2. - 0.4, 1.01 * height, '%s' % int(height))


#读取融资信息的统计数据
dataFile = pd.read_csv("data/finance_info_result.csv", dtype=object, low_memory=False)
#转换数据格式，并按照融资数量进行降序排列
df = pd.DataFrame(dataFile).sort_values(by="融资数量", ascending=True)

#设置画布大小
fig = plt.figure(figsize=(6, 7))

#获取 5 个城市进行统计显示
top = df.head(5)

#获取 X 轴数据
x_list = top['城市名称'].values

#获取 Y 轴融资数量数据
y_list1 = top['融资数量'].astype(int).values

#获取 Y 轴融资金额数据
y_list2 = top['融资金额'].astype(float).values

#使用 2 行 1 列的画布，第 1 行单柱图
ax1 = fig.add_subplot(211)

#设置标题
ax1.set_title("城市融资数量统计")

#设置 X 轴与 Y 轴的表示含义
plt.xlabel('城市名称')
plt.ylabel('融资数量')

#绘制单柱图
autolabel1(plt.bar(range(len(y_list1)), y_list1, color=['r','g','b'], tick_label=x_list))

#使用 2 行 1 列的画布，第 2 行单柱图
ax2 = fig.add_subplot(212)
```

```
#设置标题
ax2.set_title("城市融资金额统计")

#设置 X 轴与 Y 轴的表示含义
plt.xlabel('城市名称')
plt.ylabel('融资金额(单位：元)')

#绘制单柱图
autolabel2(plt.bar(range(len(y_list2)), y_list2, color=['r','g','b'], tick_label=x_list))

#调整画布图形位置
plt.tight_layout()

#最终展示图形
plt.show()
```

运行结果如图 12-1-12 所示。

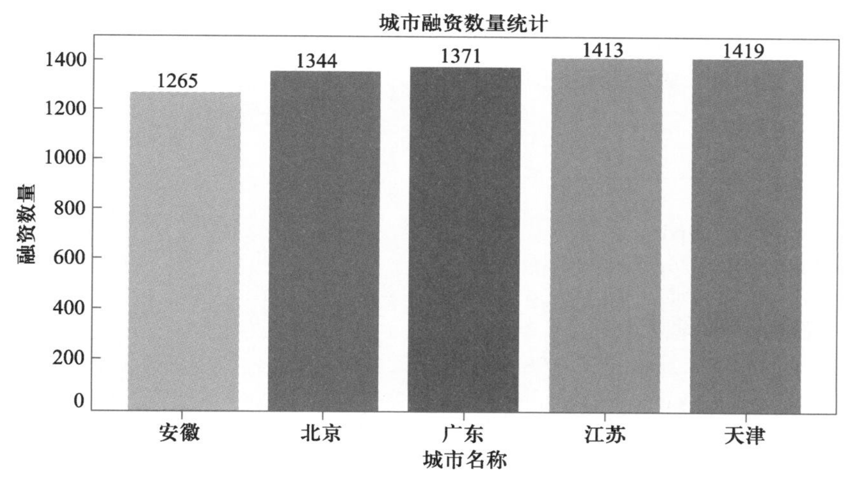

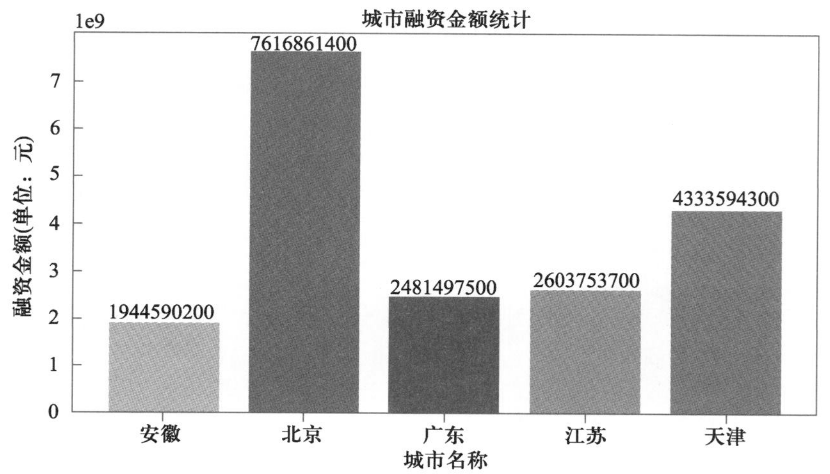

图 12-1-12
柱状图展示城市融资项目数量情况

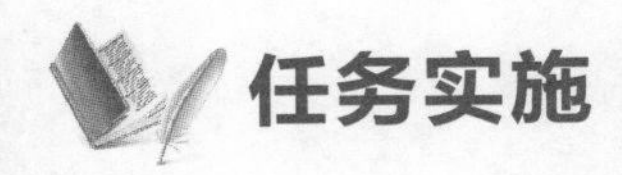

任务实施

12.2 数据可视化实训

一、实训目的

① 理解数据可视化的作用。

② 掌握 Matplotlib 库绘制常用数据图的方法。

二、实训内容

① 产业融资金额环比增长统计展示。

② 通过折线图展示各产业的融资金额环比增长情况，在上一单元数据分析中产生了 finance_increase_result.csv 数据文件，包括年份、产业名称、融资金额、环比增长等信息，以此作为数据源。

③ 本次实训中展示 3 个产业（电商、人工智能、VR·AR）自 2012 年以后的融资金额增长环比情况，每个产业产生一条折线，每个产业每年的环比增长数据值即为折线图中 X 轴数值，通过将 X 轴数值连接形成的折线即为该产业的融资金额增长环比情况。

三、实训过程

---程 序 代 码---

```
import pandas as pd
import matplotlib.pyplot as plt

#图形显示中文设置
plt.rcParams['font.sans-serif'] = ['SimHei']
plt.rcParams['axes.unicode_minus'] = False

#读取各产业融资金额环比增长统计结果数据
fileData = pd.read_csv("data/finance_increase_result.csv", dtype=object, low_memory=False)
#转换数据格式
df = pd.DataFrame(fileData)

#按照产业名称进行分组
groupData = df.groupby("产业名称")

#设置画布大小
fig = plt.figure(figsize=(11, 5))
#使用 1 行 1 列的画布，画曲线图
ex1 = fig.add_subplot(111)
#设置图片标题
ex1.set_title("各产业融资金额环比增长统计")
```

```
#设置 X 轴与 Y 轴的表示含义
plt.xlabel('年份')
plt.ylabel('年环比增长率(%)')

#遍历分组数据
for name, group in groupData:
    #设置 X 轴标签，使用年份，Y 轴标签，增长率
    x_list = []
    y_list = []
    if name == '电商' or name == '人工智能' or name == 'VR·AR':
        #遍历分组数据，获取年份与增长率数据
        for index, row in group.iterrows():
            x_list.append(row[0])
            y_list.append(float(row[3].replace("%", "")))
        #添加曲线，X 轴坐标为年份，Y 轴为对应的环比增长数
        plt.plot(x_list[12:], y_list[12:], label=name)

    #折线图上显示增长率的值
    for a, b in zip(x_list[12:], y_list[12:]):
        plt.text(a, b, str(b) + "%", ha='center', va='bottom', fontsize=8)
#展示注释
plt.legend()
plt.show()
```

程序运行结果如图 12-2-1 所示。

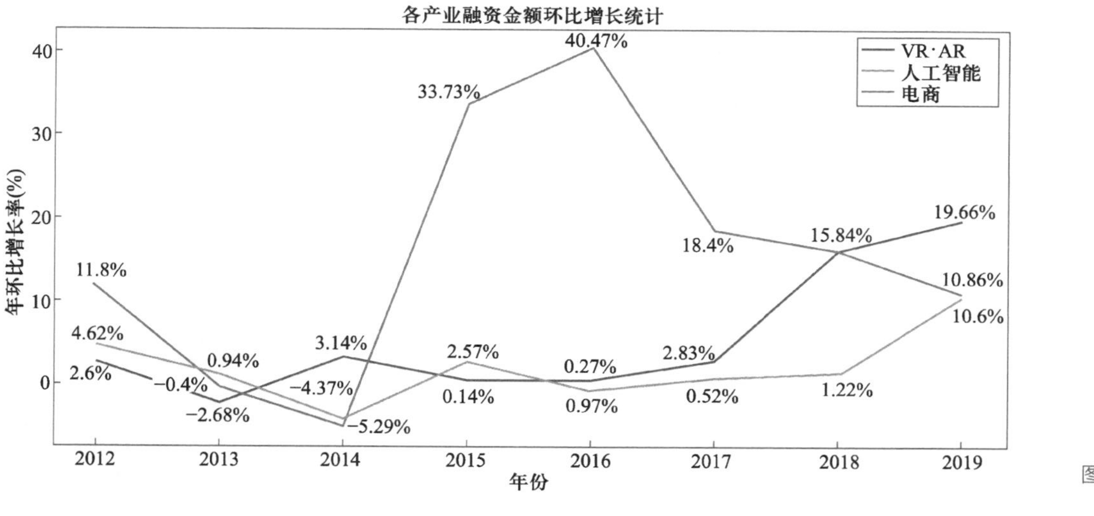

图 12-2-1 增长统计

12.3 任务反思

一、实训总结

通过实训任务，将数据分析结果通过图形更直观的展示出来，理解了主要的数据可视化展现形式。针对实际需求梳理了数据信息，并根据需求选择了合适的图形展示数据，

巩固了 Matplotlib 绘图常用属性的使用，掌握了折线图的绘制。

二、错误分析

问题 **12-3-1** 运行程序后遇到如图 12-3-1 所示的错误信息。

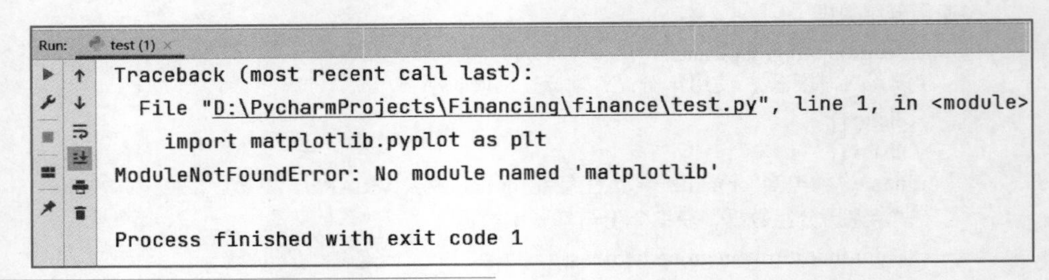

图 12-3-1
错误信息提示

错误分析：

错误信息提示“ModuleNotFoundError: No module named 'matplotlib'”，即没有找到名为 matplotlib 的模块。Matplotlib 是 Python 环境中的一个独立模块，需要在使用前进行下载安装。

改正：

① 参照 12.1.2 节进行安装及验证。

② 在代码头部使用模块导入语句，如：

```
import matplotlib.pyplot as plt
```

问题 **12-3-2** 程序运行后图形中使用的中文显示乱码，如图 12-3-2 所示。

改正：

Matplotlib.rcParams 相关键值设置如下，中文正确显示如图 12-3-3 所示。

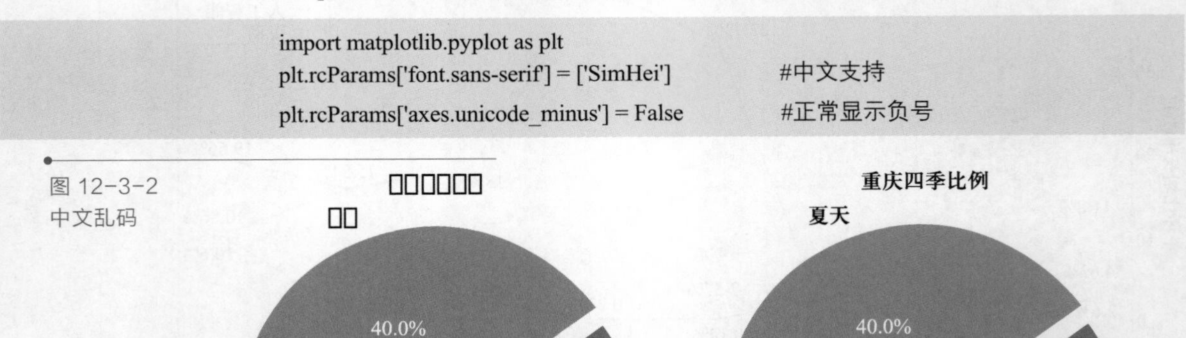

```
import matplotlib.pyplot as plt
plt.rcParams['font.sans-serif'] = ['SimHei']          #中文支持
plt.rcParams['axes.unicode_minus'] = False            #正常显示负号
```

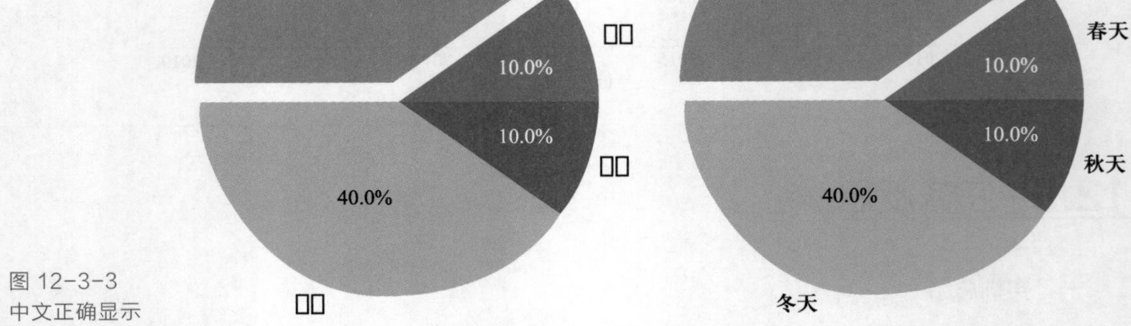

图 12-3-2
中文乱码

图 12-3-3
中文正确显示

参考文献

[1] 刘鹏，张燕，李肖俊，等. Python 语言[M]. 北京：清华大学出版社，2019.
[2] 崔庆才. Python 3 网络爬虫开发实战 [M]. 2 版. 北京：人民邮电出版社，2021.
[3] 杨长兴. Python 程序设计教程[M]. 北京：中国铁道出版社，2016.
[4] Chun W. Python 核心编程 [M]. 3 版. 孙波翔，等译. 北京：人民邮电出版社，2018.
[5] 江红，余青松. Python 程序设计与算法基础教程[M]. 北京：清华大学出版社，2018.
[6] 小甲鱼. 零基础入门学习 Python [M]. 2 版. 北京：清华大学出版社，2022.
[7] 教育部考试中心. Python 语言程序设计[M]. 北京：高等教育出版社，2022.

反盗版举报电话 （010）58581999　58582371

反盗版举报邮箱 dd@hep.com.cn

通信地址 北京市西城区德外大街 4 号

高等教育出版社法律事务部

邮政编码 100120